强国建设书系

美丽中国

王金南 陆 军 万 军 秦昌波 著

中国科学技术出版社
·北 京·

序

建设美丽中国是全面建设社会主义现代化国家的重要目标，是实现中华民族伟大复兴中国梦的重要内容。党的十八大以来，以习近平同志为核心的党中央从中华民族永续发展的高度出发，就"为什么要建设美丽中国、建设什么样的美丽中国、怎样建设美丽中国"等重大理论和实践问题提出了一系列重要论述，把美丽中国建设纳入社会主义现代化强国建设的目标之中，对以美丽中国建设全面推进人与自然和谐共生的现代化做出重大战略部署，系统论述了美丽中国建设的时间表和路线图，为新时代全面建设美丽中国、实现中华民族永续发展提供了方向指引和根本遵循。

"生态兴则文明兴，生态衰则文明衰"。从历史维度来看，尊重自然、顺应自然、保护自然、天人合一、人地和谐是中华民族数千年生生不息、繁衍不绝的重要原因。回望美丽中国建设历程，从"对自然不能只讲索取不讲投入、只讲利用不讲建设"到"人与自然和谐相处"，从"协调发展"到"可持续发展"，从"两型社会建设"到"美丽中国建设"，人与自然和谐共生、美丽中国的科学内涵在历史实践中孕育、发展、探索、创新，既一脉相承又不断丰富、深化。因此，美丽中国建设事关社会主义现代化强国建设，事关人民群众福祉，既是一个长期的历史过程，也是一项紧迫的现实任务，是一项开拓性、系统性、复杂性工程，需要从学术层面深入开展理论探索，还需要各地积极以实践推动。

在理论方面，自"美丽中国"提出以来，美丽中国建设的科学内涵、进程目标、评估方法、指标体系、任务路线、推进思路等成为研究、讨论及实践的热点与重点方向，为美丽中国建设研究提供了理论方法。围绕绿色低碳发展、环境治理、生态保护、应对气候变化、生态环境治理体系和治理能力现代化等重点领域，党和政府部署了美丽中国建设重点任务，将美丽中国建设"时间表"转化为指导中长期行动的"路线图"。

在实践方面，近年来，各地区以美丽中国建设实践统筹推进生态文明建设和生态环境保护工作，形成了一批典型模式，为美丽中国建设积累了丰富的实践经验。从区域层面看，京津冀、长江经济带、粤港澳大湾区、长三角、黄河流域等国家重大战略区域都制定了生态环境保护规划，明确建设美丽中国先行区。截至目前，浙江省、江苏省、山东省等绝大部分省份通过加强顶层谋划，编制出台了本地区美丽建设的实施意见或规划纲要。杭州市、青岛市、赣州市等城市全面开展美丽建设实施行动。各地区因地制宜，积极探索美丽中国建设的实践模式。

当前，我国生态环境保护从理论到实践发生了历史性、转折性、全局性变化，美丽中国建设迈出重大步伐，但与美丽中国目标相比，与人民群众的期待相比，与高质量发展要求相比，仍有较大差距，建设人与自然和谐共生的美丽中国还需要付出长期艰苦的努力。新时代新征程，我们要深入学习贯彻习近平生态文明思想，牢固树立和践行绿水青山就是金山银山的理念，齐众心、聚众智、汇众力，把建设美丽中国转化为全社会自觉意识和行动，将生态环境保护、污染防治攻坚战与美丽中国建设的长远目标结合起来，同时充分发挥地方积极性，推动建设美丽中国先行区，各省（区、市）因地制宜，积极建设美丽中国省域样板，城市和区县一市一策、一县一策，积极建设美丽城市、美丽乡村，努力绘就

"各美其美，美美与共"的美丽中国更新画卷。

中国工程院院士

十四届全国政协人口资源环境委员会副主任

生态环境部环境规划院名誉院长

2025 年 1 月

前言

党的十八大以来，以习近平同志为核心的党中央站在中华民族永续发展的高度，深刻把握生态文明建设的重要地位和战略意义，把建设美丽中国摆在强国建设、民族复兴的突出位置，提出了一系列新理念新论断、新目标新任务、新举措新要求，为加快推进人与自然和谐共生的现代化提供了方向指引和根本遵循，美丽中国建设战略部署不断深入，目标不断明确，一幅天蓝、地绿、水清的美丽画卷正在徐徐展开。

党的十八大将"美丽中国"首次作为执政理念和执政目标提出。党的十九大将"美丽"写入社会主义现代化强国目标，提出到2035年，生态环境根本好转，美丽中国目标基本实现。党的二十大深刻阐述了"人与自然和谐共生"是中国式现代化的重要特征，为美丽中国建设擘画了新蓝图。2023年7月，在全国生态环境保护大会上，习近平总书记发出了全面推进美丽中国建设、加快推进人与自然和谐共生现代化的动员令，强调今后5年是美丽中国建设的重要时期。同年12月，中共中央、国务院印发了《关于全面推进美丽中国建设的意见》，系统部署了全面推进美丽中国建设的战略任务和重大举措，为全面推进美丽中国建设提供了行动纲领。

经过艰苦努力，我国生态环境质量明显改善，天更蓝、地更绿、水更清，万里河山更加多姿多彩，美丽中国建设迈出重大步伐，生态文明建设实现由重点整治到系统治理、由被动应对到主动作为、由全球环境治理参与者到引领者、由实践探索到科学理论指导的重大转变。然而，当前生态环境保护结构性、根源性、趋势性压力尚未根本缓解，生态文明建设仍处于压力叠加、负重前行的关键期，美丽中国建设任务依然艰巨。我们必须把美丽中国建设摆在强国建设、民族复兴的突出位置，保持加强生态文明建设的战略定力，坚定不移走生产发展、生活富裕、生态良好的文明发展道路，以高品质生态环境支撑高质量发展，加快形成以实现人与自然和谐共生现代化为导向的美丽中国建设新格局。

为落实美丽中国建设的重大决策部署，深刻把握美丽中国与中国式现代化的内在意蕴与理论逻辑，归纳介绍美丽中国建设实践的进展成效与经验做法，生态环境部环境规划院组织全院技术骨干，深入开展研究，在《迈向美丽中国的生态环境保护战略研究》基础上，结合新时代新征程全面推进美丽中国建设的新目标新任务，编写成本书。技术组深刻概括了美丽中国建设的思想体系和理论创新，系统梳理了新时期美丽中国建设的目标愿景和指标体系，全面回顾了美丽中国建设的顶层设计、战略路线、重点任务、制度保障，从要素、领域、区域、地方等不同角度，深入总结了建设美丽中国省域样板、美丽城市、美丽乡村等一系列突出成果，以期为有关部门和地方推进美丽中国建设和实践创新提供借鉴参考，为分阶段推动实现美丽中国建设目标提供有力支撑。

本书共10章，由王金南、陆军、万军、秦昌波负责全书总体框架设计、统稿和定稿，万军、秦昌波、路路、熊善高负责统稿，熊善高、张家玮、张晓婧、苏洁琼负责本书的校稿工作。具体章节上，第一章为"植根生态文化理论　引领美丽中国建设"，由熊善高、苏洁琼、张晓婧、路路撰写；第二章为"立足和谐共生目标　擘画美丽建设蓝图"，由苏洁琼、关杨、秦昌波、强烨、肖旸撰写；第三章为"谋划分区战略路线　实现全域美美与共"，由李新、厉斌、徐敏、程翠云、陶亚、胡溪撰写；第四章为"深化任务

施工设计　全面推进美丽建设",由肖旸、徐泽升、张衍燊撰写;第五章为"打好全方位组合拳　筑牢美丽制度保障",由贾真、李婕旦、王青、冀云卿撰写;第六章为"推进美丽全民行动　协同共建美丽中国",由陈俊豪、肖旸、苏洁琼、熊善高撰写;第七章为"先行美丽建设示范　建设美丽省域样板",由路路、张晓婧、郝春旭、刘桂环、谢婧、文一惠、华妍妍、赵元浩撰写;第八章为"实施美丽典范引领　打造美丽宜居城乡",由吕红迪、车璐璐、陆文涛、王波、于雷、王夏晖撰写;第九章为"人水和谐美丽河湖　人海和谐美丽海湾",由路瑞、严冬、姚瑞华、徐敏撰写;第十章为"书写美丽壮丽篇章　绘就美丽更新画卷",由薛强、路路、蒋楠、杨丽阁、张家玮撰写。本书以 2022 年数据为基准,属于阶段性研究成果。感谢我们承担的研究阐释党的二十大精神国家社会科学基金重大项目"中国式现代化进程下美丽中国建设目标、重点任务和协同推进路径研究"(23ZDA104)给予的研究支持。由于能力水平和时间有限,本书还存在不足之处,恳请读者批评指正。

生态环境部环境规划院美丽中国战略研究技术组
2025 年 1 月

目录

第一章 植根生态文化理论 引领美丽中国建设

一、美丽中国建设的历史渊源·················2
二、美丽中国建设的理论探索·················7
三、习近平生态文明思想创新················10
四、美丽中国建设的内涵解析················17

第二章 立足和谐共生目标 擘画美丽建设蓝图

一、新形势下美丽中国的建设需求············32
二、美丽中国建设的目标愿景················38
三、美丽中国建设指标体系构建··············40
四、美丽中国建设评估方法应用··············50

第三章 谋划分区战略路线 实现全域美美与共

一、立足四大区域板块定位 塑造各美其美····62
二、聚焦区域重大战略 打造美丽中国先行区··70
三、建设新时代美丽城市与美丽乡村··········80

第四章　深化任务施工设计　全面推进美丽建设

　　一、加快推动发展方式绿色转型……………………94
　　二、持续深入推进污染防治攻坚……………………102
　　三、提升生态系统多样性、稳定性、持续性…………110
　　四、积极稳妥推进碳达峰碳中和……………………116
　　五、守牢美丽中国建设安全底线……………………123

第五章　打好全方位组合拳　筑牢美丽制度保障

　　一、美丽中国建设的制度体系………………………134
　　二、美丽中国建设的管理体系………………………144
　　三、美丽中国建设的能力体系………………………155

第六章　推进美丽全民行动　协同共建美丽中国

　　一、建立多元共同参与行动体系……………………170
　　二、美丽中国建设的国家行动………………………174
　　三、美丽中国建设的地方行动………………………178

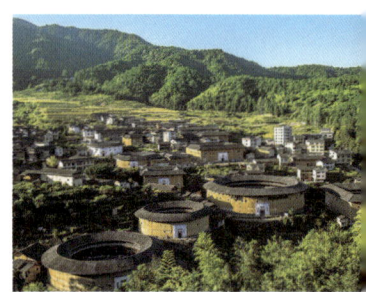

四、美丽中国建设的公众参与 …………………………… 186

　　五、积极参与　共建清洁美丽世界 …………………… 189

第七章　先行美丽建设示范　建设美丽省域样板

　　一、美丽浙江实践和成果 ………………………………… 194

　　二、美丽福建实践和成果 ………………………………… 207

　　三、美丽山东实践和成果 ………………………………… 221

　　四、美丽四川实践和成果 ………………………………… 237

　　五、美丽江西实践和成果 ………………………………… 248

第八章　实施美丽典范引领　打造美丽宜居城乡

　　一、美丽城市建设典型案例 ……………………………… 266

　　二、美丽城市建设成效与经验 …………………………… 285

　　三、美丽乡村建设典型案例 ……………………………… 289

　　四、美丽乡村建设成效与经验 …………………………… 305

第九章　人水和谐美丽河湖　人海和谐美丽海湾

一、美丽河湖建设典型案例……………………316

二、美丽河湖建设成效与经验……………………323

三、美丽海湾建设典型案例……………………328

四、美丽海湾建设成效与经验……………………332

第十章　书写美丽壮丽篇章　绘就美丽更新画卷

一、美丽中国建设已起航……………………340

二、美丽中国扬帆新征程……………………348

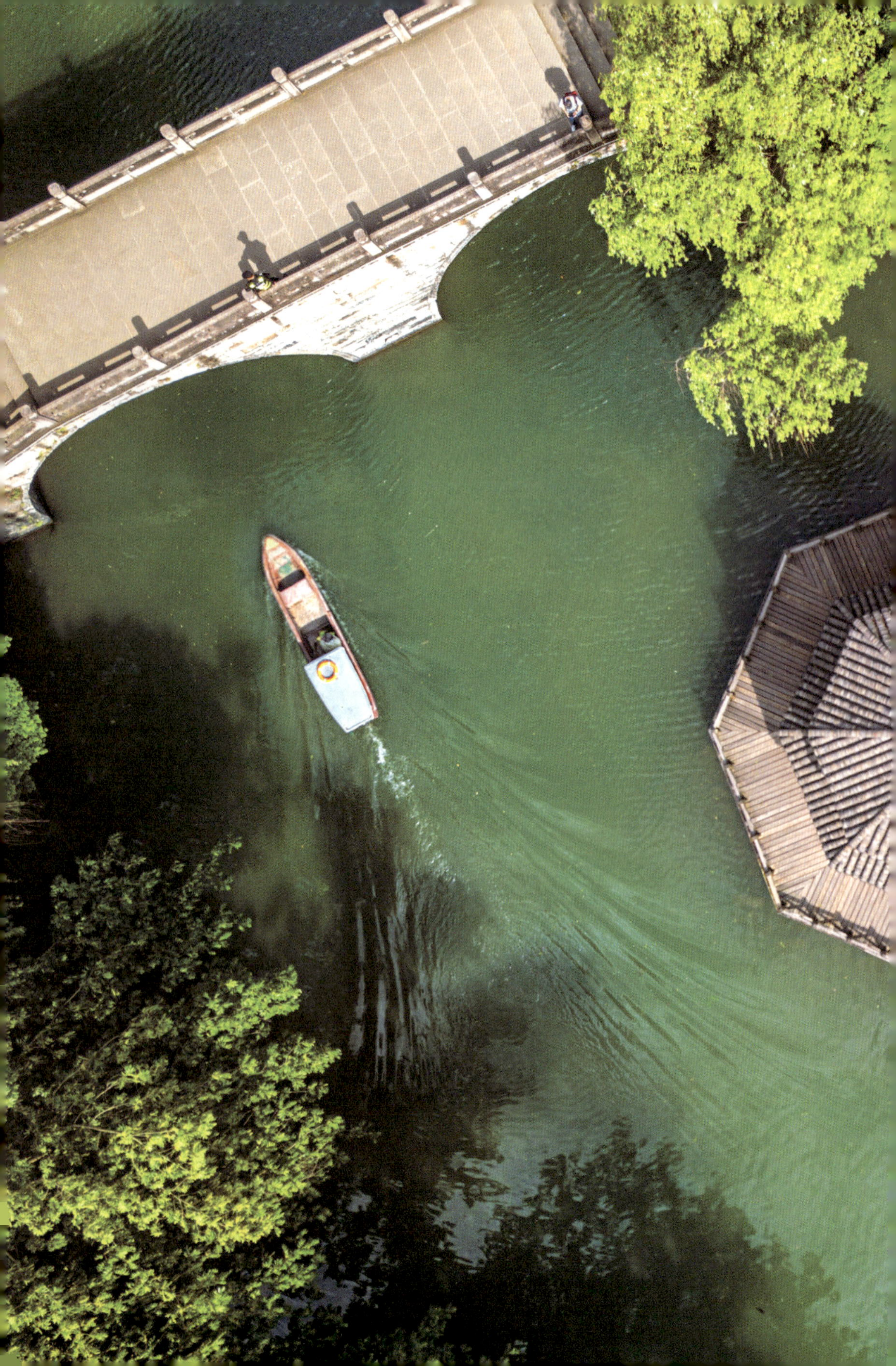

第一章
植根生态文化理论
引领美丽中国建设

美丽中国

文化是一个国家、一个民族的灵魂。生态文化是中国特色社会主义文化的重要组成部分，强调尊重自然、顺应自然、保护自然的观念，中华优秀传统文化中蕴含着的生态哲学思想、习近平生态文明思想等都为美丽中国建设提供了绵延不断、与时俱进的文化滋养，为推进美丽中国建设发挥了引领和支撑作用。

一、美丽中国建设的历史渊源

（一）美丽中国建设早期探索阶段

新中国成立以来，以毛泽东同志为核心的党的第一代中央领导集体，针对这段时期落后的生产力与人口增多、生态环境保护事业总体薄弱、缺乏生态环境保护的意识和政策体系等突出问题，从人与自然辩证发展角度，在绿化祖国、兴修水利和综合治理、节约资源与开发再生资源等方面进行了一系列探索，相继提出了一系列重要措施。1973年，第一次全国环境保护会议在北京召开，将环境保护工作提上国家的议事日程，奠定了我国生态环境保护事业的基础。

改革开放后，以邓小平同志为核心的党的第二代中央领导集体，在改革开放和社会主义现代化建设过程中认识到"环境污染是大问题"，把环境保护确立为基本国策。这一时期，我国大力开展植树造林、绿化祖国活动；综合开发利用自然资源，合理利用资源；颁布了我国首部环境保护法，建立环境保护机构，制定了系统的环境保护管理制度，推动我国环境保护管理工作由过去的一般性管理、定性管理向具体措施管理方向转变。

20世纪90年代，以江泽民同志为核心的中央领导集体进一步认识到我国生态环境问题的紧迫性和重要性，在坚持环境保护是"基本国策"的前提下，将环境保护提高到了可持续发展的战略高度。这一时期，党和国家强调环境保护工作是实现经济和社会可持续发展的基础，推动经济发展和人口、资源、环境相协调；建立环境与发展综合决策机制，开展大规模环境污染治理，将生态环境保护纳入国民经济和社会发展计划，加强环境保护领域和国际社会的广泛交流和合作，开拓了具有中国特色的生态环境保护道路。

党的十六大以后，以胡锦涛同志为主要代表的中央领导集体高度重视资源和生态环境问题，在可持续发展战略的基础上，明确了以科学发展观为指导思想。其内涵决定了建设生态文明的最终归宿是为了人的全面发展，基本前提是发展，根本途径是转变发展方式，主要载体是"两型社会"。党的十七大报告提出建设生态文明的要求，这是"生态文明"首次被写入党代会的报告。党和国家强调建设以资源环境承载力为基础、以自然规律为准则、以可持续发展为目标的资源节约型、环境友好型社会，推动整个社会走上生产发展、生活富裕、生态良好的文明发展道路。

（二）美丽中国建设提出和发展阶段

党的十八大以来，以习近平同志为核心的党中央，高度重视生态环境保护，全面加强生态文明建设，将美丽中国建设作为强国目标、民族复兴的重点任务奋力推进。

2012年，党的十八大报告提出"努力建设美丽中国，实现中华民族永续发展"，这是"美丽中国"首次作为执政理念和执政目标被提出。2015年，《中共中央关于制定国民经济和社会发展第十三个五年规划的建议》提出"牢固树立创新、协调、绿色、开放、共享的新发展理念"，要求推进美丽中国建设，为全球生态安全做出新贡献。《中华人民共和国国民经济和社会发展第十三个五年规划纲要》首次将美丽中国建设纳入国家发展规划，并提出要"加快改善生态环境，协同推进人民富裕、国家强盛、中国美丽"。

2017年，党的十九大将"美丽"写入现代化强国建设战略目标，为中长期生态文明建设和生态环境保护指明新的历史坐标。党的十九大报告提出，到2035年，基本实现社会主义现代化，生态环境根本好转，美丽中国目标基本实现。同时指出，到本世纪中叶，把我国建成富强民主文明和谐美丽的社会主义现代化强国，明确从推进绿色发展、着力解决突出环境问题、加大生态系统保护力度、改革生态环境监管体制4个方面建设美丽中国，确立了美丽中国建设的内涵。

2018年，习近平总书记在全国生态环境保护大会上强调要坚决打好污染防治攻坚战，确保到 2035 年美丽中国目标基本实现，到本世纪中叶建成美丽中国，明确了美丽中国建设分阶段的时间表和路线图。2020 年，《中共中央关于制定国民经济和社会发展第十四个五年规划和二〇三五年远景目标的建议》提出"展望 2035 年……广泛形成绿色生产生活方式，碳排放达峰后稳中有降，生态环境根本好转，美丽中国建设目标基本实现"。[1] 其内在逻辑体现在通过推动经济社会发展全面绿色转型和碳达峰，来实现"生态环境根本好转"和"美丽中国建设目标基本实现"，丰富完善了美丽中国建设的目标内涵。

（三）美丽中国建设全面推进阶段

面对新时代建设人与自然和谐共生的中国式现代化要求，党的二十大报告提出了推进美丽中国建设的部署要求和基本路径，明确要坚持山水林田湖草沙一体化保护和系统治理，统筹产业结构调整、污染治理、生态保护、应对气候变化，协同推进降碳、减污、扩绿、增长，推进生态优先、节约集约、绿色低碳发展。

2023 年 7 月，全国生态环境保护大会强调把建设美丽中国摆在强国建设、民族复兴的突出位置，推动城乡人居环境明显改善、美丽中国建设取得显著成效，描绘了建设美丽中国、实现人与自然和谐共生现代化的宏伟蓝图，提出一系列具有全局性、战略性、关键性、基础性的重大举措。

美丽中国

2023年12月，中共中央、国务院印发《关于全面推进美丽中国建设的意见》，对全面推进美丽中国建设工作做出系统部署，明确了总体要求、重点任务和重大举措。这份文件是指导全面推进美丽中国建设的纲领性文件，强调要加快发展方式绿色转型，优化国土空间开发保护格局，积极稳妥推进碳达峰碳中和，统筹推进重点领域绿色低碳发展，推动各类资源节约集约利用；要持续深入推进污染防治攻坚，持续深入打好蓝天保卫战、碧水保卫战、净土保卫战，强化固体废物和新污染物治理；要提升生态系统多样性稳定性持续性，筑牢自然生态屏障，实施山水林田湖草沙一体化保护和系统治理，加强生物多样性保护；要守牢美丽中国建设安全底线，健全国家生态安全体系，确保核与辐射安全，加强生物安全管理，有效应对气候变化不利影响和风险，严密防控环境风险；要打造美丽中国建设示范样板，建设美丽中国先行区，建设美丽城市、美丽乡村，开展创新示范；要开展美丽中国建设全民行动，培育弘扬生态文化，践行绿色低碳生活方式，建立多元参与行动体系，持续开展"美丽中国，我是行动者"系列活动。此外，文件还就健全美丽中国建设保障体系、加强党的全面领导提出了要求；强调改革完善体制机制，强化激励政策，加强科技支撑，加快数字赋能，实施重大工程，共谋全球生态文明建设；明确加强组织领导，压实工作责任，强化宣传推广，开展成效考核。

二、美丽中国建设的理论探索

（一）人与自然和谐共生理论

人与自然的关系是人类社会最基本的关系。自然是生命之母，人因自然而生，人与自然是生命共同体[2]。中华文明传承五千多年，很早就形成了质朴睿智的自然观。"不违农时，谷不可胜食也；数罟不入洿池，鱼鳖不可胜食也；斧斤以时入山林，材木不可胜用也。""草木荣华滋硕之时，则斧斤不入山林，不夭其生，不绝其长也；鼋鼍、鱼鳖、鳅鳝孕别之时，罔罟、毒药不入泽，不夭其生，不绝其长也。"这些观念都强调要把天地人统一起来、把自然生态同人类文明联系起来，人类应按照大自然的规律活动，表达了先人对人与自然关系的认识，为建设人与自然和谐共生的美丽中国提供了重要思想启迪。

人类活动依赖于自然界协调有序的运转，良好的生态环境是全人类共同的福祉。人与自然的关系是人类生存和发展的一个永恒主题。马克思、恩格斯在论及人与自然的关系时，阐述了人与自然的和谐共生关系，揭示了人们的逐利活动对自然生态环境的破坏[3]。马克思、恩格斯认为，人与自然共生共存，是一个有机的统一体。在这个统一体中，人不仅是自然的存在物，还是"最名副其实的社会动物"。在资本主义制度下，自然环境在大规模人类活动的影响下满目疮痍，生态问题不断涌现，如资本主义生产破坏了土地持久肥力的永恒自然条件，出现了地力损耗、森林消失等现象。只有到了社会主义社会或共产主义社会，才能从根本上解决经济社会发展与生态环境保护的问题，实现人与自然和谐相处。马克思、恩格斯关于人与自然和谐共生的理论，对建设美丽中国具有思想启迪和现实指导意义[4]。在马克思、恩格斯的构想中，人、自然、社会三者是一荣俱荣、一损俱损的统一整体[5]。美丽中国建设也应建立在自然美好、社会进步、人的发展三者有机统一的基础上。自然维度上，应建设"自然美"，恢复自然生态平衡，打造更多优美的自然景观。社会维度上，应形成"社会美"，建立生态化的社会体系、社会结构以及社会观念。人的维度上，应实现"人美"，关注人民对优美生态环境的诉求，满足人的美好生活需要[6]。

（二）人地系统耦合理论

人地系统是地球表层上人类活动与地理环境相互作用形成的开放复杂系统。人地系统耦合是人类经济社会系统与自然生态系统交互作用、相互渗透的综合过程[7]。人类社会先后经历了古代农业文明和近代工业文明阶段，目前正在进入现代生态文明阶段，其演进主线基本围绕人地关系和谐这一核心展开，不同演进阶段的人地系统耦合始终围绕协调人与人、人与地、地与地三者之间的关系进行模拟调控[8]。人地和谐共生论的基本观点是：人地关系是一种自人类起源以来就存在的客观本源关系、相互共生关系和互为报应关系，人类开发利用自然资源时，要保持与自然环境之间的协调和共生[9]。人与人的和谐共生关系，强调在开发利用自然资源时，人与人之间保持和睦、妥协与协调，不可把自然界作为人与人之间获取利益的主要载体；人与地的和谐共生关系，强调人类在开发利用自然的过程中，不能超过自然界本身的承载能力和阈值，要保持自然环境与人类之间的协调共生；地与地的和谐共生关系，强调人类利用自然时要保持自然环境之间的生态平衡与协调共生，不可以牺牲某一地区生态环境为代价，达到优化另一地区生态环境的目的。人与人、人与地、地与地三者之间的和谐共生关系正是美丽中国建设中实现"五位一体"总体布局重点协调的关系，是美丽中国建设的核心理论基础，也是主要宗旨和核心目标[10]。

（三）可持续发展理论

1980年，联合国文件中首次出现了"可持续发展"一词。1987年，世界环境与发展委员会在《我们共同的未来》报告中，正式对可持续发展的内涵做了明确界定和深入阐述，得到国际社会广泛认同。1992年，联合国在巴西里约热内卢召开"环境与发展大会"，大会通过了《里约环境与发展宣言》和《21世纪议程》两个纲领性文件，提出人类应与自然和谐统一，可持续地发展并为后代提供良好的生存发展空间，这一可持续发展的新观念和新战略，得到了世界最广泛和最高级别的政治承诺，标志着可持续发展由理论和概念走向行动。自此，可持续发展理念逐步被世界各国纳入本国的发展战略，成为全球发展合作的核心内容[11]。对可持续发展的理论内涵，学术上存在3种解读：第一种是新古典经济学的弱可持续性解读，强调经济、社会、环境等方面在可持续发展模型中是并列的，需要三者加和意义上的综合财富是增长的，才是可持续发展的；第二种是传统环境主义的绝对可持续性解读，强调自然资本具有绝对的独立意义和不可或缺性；第三种认为经济、社会、环境三者具有依次包容的关系，只有在不减少自然资本前提下的综合资本增长才是可持续发展的。上述几种解读，基本上认同可持续发展涉及经济、社会、环境3个维度，只有在解决协调好3个维度关系的前提下，才能全面走向可持续发展道路[12]。可持续发展目标涵盖了经济、社会和环境3个领域，涉及经济繁荣、社会安定、环境友好、全球和谐、共同发展等内容。从本质看，美丽中国建设是可持续发展理论中国本土化的结果与深化，是全球可持续发展目标在中国的具体实践，其根本要义就是要解决人的发展与自然环境及资源承载力之间的矛盾，营造经济－社会－环境协同发展下的良好生态环境。

三、习近平生态文明思想创新

（一）习近平生态文明思想的核心要义

党的十八大以来，习近平总书记深刻把握共产党的执政规律、社会主义建设规律、人类社会发展规律，统筹推进"四个全面"战略布局，继承和发展我国生态文明建设探索实践成果，大力推动生态文明理论创新、实践创新、制度创新，创造性提出一系列富有中国特色、体现时代精神、引领人类文明发展进步的新理念新思想新战略。2018年，全国生态环境保护大会召开，会议系统阐述了生态文明建设的重要意义、基本原则，提出生态文明建设的"五大体系"，明确美丽中国建设目标以及加强党对生态文明建设的全面领导，形成系统完整的习近平生态文明思想，成为习近平新时代中国特色社会主义思想的重要组成部分。

习近平生态文明思想系统阐释了人与自然、保护与发展、环境与民生、国内与国际等关系[13]，就主要方面来讲，集中体现为"十个坚持"，即坚持党对生态文明建设的全面领导，这是生态文明建设的根本保证；坚持生态兴则文明兴，这是生态文明建设的历史依据；坚持人与自然和谐共生，这是生态文明建设的基本原则；坚持绿水青山就是金山银山，这是生态文明建设的核心理念；坚持良好生态环境是最普惠的民生福祉，这是生态文明建设的宗旨要求；坚持绿色发展是发展观的深刻革命，这是生态文明建设的战略路径；坚持统筹山水林田湖草沙系统治理，这是生态文明建设的系统观念；坚持用最严格制度最严密法治保护生态环境，这是生态文明建设的制度保障；坚持把建设美丽中国转化为全体人民自觉行动，这是生态文明建设的社会力量；坚持共谋全球生态文明建设之路，这是生态文明建设的全球倡议[14]。

2023年7月，全国生态环境保护大会再次召开，习近平总书记用"四个重大转变"系统总结了党的十八大以来我国生态文明建设取得的历史性成就、发生的历史性变革，提出新时期生态文明建设要处理好的"五个重大关系"，部署美丽中国建设的"六项重点任务"。习近平总书记在大会上的重要讲话是习近平生态文明思想的创新发展，是新时代新征程建设生态文明、全面推进美丽中国建设的行动纲领和科学指南。

（二）习近平生态文明思想的理论渊源

习近平生态文明思想集中体现了马克思主义立场观点方法[15]，马克思主义对人与自然关系有深刻的思考，认为"人是自然整体中的一个部分"，人是能动的自然存在物，会在"人化自然"的劳动实践中实现自身的存在和发展；同时认为"人作为自然的、肉体的、感性的、对象性的存在物，同动植物一样，是受动的、受制约的和受限制的存在物"。马克思指出，不以伟大的自然规律为依据的人类计划，只会带来灾难。习近平总书记继承和发展了马克思主义关于人与自然关系的思想精髓，指出"人与自然是生命共同体"，强调：大自然是包括人在内一切生物的摇篮，是人类赖以生存发展的基本条件。大自然孕育抚养了人类，人类应该以自然为根，尊重自然、顺应自然、保护自然。不尊重自然，违背自然规律，只会遭到自然的报复。自然遭到系统性破坏，人类生存发展就成了无源之水、无本之木；生态环境保护是功在当代、利在千秋的事业；在整个发展过程中，我们都要坚持节约优先、保护优先、自然恢复为主的方针，不能只讲索取不讲投入，不能只讲发展不讲保护，不能只讲利用不讲修复，要像保护眼睛一样保护生态环境，像对待生命一样对待生态环境，多谋打基础、利长远的善事。这些重要思想为实现发展和保护协同共生提供了新路径。

习近平生态文明思想根植于中华优秀传统生态文化，汲取中华文明天人合一、万物并育的生态智慧，并对其进行创造性转化、创新性发展。在强调要正确认识和处理人与自然关系时，习近平总书记引用《荀子·天论》中的经典名句"万物各得其和以生，各得其养以成"，要求把天地人统一起来，把自然生态同人类文明联系起来，按照大自然规律活动，取之有时、用之有度。习近平生态文明思想吸收了传统文化中"顺天应时、建章立制"的观念。我国古代很早就设立了专门掌管山林川泽的机构，并制定了相应的政策法令。《周礼》记载，设立"山虞掌山林之政令，物为之厉而为之守禁""林衡掌巡林麓之禁令，而平其守"，不少朝代都有保护自然的律令并对违令者重惩。习近平总书记指出："保护生态环境必须依靠制度、依靠法治。"我们要在习近平生态文明思想科学指引下，通过全面深化改革，加快推进生态文明顶层设计和制度体系建设，实行最严格的生态环境保护制度、全面建立资源高效利用制度、健全生态保护和修复制度，推动织密生态文明制度体系。

（三）习近平生态文明思想的实践基础

20世纪80年代中期，在河北省正定县工作时，习近平同志主持制定的《正定县经济、技术、社会发展总体规划》就明确强调，宁肯不要钱，也不要污染，严格防止污染搬家、污染下乡。

在福建省工作时，习近平同志始终高度重视生态环境保护、林业发展、可持续发展和生态省建设，提出了许多极具前瞻性的生态文明建设理念、工作思路和决策部署。如1993年，他主持编定的《福州市20年经济社会发展战略设想》，首次将"生态环境规划"列入区域经济社会发展规划，提出"城市生态建设"理念；1997年，他在福建省三明市将乐县常口村调研时提出："青山绿水是无价之宝，山区要画好'山水画'，做好山水田文章。"

浙江省是习近平生态文明思想"八八战略"的践行地、"绿水青山就是金山银山"科学论断的发源地。"八八战略"涵盖经济、政治、文化、社会、生态等各个方面，涉及经济转型、区域协调发展、城乡一体化、生态文明、法治与人文等多个战略要素，为习近平生态文明思想的形成和发展提供了极具地域特色的地方经验。习近平同志推动制定《浙江省统筹城乡发展推进城乡一体化纲要》，启动实施了"千村示范、万村整治"工程，提出了"绿水青山就是金山银山"科学论断，奠定了习近平生态文明思想的基础。

在上海市工作期间，习近平同志就生态环境保护和生态文明建设提出了较多生态文明理念，如针对淀山湖自然保护区的问题，提出要加大污染控制力度，实行严格的保护制度，通过提高环境准入门槛，倒逼生产方式转型；就积极探索建立环境保护补偿机制，提出加快建立与周边省市的协同联动机制，使湖区治理长效机制得以形成；就新农村建设过程中的大拆大建问题，提出要妥善处理好保护与发展、改造与新建的关系，要坚持传承历史文脉，在制订和落实规划时，保护好传统自然村落和城镇。

在1982—2007年长达25年的地方主政实践中，习近平生态文明思想经历了从萌生到成熟的发展过程。在中国特色社会主义现代化建设过程中，习近平同志形成了正确处理生态环境保护重大理论与实践问题的科学方法论，比如，科学研判人与自然的关系，经济发展与生态环境保护的关系，自然资源节约、生态环境保护和绿色发展的关系，生态脱贫与发展绿色经济的关系等，始终坚持把系统观念和普遍联系观点贯穿到生态环境保护全过程。

（四）习近平生态文明思想的创新贡献

习近平生态文明思想是中国共产党探索生态文明建设的理论升华和实践结晶，是马克思主义基本原理同中国生态文明建设实践相结合、同中华优秀传统生态文化相结合的重大成果，是人类社会实现可持续发展的共同思想财富。

习近平生态文明思想是马克思主义基本原理与中华优秀传统生态文化相结合的典范。习近平生态文明思想坚持与马克思主义生态观、中国传统生态文化相结合，以中华文化深厚的历史底蕴和民族特性，标注了马克思主义人与自然关系理论的创新高度。习近平生态文明思想对"生态兴则文明兴""绿水青山就是金山银山"等理念的深刻揭示，运用和深化了马克思主义关于人与自然、生产和生态的辩证统一关系的认识，是中国式现代化道路和人类文明新形态的重要内容和重大成果，是对西方以资本为中心、物质主义膨胀、先污染后治理的现代化发展道路的批判与超越，实现了马克思主义关于人与自然关系理论的与时俱进。习近平生态文明思想根植于中华优秀传统生态文化，深刻阐述了人与自然和谐共生的内在规律和本质要求，推动中华优秀传统生态文化创造性转化和创新性发展。

习近平生态文明思想推动人与自然和谐共生现代化建设迈上新台阶。中国式现代化具有许多重要特征，其中之一就是中国式现代化是人与自然和谐共生的现代化，注重同步推进物质文明建设和生态文明建设。习近平生态文明思想对"人与自然和谐共生""绿色发展是发展观的深刻革命"等理念的深刻揭示，明确了在中国式现代化建设全过程中，我们要站在人与自然和谐共生的高度谋划发展，把资源环境承载力作为前提和基础，自觉把经济活动、人的行为限制在自然资源和生态环境能够承受的限度内，在绿色转型中推动发展实现质的有效提升和量的合理增长。

习近平生态文明思想为建设清洁美丽世界、构建人类命运共同体贡献了中国方案、中国智慧。早在2017年1月，习近平总书记就全面系统阐述了人类命运共同体理念，主张"建设一个持久和平、普遍安全、共同繁荣、开放包容、清洁美丽的世界"，以全球视野为人类命运共同体注入了生态文明的重要表征；提出全球发展倡议，从文明观的维度开辟了马克思主义人与自然关系理论的新境界。

四、美丽中国建设的内涵解析

（一）美丽中国建设的核心要求

党的二十大报告提出，中国特色社会主义进入新时代，从现在起，中国共产党的中心任务就是团结带领全国各族人民全面建成社会主义现代化强国、实现第二个百年奋斗目标，以中国式现代化全面推进中华民族伟大复兴。习近平总书记指出："我国建设社会主义现代化具有许多重要特征，其中之一就是我国现代化是人与自然和谐共生的现代化，注重同步推进物质文明建设和生态文明建设。"人与自然和谐共生是中国式现代化的重要特征，是全面建设社会主义现代化国家的内在要求。美丽中国建设是中国式现代化的重要组成部分，建设美丽中国的核心要求，就是要尊重自然、顺应自然、保护自然，坚持人与自然是生命共同体的理念，把人与自然和谐共生的理念贯穿于经济社会发展全过程，让人民群众共享自然之美、生命之美、生活之美[16]。

（二）美丽中国建设的主要特征

1. 生态环境根本好转是实现美丽中国建设目标的核心标志

习近平总书记多次就美丽中国建设发表重要讲话，指出"青山就是美丽，蓝天也是幸福""把中国建设成为生态环境良好的国家""还给老百姓清水绿岸、鱼翔浅底的景象"等。其中，"山峦层林尽染"的秀美山川是自然生态的本底，表现为生态安全格局稳定、生态系统功能健全、生态系统质量和稳定性优良，要"让自然生态美景永驻人间"；"天蓝、地绿、水净"的健康环境是生态环境内核，表现为蓝天、碧水、净土、碧海，确保百姓享受到清洁的空气、安全的饮水、洁净的土壤、美丽的海湾等优质生态产品；"给子孙留下天蓝、地绿、水净的美好家园""城乡鸟语花香"的美好人居是物化载体，体现在通过建设绿色建筑、乡村优美的人居环境，"让群众望得见山、看得见水、记得住乡愁"。可以看出，习近平总书记关于美丽中国的要求，首先体现在生态环境的"颜值"上，这是百姓切实感受环境民生福祉、提升环境幸福品质的重要体现[17]。

生态环境根本好转，是美丽中国建设目标基本实现的核心标志[18]。一是好转程度要大。要解决长期存在的突出问题，如消除重污染天气和城市黑臭水体；要有效遏制发展过程中产生的趋势性苗头性问题，如控制臭氧污染、新污染物污染；要有效解决百姓最关注的问题、群众反映的热点难点问题，如噪声污染、餐饮油烟、恶臭异味等。二是改善范围要全面。生态环境各领域、各要素间应通过跨领域战略、综合管理与风险防控，实现整体系统的质量好转，而非部分要素、部分领域的生态环境质量的改善。各地区因地制宜、多措并举，分批次实现生态环境根本好转。三是改善成效要稳固。要有效缓解生态环境结构性、根源性、趋势性压力，解决产业结构偏重、能源结构偏煤的问题，从根本上有效解决制约生态环境改善的主要问题。四是认可程度要高。生态环境质量改善成果能够符合公众预期，得到全社会广泛认可，满足人民群众美好生活的需要。与人体感受密切相关的重要环境指标（如细颗粒物浓度）的改善程度，应在环境标准不同等级间有明显的提升，其国际排名应显著提升[19]。

2. 高质量发展是推动美丽中国建设的本质内涵

美丽中国建设要处理好高质量发展和高水平保护的关系，生态环境保护和经济发展是辩证统一、相辅相成的，高质量发展是解决生态环境问题的根本之策，是建设美丽中国的内生动力[20]。习近平总书记指出，生态环境问题归根到底是发展方式和生活方式问题。建立健全绿色低碳循环发展经济体系、促进经济社会发展全面绿色转型，是解决我国生态环境问题的基础之策。

美丽中国建设的本质内涵突出表现在绿色发展的社会理念、生产方式与生活方式上[21]。高质量发展的社会理念主要体现为绿色发展理念，即从人类活动出发，人类的生产活动必须遵循自然、顺应自然、保护自然，以人与自然和谐共生为价值取向，以绿色低碳循环为主要原则，以生态文明建设为基本抓手。绿色生产方式是对传统发展方式的一种模式创新，它在生态环境容量和资源承载力约束条件下，让经济社会发展建立在资源高效利用和绿色低碳发展方式的基础上，加快推动产业结构、能源结构、交通运输结构等调整优化，实现开发建设的强度规模与资源环境的承载力相适应，生产生活的空间布局与生态环境格局相协调，生产生活方式与自然生态系统良性循环要求相适应。绿色发展将环境资源作为社会经济发展的内在要素，把实现经济、社会和环境的可持续发展作为目标，把经济活动过程和结果的"绿色化""生态化"作为主要内容和途径。绿色生活方式指以通过倡导居民使用绿色产品，倡导民众参与绿色志愿服务，引导民众树立绿色增长、共建共享的理念，使人类的生活向着资源节约、环境友好的方向发展，绿色消费、绿色出行、绿色居住成为人们的自觉行动，让人们在充分享受绿色发展带来便利和舒适的同时，履行好应尽的可持续发展责任，实现广大人民按自然、环保、节俭、健康的方式生活[22]。

3. 现代化的治理体系是美丽中国建设的基础支撑

社会生产方式、行为模式受社会机制体制的源头制约，健全的、有"美丽"及"绿色"导向的治理体系，是实现美丽中国"内外兼修"的基础支撑。党的十九大报告提出，构建党委领导、政府主导、企业主体、社会组织和公众共同参与的现代环境治理体系。2018年5月，习近平总书记在全国生态环境保护大会上强调，要加快建立健全以治理体系和治理能力现代化为保障的生态文明制度体系，确保到2035年，生态环境领域国家治理体系和治理能力现代化基本实现，美丽中国目标基本实现；到本世纪中叶，生态环境领域国家治理体系和治理能力现代化全面实现，建成美丽中国。党的十九届四中全会将生态文明制度体系建设作为坚持和完善中国特色社会主义制度、推进国家治理体系和治理能力现代化的重要组成部分做出安排部署。党的二十大报告提出，要健全现代环境治理体系。在美丽中国建设进程中，我国经济社会发展将面临更加复杂的外部环境和内部条件，美丽中国建设需要未来进一步完善政策制度创新和推进实施机制，围绕美丽中国建设各个方面形成一套中国特色的制度和政策框架，凝聚起推进美丽中国建设的强大合力[23]。

促进生态环境领域的治理体系与治理能力现代化，主要表现为：一是形成党委领导、多元主体共同参与的治理格局，各级党委发挥对生态治理的总体设计、统筹协调和督促落实职能，政府发挥生态治理的制度建设和监管执行的主导作用，企业发挥治污主体和绿色低碳技术创新主体的作用，公众发挥环境治理的群众基础作用。二是坚持精准、科学、依法治理，尊重客观规律、实事求是、因地制宜，健全法律法规标准，完善生态监管体系，严格环境管理制度。三是通过系统思维提升生态治理效能，坚持系统治理、综合治理、整体治理。生态系统运行具有客观性、复杂性和多样性，推进生态环境治理体系现代化必须坚持系统思维和方法统筹推进生态治理工作，从山顶到海洋、从城市到农村，山水林田湖草沙各领域全覆盖协同开展。四是坚持市场导向，具备能体现绿色生产和绿色消费导向的经济政策、健全的市场机制、规范的环境治理市场行为、高度的行业自律。

（三）美丽中国建设的战略要求

2023年7月召开的全国生态环境保护大会，从持续深入打好污染防治攻坚战，加快推动发展方式绿色低碳转型，着力提升生态系统多样性、稳定性、持续性，积极稳妥推进碳达峰碳中和，守牢美丽中国建设安全底线，健全美丽中国建设保障体系6个方面，对全面推进美丽中国建设做出系统部署。2023年12月，《中共中央 国务院关于全面推进美丽中国建设的意见》印发，这是新征程上全面推进美丽中国建设的顶层设计，是指导全面推进美丽中国建设的纲领性文件。

1."美"在生态环境根本好转

建设美丽中国，生态环境质量很关键。习近平总书记多次强调，我们要努力打造青山常在、绿水长流、空气常新的美丽中国；我们要建设天蓝、地绿、水清的美好家园；我们要还老百姓蓝天白云、繁星闪烁，水清岸绿、鱼翔浅底，让老百姓吃得放心、住得安心。

我国锚定了到2035年实现生态环境根本好转的目标。这一愿景具体表现为：空气质量根本改善，水环境质量全面提升，水生态恢复取得明显成效，近岸海域海水水质改善、海洋生态系统功能恢复，土壤环境安全得到有效保障，蓝天白云、绿水青山成为常态，基本满足人民对优美生态环境的需要。总体来说，要实现全国所有地区、所有要素整体性地"美丽"提升，建设美丽蓝天、美丽河湖、美丽海湾，实现环境质量改善从量变走向质变。

2."美"在生产生活方式绿色化、低碳化

坚持绿色发展是发展观的一场深刻革命。习近平总书记指出，要正确处理经济发展和生态环境保护的关系；坚决摒弃损害甚至破坏生态环境的发展模式，坚决摒弃以牺牲生态环境换取一时一地经济增长的做法；要坚持"生态优先、绿色发展"。因此，我们要坚定不移贯彻新发展理念，以经济社会发展全面绿色转型为引领，协同推进减污降碳，加快形成节约资源和保护环境的产业结构、生产方式、生活方式、空间格局，坚定不移走生态优先、绿色低碳的高质量发展道路。

到2035年，我国应广泛形成绿色生产生活方式，实现经济社会发展和生态环境保护协调统一；能源资源配置、利用

效率大幅提高，达到国际先进水平，实现经济增长与资源能源消耗完全脱钩；推动形成简约适度、绿色低碳、文明健康的生活方式和消费模式，全面推进绿色建筑设计和建造，城市绿色出行比例大幅度提升，地级以上城市全面开展"无废城市"建设。

3. "美"在生态系统多样性、稳定性、持续性

美丽中国建设的重要目标之一，就是增加生态产品供给能力，满足人民对优质生态产品的需要。这要求我们缓解生态产品的供需矛盾，保证优质生态产品的持续供给，处理好自然恢复和人工修复的关系，坚持以自然恢复为主的基本方针，始终坚持山水林田湖草沙一体化保护和系统治理，持续提升生态系统的稳定性和质量。

到 2035 年，在自然生态保护方面，我国应守住自然生态安全边界，提升生态系统的稳定性与功能，有效维护国家生态安全。我国国土空间开发保护格局应进一步优化，生态安全屏障体系更加牢固，山水林田湖草沙生态系统服务功能总体恢复，国家重点保护野生动植物种类保护率进一步提升，东北虎、麋鹿、中华鲟、藏羚羊、藏野驴等重要保护物种、指示物种得到显著恢复。

4. "美"在推进"双碳"目标实现

建设美丽中国是协同推进高水平保护和高质量发展的重要路径。我们要着眼长远，系统谋划我国应对气候变化的主要目标和重点任务，做好生态保护、环境治理、资源能源安全

等工作，完善应对气候变化的协同控制、协同保护、协同治理机制。

到 2035 年，应实现碳排放达峰后稳中有降。我国围绕碳达峰目标、碳中和愿景，在应对全球气候变化中应发挥更加重要作用。"十四五"时期，我国应加快推进煤炭消费达峰，部分地区和重点行业率先碳达峰。全国在 2030 年前实现二氧化碳排放达峰，达峰后碳排放总量稳中有降，力争 2060 年前达到碳中和。

5."美"在城乡人居环境显著改善

美丽中国的建设目标之一是实现生态环境质量的全方面根本改善，这不仅包括自然生态环境质量和自然生态系统质量的提升，同时也包含城乡人居环境的根本性好转，建设美丽城市、美丽乡村。美好人居是美丽中国建设的物化载体，是确保人民生活幸福度、安全感的基础保障。

到 2035 年，应实现城乡人居环境的有效保障，即实现城乡环境基础设施完备、黑臭水体全面消除、人居环境优美，全国村庄实现高水平环境综合整治，生活垃圾全部实现分类处理，农村生活污水治理率进一步提升，处处呈现"鸟语花香、田园风光"的美丽乡村景象。

6."美"在生态安全底线牢牢守住

美丽中国建设安全底线要守牢。我们要贯彻总体国家安全观，积极有效应对各种风险挑战，保障我们赖以生存发展的自然环境和条件不受威胁和破坏。

到 2035 年，我国国家生态安全法治体系、战略体系、政策体系、应对管理体系进一步健全，危险废物、尾矿库、重金属等重点领域环境风险得到全面管控，生物安全管理能力、环境应急能力进一步提升，核与辐射安全水平始终保持在国际领先地位。

7."美"在治理体系现代高效

美丽中国的内在机制表现为生态环境治理体系与治理能力的现代化。美丽中国目标基本实现之时，支撑美丽中国建设的机制将更加健全高效，相应能力将进一步提升，实现生态环境与经济社会复合系统的可持续协同发展。

到 2035 年，我国生态环境领域治理体系和治理能力现代化基本实现，主要表现为生态文明体系全面建立，生态环境保护管理制度健全，生态环境治理能力与治理要求相适应，治理效能全面提升。

建设美丽中国是全面建设社会主义现代化国家的重要目标，必须坚持和加强党的全面领导。地方各级党委和政府应扛起美丽中国建设的政治责任，坚持生态环境保护"党政同责"和"一岗双责"不动摇，建立覆盖全面、权责一致、奖惩分明、环环相扣的责任体系。相关部门要落实好生态文明建设责任清单，加强协调联动，形成齐抓共管的强大合力。各级人大及其常委会应加强生态文明建设立法工作，各级政协应加大生态文明建设专题协商和民主监督力度。各级政府应组织开展美丽中国建设成效考核，做好与污染防治攻坚战成效考核工作衔接。同时，应发挥好中央生态环境保护督察利剑作用。

参考文献

[1] 中共中央关于制定国民经济和社会发展第十四个五年规划和二〇三五年远景目标的建议［M］. 北京：人民出版社，2020.

[2] 高红贵，肖甜. 人与自然和谐共生现代化的理论依据与实践路径［J］. 党政干部学刊，2022，397（1）：56-62.

[3] 中央编译局. 马克思恩格斯选集（第2卷）［M］. 北京：人民出版社，2012.

[4] 中央编译局. 马克思恩格斯文集（第10卷）［M］. 北京：人民出版社，2009.

[5] 侯继迎. 重思感性活动——探寻人与自然和谐共生的理论基础［J］. 哲学研究，2022（6）：42-50.

[6] 张诚. 新时代美丽中国建设的理论依据及路径探析——基于马克思恩格斯生态思想的研究［J］. 南方论刊，2019（12）：18-20，52.

[7] 陆大道，郭来喜. 地理学的研究核心——人地关系地域系统：论吴传钧院士的地理学思想与学术贡献［J］. 地理学报，1998，53（2）：97-105.

[8] 刘彦随. 现代人地关系与人地系统科学［J］. 地理科学，2020，40（8）：1221-1234.

[9] 李后强. 非线性系统、人地协同论与系统辩证论兼论"持续、快速、健康"发展的模式设计［J］. 世界科技研究与发展，1996，18（5）：36-41.

[10] 葛全胜，方创琳，江东. 美丽中国建设的地理学使命与人地系统耦

合路径［J］. 地理学报，2020，75（6）：1110-1119.

［11］鲜祖德，巴运红，成金璟. 联合国2030年可持续发展目标指标及其政策关联研究［J］. 统计研究，2021，38（1）：5-14.

［12］冯雪艳. 改革开放40年中国可持续发展理论的演进［J］. 现代管理科学，2018（6）：27-29.

［13］中共中央宣传部，中华人民共和国生态环境部. 习近平生态文明思想学习纲要［M］. 北京：学习出版社，人民出版社，2022.

［14］吴楠. 准确把握习近平生态文明思想创新逻辑［N］. 中国社会科学报，2023-07-18（2）.

［15］潘家华，高世楫，李庆瑞，等. 美丽中国：新中国70年70人论生态文明建设［M］. 北京：中国环境出版集团，2019.

［16］万军，王金南，李新，等. 2035年美丽中国建设目标及路径机制研究［J］. 中国环境管理，2021，13（5）：29-36.

［17］生态环境部环境规划院美丽中国研究中心，等. 美丽中国在行动2022［R/OL］.［2023-01-04］. http://www.caep.org.cn/sy/zhghypg/dtxx/202301/W020230104719385538059.pdf.

［18］王金南，熊善高，苏洁琼，等. 关于国家"十四五"生态文明与美丽中国建设战略的思考［R］. 生态环境部环境规划院，2022.

［19］陆军，秦昌波. 2035年全国生态环境"根本好转"是指哪六个特征？［N/OL］. 中国环境报，［2020-11-05］. https://www.cenews.com.cn/news.html?aid=127886.

［20］中共浙江省委，浙江省人民政府. 关于印发《深化生态文明示范创建高水平建设新时代美丽浙江规划纲要（2020—2035年）》的通知［R］. 2022.

［21］孙金龙，黄润秋. 新时代新征程建设人与自然和谐共生现代化的根

本遵循［N］. 人民日报, 2023-08-01（9）.

［22］生态环境部党组. 深入学习贯彻习近平生态文明思想　全面建设人与自然和谐共生的美丽中国［J］. 旗帜, 2023（9）: 10-12.

［23］申富强. 深入学习贯彻习近平生态文明思想促进人与自然和谐共生［N］. 光明日报, 2023-09-06（6）.

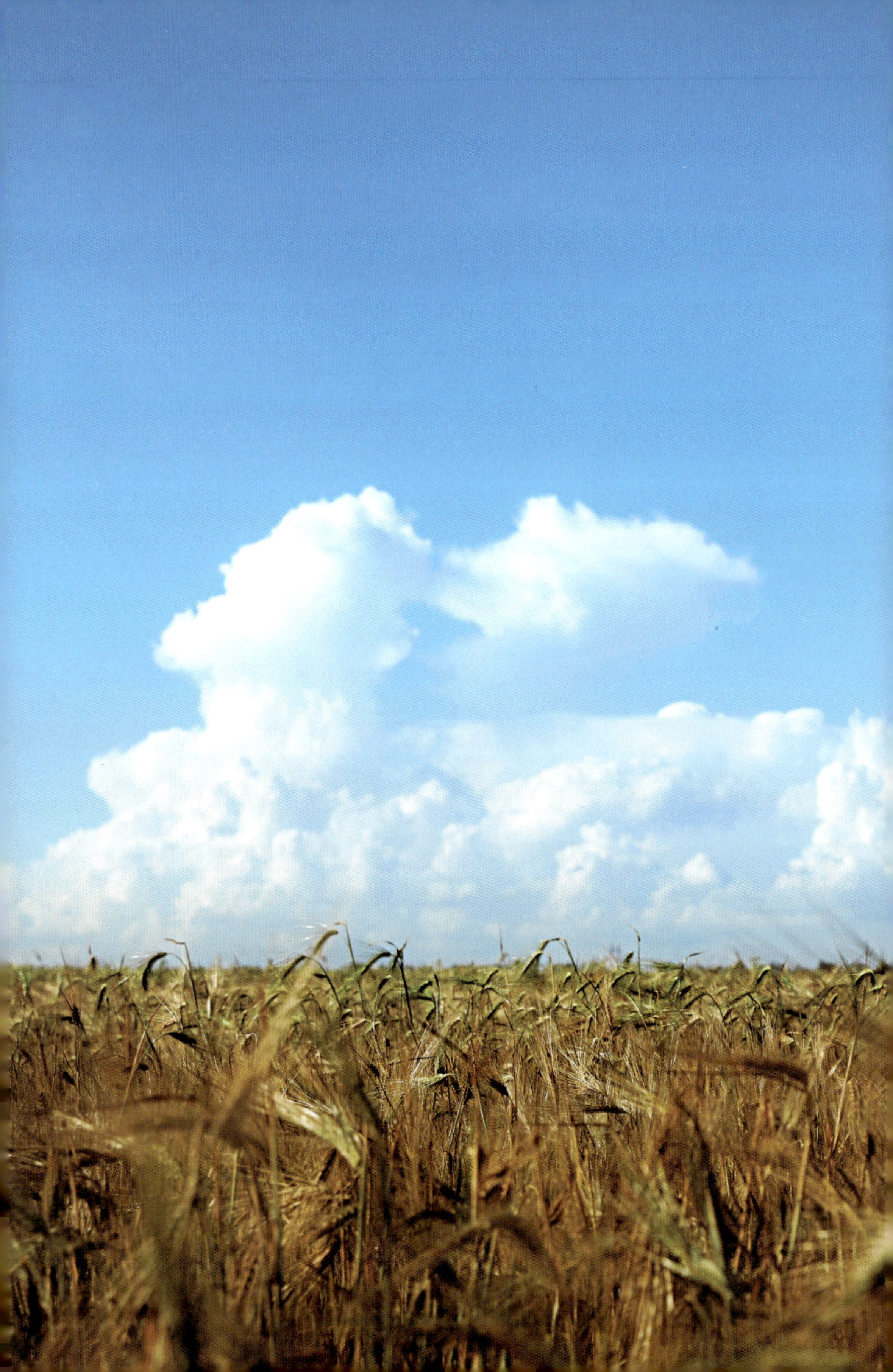

第二章
立足和谐共生目标 擘画美丽建设蓝图

面向"2035年美丽中国建设目标基本实现"的愿景，我们需要明确美丽中国建设在中国式现代化进程中的历史方位和面临的中长期形势，建立美丽中国建设的目标指标和评估方法体系，通过系统量化评估反映美丽中国建设目标的落实进展和存在的问题。本章在解析中国式现代化进程中美丽中国建设意义和目标的基础上，探索构建美丽中国建设的评估指标库和指标选择方法体系，并基于美丽中国建设进程的试评估结果，为美丽中国建设的评估方法提供建议，以推动美丽中国建设相关管理决策工作的开展。

一、新形势下美丽中国的建设需求

（一）美丽中国在中国式现代化进程中的意义

习近平总书记指出："推进中国式现代化是一个系统工程。"建设人与自然和谐共生的美丽中国是社会主义现代化强国的重要目标之一，在中国式现代化建设中发挥着哲学桥梁、理论指引和现实支撑的重要作用。

首先，建设美丽中国是坚持"生态兴则文明兴，生态衰则文明衰"的深邃历史观和人与自然是生命共同体思想，顺应人类历史根本性变革，超越以资本为中心、物质主义膨胀、先污染后治理的现代化发展道路的理念跃升。我国是人口超过14亿人、常住人口城镇化率超过65%[1]，但人均GDP尚未稳定达到高收入国家水平的发展中大国，有限的自然资源储量和生态环境承载能力无法支撑资本主义工业化高消耗高污染、先破坏再修复、扩张"污染天堂"的现代化模式。这就需要以美丽中国建设为引领，坚持节约优先、保护优先、自然恢复为主的方针，坚持可持续发展，走生产发展、生活富裕、生态良好的文明发展道路，推动中国和世界文明持续健康发展，以中国式现代化为创造人类文明新形态贡献智慧力量。

其次，我国建设美丽中国，是坚持以人民为中心的发展思想，不断满足人民群众对美好生活向往，持续提升良好生态环境这一最公平公共产品、最普惠民生福祉供给能力的路线选择。尽管2022年我国公众对生态环境的满意度整体超过了90%，但根据生态环境部环境与经济政策研究中心向社会公开发布的《公民生态环境行为调查报告（2021年）》，仍有23.3%、21.0%、15.0%、13.8%的受访公众认为身边的垃圾废弃物污染、空气污染、噪声污染、农村水环境污染问题没有得到有效解决。同时，我国大气环境、水环境质量与世界卫生组织准则值和主要发达国家水平仍有较明显差距。我国需要以美丽中国建设为抓手，深入打好污染防治攻坚战，加快改善生态环境质量，让人民群众在蓝天白云、河清岸绿、土净花香、绿水青山中共享自然之美、生命之美、生活之美[2]。

再次，建设美丽中国，是牢固树立和践行绿水青山就是金山银山理念（以下简称"两山"理念），把握新发展阶段，推动绿色发展成为普遍形态的高质量发展，打造新发展格局战略支点的应有之义。我国产业结构和能源结构仍具有明显的高碳特征，粗钢、水泥、化石能源等高耗能行业工业产品生产消费仍处于高位，资源能源利用结构和效率、污染物排放绩效水平等绿色发展相关领域指标表现与发达国家整体水平有较明显差距，可再生能源生产能力的良好基础尚未完全转化为能源清洁化、低碳化的优势，二氧化碳及总碳排放仍持续增长且远超过年陆地生态系统碳汇量水平（约 10 亿吨二氧化碳当量），实现碳达峰碳中和目标任务艰巨[3]。我们需要以美丽中国建设为内核，站在人与自然和谐共生的高度谋划发展，充分发挥优化、推引和倒逼作用，促进经济社会发展全面绿色转型。

最后，建设美丽中国，是秉持人类命运共同体理念，引领解决工业文明带来的全球生态环境问题，推动建设清洁美丽世界的主体支撑。近年来，气候变化、生态退化、生物多样性丧失、环境健康危机等已成为全球面临的共同挑战。无论着眼于近期还是中长期，生态环境领域全球危机和风险压力的紧迫性、系统性、根本性特征都愈发凸显，同时与社会、地缘、经济等领域危机风险的联系也日趋紧密。考虑到数字化－绿色化协同转型在全球科技变革中的突出地位和主线价值，我国科技现代化和应对日趋复杂激烈的国际竞争均需要统筹推进生态环境保护和绿色可持续发展提供的重要保障。我们需要以美丽中国建设为窗口，积极推动全球可持续发展，加强在应对气候变化、生物多样性保护、跨界跨境生态保护、绿色科技等领域国际合作的作用，引领全球生态文明建设和人类社会发展进步[4]。

（二）面向中国式现代化整体进程的美丽中国建设形势

根据党的二十大报告、《中华人民共和国国民经济和社会发展第十四个五年规划和2035年远景目标纲要》，到2035年我国要"基本实现新型工业化、信息化、城镇化、农业现代化""人均国内生产总值达到中等发达国家水平"。从发展阶段看，当前至2035年，我国仍将处于为基本实现社会主义现代化努力奋斗的历史时期和工业化、城镇化持续发展阶段，需要将美丽中国建设置于中国式现代化整体布局和发展进程之中，充分研判经济社会发展的生态环境风险压力和中国式现代化对美丽中国建设的要求，以美丽中国建设统筹经济社会高质量发展和生态环境高水平保护[5]。

从中等发达国家水平的人均国内生产总值视角看，2022年我国人均GDP约为8.57万元，要达到中等发达国家水平则需要在2023—2035年实现翻一番，年均增长率保持在5%~6%。国家卫生健康委员会和联合国发布的《世界人口展望2022》显示，2035年我国人口规模为13.3亿~14.0亿人，则2023—2035年我国GDP年均增速仍须保持在4.6%~5.5%。从产业结构和城镇化视角看，综合考虑我国工业制造业大国的基础和发展需求，对比发达国家、中等发达国家中制造业发展水平较高的德国、日本、意大利等，可初步研判到2035年第二产业仍将在我国国民经济中占重要位置，占比预期将达到35%左右；参考中国社会科学院牵头编制的《中国农村发展报告（2021）》，并结合主要发达国家、中等发达国家在城镇化水平达到65%后12～15年的城镇化率走势，可初步预测到2035年我国常住人口城镇化率水平为72%～74%，在2023—2035年将保持0.52%～0.68%的年均增速，即每年增加500万~700万城镇人口。工业化、城镇化进程持续推进对生态环境和美丽中国建设的影响和新增压力仍将长期存在[6]。

从能源消费视角看，2021年我国人均能源消费量为3.72吨标准煤，我国已达到部分发达国家和中等发达国家水平，但与法国、德国、日本等国的水平仍有30%左右的差距。综合考虑，我国人均能源消费量、能源消费总量仍有较明显的增长空间。能源消费结构方面，2022年我国非化石能源消费占比为17.5%。《中共中央 国务院关于完整准确全面贯彻新发展理念做好碳达峰碳中和工作的意见》《能源生产和消费革命战略（2016—2030年）》等文件对2025年、2030年、2050年、2060年非化石能源消费占比做出了系统谋划，分别为20%、25%、超过一半和80%。按此序时进度推算，2025—2030年我国非化石能源消费占比将以年均1%的速度增长，2030—2050年将以超过1.25%的速度增长，2050—2060年这一增速将达到2%以上。结合我国非化石能源消费占比的年均增幅呈随时间提升的整体趋势，初步预测到2035年我国非化石能源消费占比将达到30%以上，有可能为32%~35%，初步达到发达国家当前水平。能源消费总量和人均消费水平的持续增长与消费结构的调整优化将对美丽中国目标，特别是碳排放达峰后稳中有降目标造成更加复杂的影响。

从电气化和信息化视角看，2022年我国全社会发电量、用电量达到8.39万亿千瓦时、8.64万亿千瓦时，工业、建筑、交通、农业农村部门电气化率分别达到26.2%、44.9%、3.9%、35.2%。基于弹性系数法预测，到2035年我国全社会发电/用电量为12.2万亿~12.7万亿千瓦时，终端能源电气化率有望达到40%以上。全社会电气化进程的持续深化将有助于降低电力系统的二氧化碳排放强度，进而缓解我国能源消费关联的碳排放压力，对实现碳达峰碳中和目标起到显著的促进作用。同时，我国人民生活水平和电气化水平的持续提升，以及数字经济的快速发展和数字中国建设的全面推进，可能带来电力消费结构和方式的系统性变化，这对深化生态环境智慧治理、加快引领数字化绿色化协同转型和倡导全社会绿色智慧生活方式提出了进一步要求。

综上，面向2035年基本实现社会主义现代化目标愿景，未来10~15年我国经济社会发展和社会主义现代化建设的物质基础仍将持续积累，在这一阶段可能实现人均GDP达到中等发达国家水平、常住人口城镇化率达到70%以上的成熟稳定状态、主要工业行业生产和发展发生趋势性结构性变化、二氧化碳排放达峰、电气化信息化数字化发展取得重大进展等涉及现代化诸多领域要素的深刻复杂系统性变革，对美丽中国建设在统筹生态环境高水平保护与经济社会高质量发展中的作用提出了更高要求[7-10]。

二、美丽中国建设的目标愿景

（一）美丽中国建设的目标

根据党的二十大全面建成社会主义现代化强国"两步走"战略安排，到2035年，广泛形成绿色生产生活方式，碳排放达峰后稳中有降，生态环境根本好转，美丽中国建设目标基本实现；到21世纪中叶，物质文明、政治文明、精神文明、社会文明、生态文明全面提升，全面形成绿色发展方式和生活方式，生态环境领域国家治理体系和治理能力现代化全面实现，建成人与自然和谐共生的美丽中国。

其中，2035年的主要目标是：绿色低碳循环发展的经济体系基本建立，绿色生产方式和生活方式广泛形成，减污降碳协同增效取得显著进展，主要资源利用效率达到国际先进水平，经济社会发展全面进入绿色低碳轨道，碳排放达峰后稳中有降，生态环境根本好转，国土空间开发保护新格局全面形成，全国森林、草原、荒漠、河湖、湿地、海洋等自然生态系统状况实现根本好转，生态系统多样性、稳定性、持续性显著提升，国家生态安全更加稳固，生态环境治理体系和治理能力现代化基本实现，美丽中国目标基本实现。

（二）美丽中国建设的主要内容

根据对美丽中国建设的思想内涵、理论基础和实践认识分析，本书认为美丽中国建设主要领域应集中在绿色低碳、环境优良、生态良好、环境健康、生活环境5个方面，这是构建美丽中国建设评估指标库的主体框架[11]。其中：

绿色低碳是美丽中国建设的重要特征，碳达峰碳中和是美丽中国建设的必然要求。我们要瞄准经济高质量发展和"双碳"目标，以减污降碳协同增效为总抓手，从源头推进产业结构、能源结构、生产方式、消费模式绿色变革，推进经济社会发展全面绿色转型。

环境优良是美丽中国建设的关键标志。我们应以生态环境质量改善为目标，坚持系统治理、综合治理、源头治理，重点解决损害群众健康的突出环境问题，切实让人民群众感受到经济发展带来的实实在在的环境效益，实现天更蓝、山更青、水更绿，生态环境更美丽。

生态良好是美丽中国建设的鲜明底色。这需要统筹山水林田湖草沙一体化保护和修复，贯通污染防治和生态保护两个方面，增强生态系统的循环能力，维护好生态平衡，减缓和适应气候变化的影响，维护生物多样性，还自然以宁静、和谐、美丽。

环境健康是美丽中国实现的重要目标。其核心是要统筹污染治理、质量改善和风险防范，把生态环境风险纳入常态化管理，系统构建全过程、多层级生态环境风险防范体系，牢守生态环境安全底线，为保护人民群众生命财产安全和国家安全提供有力保障。

生活环境是美丽中国建设的物化载体。建设良好的生活环境，关键在于坚持从生产生活实际需求出发，推动打造高品质城市生态环境，使城市更健康、更安全、更宜居，成为人民群众高品质生活空间；建设美丽宜居乡村，呈现山清水秀、天蓝地绿、村美人和的美丽画卷。我们要补齐城乡环境基础设施短板，努力建设人与自然和谐共生的诗意栖居地。

三、美丽中国建设指标体系构建

（一）美丽中国建设评估指标库设计思路

1. 要反映美丽中国建设主要内容

在绿色低碳方面，美丽中国建设评估指标库的设计要体现广泛形成绿色生产生活方式，推动建立清洁低碳、安全高效的能源体系和绿色低碳、循环发展的经济体系，形成简约适度、绿色低碳、文明健康的生活方式和消费模式等要求。在环境优良方面，要体现实现大气环境质量根本好转，实现"清水绿岸、鱼翔浅底"的美丽河湖，建成"碧海蓝天、洁净沙滩"的美丽海湾等要求。在生态良好方面，要体现守住自然生态安全边界，提升生态系统稳定性与功能，有效维护国家生态安全等要求。在环境健康方面，要体现全面管控环境风险，基本健全环境健康保障体系等要求。在生活环境方面，要体现建设宜居的美丽家园，实现农业农村生态环境根本好转等要求。

2. 要重点聚焦生态环境领域

从"十四五"时期开始，到2035年实现生态环境根本好转的美丽中国建设目标，意味着生态环境实现全局性、显著性、稳定性好转，进入良性循环的轨道，是全国各地区、多要素、整体性的生态环境转变，不是部分地区、单一要素、某一领域的生态环境改善，且生态环境质量改善成果得到全社会的广泛认可。因此，美丽中国建设评估指标库要以生态环境领域为重点，指标选择应覆盖环境质量、自然生态保护、应对气候变化、海洋生态环境、生态环境安全等各要素各领域。

3. 要与有关领域指标体系充分衔接

美丽中国是生态文明建设的成效表达。当前，有关部委围绕美丽中国、生态文明、绿色发展等领域发布了多项评估指标体系，已经覆盖美丽中国建设的主要内容，为构建美丽中国建设评估指标体系提供了良好的指标基础。如2016年，国家发展改革委会同国家统计局、原环境保护部、中共中央组织部印发实施了《绿色发展指标体系》，构建了资源利用、环境治理、环境质量、生态保护、增长质量、绿色生活、公众满意度7个领域的56项具体指标，印发了《生态文明建设考核目标体系》，构建了资源利用、生态环境保护、年度评价结果、公众满意程度和生态环境事件5个目标类别的23项子目标的生态文明建设考核目标体系，两个体系共同作为生态文明建设评价考核的依据。2019年，生态环境部印发实施的《国家生态文明建设示范市县建设指标》，构建了生态空间、生态保护、生态经济、生态生活、生态文化、生态制度 6 个领域的 40 项具体指标，是国家生态文明建设示范市县建设的目标指标基础。

4. 要充分吸收地方美丽中国建设指标体系

从目前有关省份和城市开展美丽中国建设的指标体系看，美丽浙江、美丽江苏、美丽山东、美丽杭州、美丽深圳、美丽烟台等建设制定的目标指标体系包含了 4~8 个领域，涉及 40 多项具体指标。上述指标体系的主要特点是：一是对国土空间、生态系统、环境质量、城乡人居、生态文化、绿色经济、治理体系和治理能力等展现出全面关注；二是不同省份、不同城市的侧重点各有差异，如美丽浙江和美丽江苏指标体系重点突出了本地在水生态、现代治理、绿色经济等领域的特色优势；三是均保留了大量生态环境质量指标作为核心指标或本底指标。可以看出，地方开展美丽中国建设中所建立的指标体系显现出较强的区域性、地方性特色，同时普遍将生态环境质量指标作为基础指标予以保留。

（二）指标库设计原则

根据美丽中国建设评估指标库设计思路，指标库设计应重点遵循以下原则[12]。

一是战略导向性原则。美丽中国建设评估指标库设计应以美丽中国建设目标为导向，聚焦生态环境重点领域指标，设置体现前瞻性、战略性的指标体系，充分反映美丽中国建设状态、成效与进程。美丽中国建设评估指标库中的指标设置既要能够有效促进各地区美丽中国建设工作，又要能够引导和推动经济高质量发展与生态环境高水平保护协同。

二是科学合理性原则。美丽中国建设评估指标库应建立在科学基础上，既能够客观地反映美丽中国建设的水平和状况，又要保证研究方法、资料和数据收集具有一定的科学依据，指标选取还要可监测、可评估、可分解、可获取，还应保证在评估过程中可对单项指标进行分解、转化和原则替代。

三是动态差异性原则。美丽中国建设评估指标库设计时应系统考虑美丽中国建设不同阶段下生态环境改善的整体连贯性，根据各阶段生态环境治理重点可适当增加或删减指标，对于已经完成的指标，根据具体情况可不再保留。同时，我们应兼顾全国和各地特点，结合评估区域实际情况可设置区域性特色指标，以提升各地开展美丽中国建设的积极性。

（三）指标库体系构建

依据美丽中国建设评估指标库设计思路和设计原则，美丽中国建设5个方面内容可进一步细分为10个维度，形成包含51项指标的美丽中国建设评估指标库（表2.1），以体现广泛形成绿色生产生活方式、碳达峰后稳中有降、生态环境根本好转等美丽中国建设的目标要求。此外，根据美丽中国建设主要内容，我们从美丽中国建设评估指标库中选择了18项指标作为美丽中国建设的核心指标。

1. 绿色低碳领域指标体系

基于绿色低碳领域的涵义阐述，绿色低碳领域指标体系主要针对能源、水资源、土地资源的集约节约利用，以及能源结构优化和碳排放等应对气候变化方面进行评估。绿色低碳领域指标体系分为绿色生产和应对气候变化两个维度，其中绿色生产方面选择单位GDP能源消耗、单位GDP用水量、单位GDP建设用地、一般工业固体废物综合利用率等指标，应对气候变化方面选择单位GDP二氧化碳排放强度、非化石能源占能源消费总量比重、二氧化碳排放总量等指标。

2. 环境优美领域指标体系

基于环境优美领域的涵义阐述，环境优美领域指标体系主要从空气清新、水体洁净、海清滩净3个维度进行评估。在空气清新维度，美丽中国建设评估指标库除了设置细颗粒物浓度和空气质量优良天数比率等大气环境管理的核心指标，还增加了地级及以上城市可吸入颗粒物浓度、地级及以上城市臭氧浓度和中度及以上污染天数比率等指标；在水体洁净维度，增加了地下水质量指标和重要江河湖泊水功能区达标率等指标；在海清滩净维度，指标库从海域水质、自然岸线、海洋生态系统、海漂垃圾处理角度设置了4项指标。

3. 生态良好领域指标体系

基于生态良好领域的涵义阐述，生态良好领域指标体系主要从美丽山川和生物多样性保护两个维度进行评估。其中，美丽山川维度主要选择体现森林、草原、湿地等生态系统保护，以及反映生态系统保护综合成效的指标，如水土保持率、生态质量指数。生物多样性保护维度则突出生态保护红线、生态空间管控以及物种保护要求，选取了重点生物物种种数保护率、生态保护红线面积比例等8项指标。

4. 环境健康领域指标体系

基于环境健康领域的涵义阐述，环境健康领域指标体系重点从表征环境健康与安全出发，选取了集中式饮用水水源地水质达标率、土地安全利用率、噪声污染控制、固体废物处置等有关指标。同时，考虑到我国仍处于工业化中后期阶段，历史遗留的环境风险隐患不断显现，突发环境事件多发频发态势没有得到根本改变，该指标库选取了有关工业危险废物处置、医疗废物处置及生态环境突发事件下降率等指标。

5. 生活环境领域指标体系

基于生活环境领域的涵义阐述，生活环境领域指标体系主要从美好城市和美丽乡村两个维度进行评估。结合指标数据的可获取情况和指标设置针对的行政级别等情况，在美好城市方面，美丽中国建设评估指标库选择城镇生活污水集中收集率、城镇生活垃圾无害化处理率、城市公园绿地500米服务半径覆盖率、人均公园绿地面积4项指标；在美丽乡村方面，选择农村生活污水处理和综合利用率、农村生活垃圾无害化处理率、化肥利用率、农药利用率、完成环境综合整治的村庄数量5项指标。

表 2.1　美丽中国建设评估指标库

领域	维度	序号	指标
绿色低碳	绿色生产	1	*单位 GDP 能源消耗
		2	单位 GDP 用水量
		3	单位 GDP 建设用地
		4	一般工业固体废物综合利用率
	应对气候变化	5	*单位 GDP 二氧化碳排放强度
		6	*非化石能源占能源消费总量比重
		7	二氧化碳排放总量
环境优美	空气清新	8	*地级及以上城市细颗粒物浓度
		9	地级及以上城市可吸入颗粒物浓度
		10	*地级及以上城市环境空气质量优良天数比率
		11	地级及以上城市臭氧日最大 8 小时第 90 百分位数平均值
		12	中度及以上污染天数比率
	水体洁净	13	*地表水达到或好于Ⅲ类水体比例
		14	地表水质量劣Ⅴ类水体比例
		15	地下水国控点Ⅴ类水体比例
		16	*重要江河湖泊水功能区达标率
	海清滩净	17	*近岸海域水质优良（一、二类）比例
		18	自然岸线保有率
		19	典型海洋生态系统健康状况
		20	海漂垃圾分布密度

续表

领域	维度	序号	指标
生态良好	美丽山川	21	*森林覆盖率
		22	森林蓄积量
		23	草原综合植被盖度
		24	湿地保护率
		25	水土保持率
		26	*生态质量指数
	生物多样性保护	27	*重点生物物种种数保护率
		28	生态保护红线面积
		29	自然保护地面积占陆域国土面积比例
		30	物种相对丰度
		31	物种濒危程度
		32	生物种群稳定性
		33	土著物种/指示物种/先锋物种变化
		34	水生态综合评价指数
环境健康	环境健康与安全	35	*地级及以上城市集中式饮用水水源地水质达标率
		36	*受污染耕地安全利用率
		37	*污染地块安全利用率
		38	"无废城市"建设数量
		39	工业危险废物利用处置率
		40	县级以上医疗废物无害化处置率
		41	*声环境功能区总体达标率
		42	五年生态环境突发事件下降率

续表

领域	维度	序号	指标
生活环境	美好城市	43	*城镇生活污水集中收集率
		44	*城镇生活垃圾无害化处理率
		45	城市公园绿地500米服务半径覆盖率
		46	人均公园绿地面积
	美丽乡村	47	农村生活污水处理和综合利用率
		48	农村生活垃圾无害化处理率
		49	化肥利用率
		50	农药利用率
		51	*完成环境综合整治的村庄数量

注：标有*的指标为评估的核心指标。

（四）美丽中国建设评估指标筛选

考虑到我国不同区域的自然条件、发展阶段、治理水平等存在显著差异，美丽中国建设评估除了选择适用于全国的普适性评估指标，还需要在诊断区域问题的基础上，遴选反映评估区域特征的指标，以适用于不同区域开展美丽中国建设评估的指标体系。因此，在对不同区域开展评估时，评估人员需要在美丽中国建设评估指标库中对指标进行筛选，以便建立有针对性、符合评估区域的指标体系。基于此，我们建立了指导各地开展本地区美丽中国建设评估的指标筛选技术流程。

1. 剔除不适合具体区域美丽中国建设进展评估的指标

上述建立的美丽中国建设评估指标库，其评估对象为全国层面，不能直接用于具体某个区域、省份或城市的美丽中国建设进展评估。因此在评估各地的美丽中国建设进展时，需要将不适合或与评估区实际情况不相符的指标进行剔除，保留具备当前可监测、可评估、可分解、可获取的相关指标，如内陆地区可剔除"海清滩净""近岸海域水质优良（一、二类）比例"有关指标。

2. 替换与评估区域指标不一致，但相关性较强、可被修正和完善的指标

对于在评估区域不具备数据来源的指标，可寻找与美丽中国建设评估指标库中指标内涵相同、具有可靠数据来源的指标进行替换。这样既可以保证评估区域指标数据的可靠与可得，同时也确保指标表述的普适性。如部分地区统计数据中无"农村生活污水处理和综合利用率"指标的信息和数据，而有"农村生活污水治理率"指标的统计数据，则可将"农村生活污水处理和综合利用率"替换为"农村生活污水治理率"。

3. 新增符合美丽中国建设主要领域的地方特色指标

应充分考虑评估区域实际情况以及开展美丽中国建设的实践安排，将与美丽中国建设内涵一致的指标增添至评估指标体系中，如浙江省开展美丽浙江建设提出了"县控以上地表水环境质量自动监测覆盖率"等指标要求；深圳市开展美丽深圳典范建设提出了"海水水质符合分级控制要求比例"等指标；浙江省玉环市提出了"海洋文化遗产分类管理制度"等观念意识普及指标。

各地在美丽中国建设评估指标库的基础上，通过剔除、替换、新增等指标筛选程序，即可构建适合本地区开展美丽中国建设评估的指标体系。

四、美丽中国建设评估方法应用

（一）美丽中国建设评估的基础方法

基于美丽中国建设指标库和指标筛选方法体系，本章设计了应用于量化评估研究的美丽中国建设评估方法。美丽中国建设的评估方法基于单因子指数法对单项指标的评估实现，对分领域指标使用算术平均值评估其美丽中国建设的成效，对综合指标采用各领域得分的算术平均值评估。单因子指数法如下式所示：

$$I = \begin{cases} \text{正向指标}, \begin{cases} C \geq S, 1 \\ C < S, C/S \end{cases} \\ \text{负向指标}, \begin{cases} S \neq 0, \begin{cases} C \leq S, 1 \\ C \in (S, 2S), 2 - C/S \\ C \geq 2S, 0 \end{cases} \\ S = 0, \begin{cases} C = 0, 1 \\ C \neq 0, 1 - C/100 \end{cases} \end{cases} \end{cases}$$

式中，I 为指标得分，C 为指标实际值，S 为指标目标值。确定各项被评估指标的目标值是美丽中国建设评估的核心环节。面向2035年美丽中国建设目标基本实现愿景，我们应对每一项被评估指标的中长期发展态势和达到美丽中国建设目标的具体要求开展系统分析，量化设置各项美丽中国建设评估指标的目标值。指标目标值的设置应遵循以下基本原则：对国家相关政策、规划、行动方案等文件中提出明确目标的，沿用最新目标；对未有明确目标的，在充分参考该项指标国内外先进水平现状值、相关标准、地方先行实践设定的目标等基础上确定。上述用作参考的数值较少能同时获取，只能在现存参考基础上进行目标值的选取和确定。目标值主要面向2035年。考虑到本章所提出指标体系的应用情景以中观、宏观尺度评估为主，对指标目标设定的参照选取以国家、省（区、市）层面为主，同时部分指标目标的参考选取和目标值确定的分析过程也将关注到地市或更微观层面。

（二）全国、省（区、市）层面的美丽中国建设评估

本章对美丽中国建设指标库中的指标做了进一步筛选和拓展，形成了涵盖指标库5个领域、10个维度和41项指标的全国及分省（区、市）美丽中国建设评估指标体系（表2.2），并基于该指标体系，使用2021—2022年数据，开展了美丽中国建设试评估。

表 2.2　全国及分省（区、市）美丽中国建设评估指标体系

领域	维度	序号	指标
优美环境	空气清新	1	地级及以上城市细颗粒物浓度
		2	地级及以上城市环境空气质量优良天数比率
		3	地级及以上城市臭氧日最大 8 小时第 90 百分位数平均值浓度
	水体洁净	4	地表水达到或好于Ⅲ类水体比例
		5	地表水质量劣Ⅴ类水体比例
		6	地下水国控点位劣Ⅴ类水体比例
		7	重要江河湖泊水功能区达标率
	海清岸净	8	近岸海域水质优良（一、二类）比例
		9	入海河流达到或优于Ⅲ类断面比例
		10	入海河流劣Ⅴ类断面比例
健康安全	健康安全	11	地级及以上城市集中式饮用水水源地水质达标率
		12	受污染耕地安全利用率
		13	单位耕地面积化肥（折纯）施用量
		14	单位耕地面积农药使用量
		15	工业危险废物利用处置率
人居整洁	城市人居	16	城镇生活污水处理率
		17	城镇生活垃圾无害化处理率
		18	城市功能区声环境质量综合达标率
	农村人居	19	开展农村生活污水集中处理的乡镇比例
		20	农村生活垃圾无害化处理率
		21	农村卫生厕所普及率

续表

领域	维度	序号	指标
生态良好	生态良好	22	森林覆盖率
		23	湿地保护率
		24	自然保护地面积占陆域国土面积比例
		25	生态保护红线面积
		26	自然岸线保有率
		27	海洋生态保护红线占比
		28	生态环境质量指数
		29	重点保护野生动植物保护率
		30	水土流失面积比例
绿色低碳	应对气候变化	31	单位GDP二氧化碳排放量
		32	近10年二氧化碳排放量年度变化率均值
		33	非化石能源占能源消费比重
	绿色发展	34	万元GDP能源消耗
		35	单位GDP/工业增加值用水量
		36	农田灌溉水有效利用系数
		37	单位GDP建设用地
		38	国土开发强度
	价值实现	39	美丽中国建设满意度
		40	生态系统生产总值占单位GDP的比例
		41	建成"国家级生态文明示范区"和"绿水青山就是金山银山实践创新基地"数量占县级区划比例

试评估结果表明，基于2021—2022年为主的数据，我国美丽中国建设得分为0.725，空气清新、水体洁净、海清岸净、健康安全、城市人居、农村人居、生态良好、应对气候变化、绿色发展、价值实现10个维度的分项得分分别为0.899、

0.870、0.968、0.614、0.843、0.688、0.923、0.178、0.586、0.683。在优美环境和生态良好领域表现较好，但健康安全和绿色低碳领域距离美丽中国建设目标仍有一定差距，城乡人居表现差异较大。从"十三五"以来美丽中国建设的进展情况看，2015—2022年，全国美丽中国建设表现整体提升了27.84%，其中空气清新、水体洁净、海清岸净、健康安全、城市人居、农村人居、生态良好、应对气候变化、绿色发展、价值实现10个维度分别进步了8.81%、43.58%、59.99%、12.75%、11.15%、39.19%、4.62%、38.69%、18.25%、41.33%，优美生态环境维度和农村人居、应对气候变化维度改善提升较为明显，但在健康安全、绿色发展等领域的提升相对较慢，说明这些领域应作为美丽中国中长期建设的重点。

（三）美丽中国建设评估与面向2030年联合国可持续发展目标（SDGs）评估的对比

在系统筛选和识别联合国可持续发展目标框架17个目标、169项指标的基础上，我们建立了SDGs-生态环境指标体系（表2.3），并基于最佳性能法（Best performance）确定单项指标的评估目标值，使用SDGs-生态环境指标体系对全国和各省（区、市）进行评估。结果表明，我国生态环境相关领域可持续发展总体得分为0.525，在2015—2022年提升了17.02%，目标3、6、7、9、11、12、13、14、15分项得分分别为0.607、0.638、0.655、0.788、0.677、0.303、0.040、

0.579、0.438，在2015—2022年的提升改善幅度为25.00%、19.76%、31.66%、36.98%、8.96%、1.47%、10.58%、17.88%、0.89%。与美丽中国建设评估相比，SDGs-生态环境指标体系在指标选取、评估方法和评估结果方面均有一定差异，二者从不同视角体现了我国开展美丽中国建设实践和推动可持续发展的基础和现阶段成效进展。值得注意的是，以各省（区、市）评估结果为数据点对美丽中国建设与生态环境相关领域可持续发展进行关联性分析，二者之间的相关性R^2在2015年和2022年分别为0.1130和0.2326，展现出一定的成效性关联增强。这说明，通过"十三五"期间及"十四五"初期在生态环境保护和生态文明建设领域的工作，我国美丽中国建设与可持续发展的协同性有所增强，生态环境保护和美丽中国建设在系统推动经济社会全面绿色低碳转型和可持续发展领域作用显著。

表2.3　SDGs-生态环境指标体系

可持续目标	序号	指标
目标3 良好健康与福祉	1	平均预期寿命
	2	每万人医疗机构床位数
	3	突发环境事件
目标6 清洁饮水和卫生设施	4	地级及以上城市集中式饮用水水源地水质达标率
	5	供/用水量占水资源量的比重
	6	污水处理率（城市、县城）
	7	污水处理率（建制镇、乡）
	8	农村卫生厕所普及率

续表

可持续目标	序号	指标
目标 7 经济适用的清洁能源	9	**非化石能源占能源消费比重**
	10	燃气普及率（城市、县城、建制镇）
		燃气普及率（乡、村庄）
目标 9 产业创新和基础设施	11	互联网用户与常住人口比例
	12	研发经费占 GDP 比重
	13	数字经济增加值占 GDP 比重
目标 11 可持续城市和社区	14	城乡收入比
	15	**地级及以上城市细颗粒物浓度**
	16	建成区供水管道密度（城市、县城）
	17	集中供水比例（建制镇、乡、村庄）
	18	城镇人均公共交通出行次数
	19	人均城镇环境治理投资
	20	**人均公园绿地面积（城市）**
目标 12 负责任消费和生产	21	**单位 GDP 能源消耗**
	22	**单位 GDP 用水量**
	23	一般工业固废人均产生量、综合利用率
	24	城市生活垃圾人均产生量、**无害化处理率**
	25	危险废物人均产生量、**处置利用率**
	26	人均工业二氧化硫、氮氧化物、颗粒物、挥发性有机物排放量
	27	人均化学需氧量、氨氮、总磷排放量
	28	工业污染防治投资占地区生产总值比重
目标 13 气候行动	29	人均二氧化碳排放量
	30	**单位 GDP 二氧化碳排放量**
	31	自然灾害直接经济损失占地区生产总值比重
目标 14 水下生物	32	海洋自然保护区面积占管辖海域面积比例
	33	**近岸海域水质优良（一、二类）比例**
	34	工业废水直排占比
	35	海产品天然捕捞产量占比
	36	海洋生物多样性指数

续表

可持续目标	序号	指标
目标 15 陆地生物	37	陆地自然保护区面积占辖区面积比例
	38	湿地占国土面积比例
	39	单位国土面积林木蓄积量
	40	单位国土面积物种丰富度

注：加粗的指标为与美丽中国建设评估指标库重复的指标。

（四）关于美丽中国建设评估方法的建议

本研究使用单因子指数法对美丽中国进行单项指标评估，在评估过程中，完成了对各项指标 2035 年目标值的量化设置。相比于现有研究中使用较多的标准化归一化方法，以及国际研究机构进行 SDGs 评估时使用的最佳性能法（Best performance）方法，这是一个显著改进。但同时，本研究基于算术平均值的分领域、维度和总体评估方法存在一定的局限性，特别是对不同指标的重要程度缺少考量。建议参考指标库对核心指标、普通指标的分类，并具体分析各项指标的属性和对美丽中国建设整体进程的影响，使用专家打分或熵值法、层次分析法等统计学方法对各项指标赋予权重，进一步加强分维度领域及整体评估的科学性、有效性和对美丽中国建设工作的支持作用。最后，当美丽中国建设评估涉及多个评估对象时，例如对全国各省（区、市）、对省（区、市）内各地级市（自治州、盟、地区）的评估等，应适度使用或不使用差异化的目标值。因为评估的目的是探究美丽中国建设基础、进展和差异化特征，而在指导推进具体的美丽中国建设工作实践时提出具体的差异化目标值设置方案则更为适宜。

在与可持续发展目标衔接和对比方面，美丽中国建设关注的领域和指标与SDGs-生态环境指标体系存在较明显差异。美丽中国建设对生态环境质量改善的关注度较高，则更加全面地考虑人类社会的整体发展，在生态环境相关领域内对自然生态资源的保护和合理利用，以及从发展视角出发的低碳循环可持续发展。因此，应在美丽中国相关目标指标研究和探索实践中与可持续发展目标做好衔接，各有侧重、相互补充。

目前我国尚未形成统一明确的美丽中国建设评估机制。虽然在2020年，国家发展改革委组织开展了全国及各省（区、市）美丽中国建设的试评估工作，但在试评估过程中发现，各省（区、市）评估队尚未对指标目标、评估方法、区域差异化等内容形成较一致的处理方式，部分评估细节仍须完善。从进一步深化、细化美丽中国建设评估工作的角度出发，我国应推动美丽中国建设的生态环境评估技术指南编制和实施，研究制定兼顾美丽中国建设要求和各地美丽特色的评估指标体系和方法体系，支撑开展美丽中国建设评估，促进美丽中国建设决策行动更好地落地实施。

参考文献

[1] 张占斌. 新型城镇化的战略意义和改革难题 [J]. 国家行政学院学报，2013（1）：48-54.

［2］张鸿雁. 中国新型城镇化理论与实践创新［J］. 社会学研究，2013，28（3）：1-14，241.

［3］李程骅. 科学发展观指导下的新型城镇化战略［J］. 求是，2012（14）：35-37.

［4］辛宝英. 城乡融合的新型城镇化战略：实现路径与推进策略［J］. 山东社会科学，2020（5）：117-122.

［5］胡祖才. 完善新型城镇化战略 提升城镇化发展质量［J］. 宏观经济管理，2021（11）：1-3，14.

［6］景琬淇，杨雪，宋昆. 我国新型城镇化战略下城市更新行动的政策与特点分析［J］. 景观设计，2022（2）：4-11.

［7］孙飞，曹守慧. 马克思城乡发展理论及其对新型城镇化战略的启示［J］. 西藏发展论坛，2022（3）：48-54.

［8］陈丽莎. 论新型城镇化战略对实现乡村振兴战略的带动作用［J］. 云南社会科学，2018（6）：97-102.

［9］杨梵. 乡村振兴和新型城镇化战略的协同发展［J］. 国土与自然资源研究，2021（5）：33-35.

［10］李程骅. 新型城镇化战略下的城市转型路径探讨［J］. 南京社会科学，2013（2）：7-13，22.

［11］王金南，秦昌波，苏洁琼，等. 美丽中国建设目标指标体系设计与应用［J］. 环境保护，2022，50（8）：12-17.

［12］秦昌波，苏洁琼，肖旸，等. 美丽中国建设评估指标库设计与指标体系构建研究［J］. 中国环境管理，2022，14（6）：42-54.

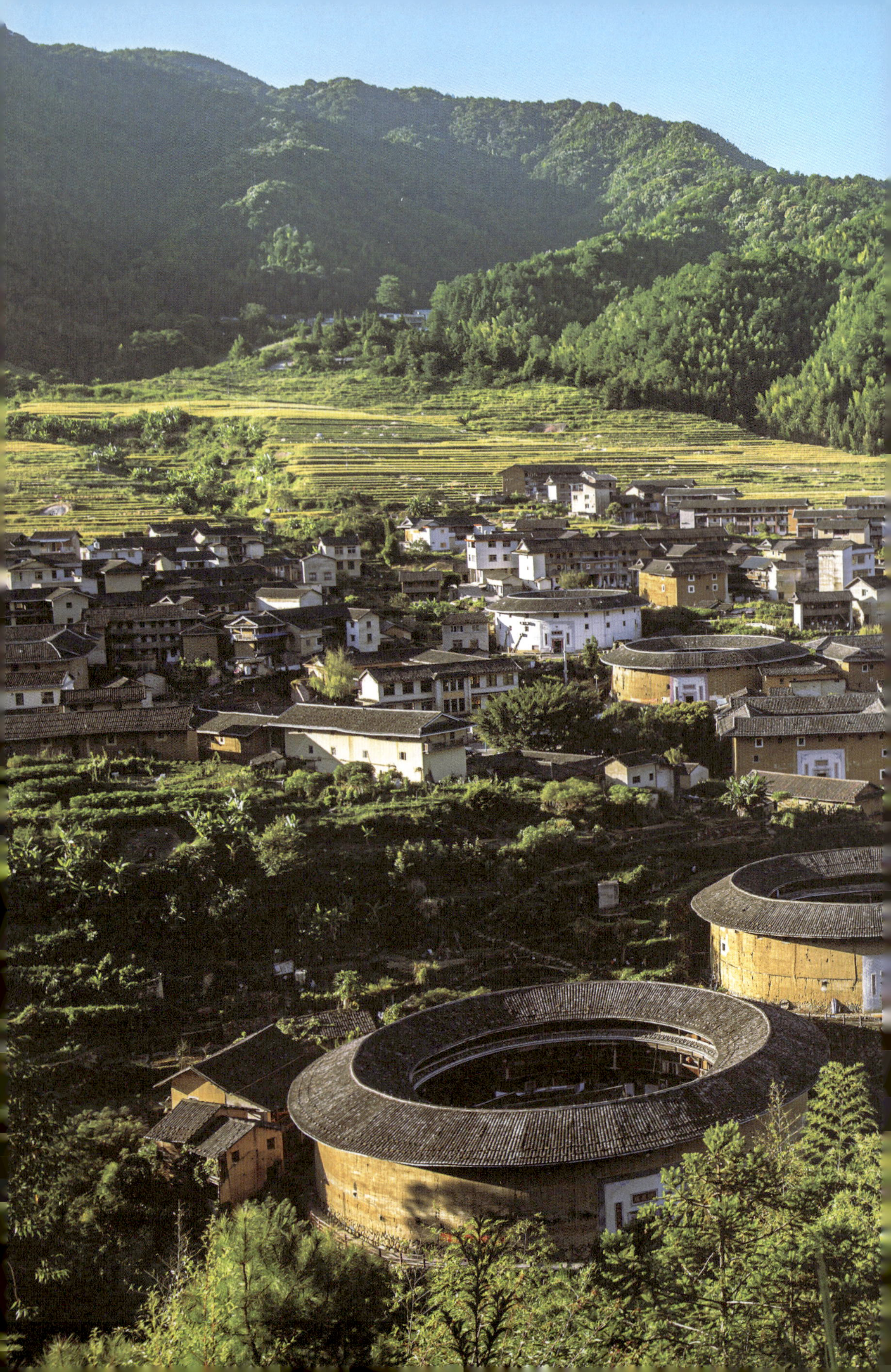

第三章
谋划分区战略路线 实现全域美美与共

美丽中国

我国幅员辽阔，四大板块和各重大战略区域生态环境保护特征、绿色发展水平、美丽中国建设功能定位与面临形势存在较大差异，为统筹推进区域绿色发展，全面推进美丽中国建设，须分类施策、分区推进，因地制宜绘就美丽中国多彩画卷。本章系统分析了四大区域板块、五大区域重大战略地区，以及海南省、成渝地区的生态环境保护特征和要求，结合区域生态环境功能定位，面向美丽中国建设目标的制约因素，提出各大板块、区域推进美丽中国建设的目标定位和战略重点。

一、立足四大区域板块定位　塑造各美其美

（一）打造高品质现代化美丽东部

1. 基本特征

东部地区包括北京市、天津市、河北省、山东省、江苏省、上海市、浙江省、福建省、广东省、海南省、香港特别行政区、澳门特别行政区、台湾省13个省（市、区）。统计上，东部地区指北京市、天津市、河北省、上海市、江苏省、浙江省、福建省、山东省、广东省和海南省10省（市），东部地区是我国人口、城镇、产业、创新要素等高度集聚区，是长三角、京津冀、粤港澳大湾区等区域重大战略分布区，在新征程上引领全国发展。东部地区总人口约5.6亿人，约占全国人口的40%，地区生产总值62.2万亿元，占全国生产总值超过50%[①]。

---

① 数据来源：根据第七次全国人口普查数据、2022年各省国民经济社会统计公报数据整理。

东部地区经济社会发展和绿色发展水平整体较高，存量型生态环境压力较为明显，部分省（市）重点领域生态环境短板仍较为突出。2022年，东部地区10个省（市）中，天津市、河北省、山东省细颗粒物年均浓度均超过国家二级标准，空气质量优良天数比率低于75%；天津市地表水国考断面水质优良比例低于70%；上海市近岸海域水质优良（一、二类）比例低于50%，区域生态质量指数（EQI）不高。从绿色发展方面看，东部地区各省（市）用能、用水、用地效率整体处于全国领先水平，但东部地区生态环境分异较为明显，京津冀和山东省在大气环境、水环境、生态质量等领域均与东南沿海存在一定差距，河北省、山东省单位GDP能耗较高，实现碳达峰碳中和压力较大。长三角近岸海域污染、广东省入海河流水质、沿海地区生态系统碎片化等问题较为突出，绿色发展先发优势尚未充分转化为生态环境保护和治理效能，区域内绿色协调发展仍待深化。

2. 美丽建设战略重点

东部地区在美丽中国建设过程中承担着先行示范、引领带动的"领头羊"角色，需要积极化解资源环境压力，解决经济快速发展带来的生态环境"存量"问题，加快培育壮大现代化经济体系和现代化城市群、都市圈，增强绿色竞争力，率先探索实现经济高质量发展的先进路径模式。东部地区需要加快推动产业转型升级，培育世界级先进制造业集群，引领新兴产业和现代服务业发展；提升更高水平对外开放、更高层次参与国际经济合作和竞争的能力,形成对外开放新优势;推动可再生资源能源利用,资源能源利用效率向国际先进水平靠拢。面向美丽中国、新型城镇化战略、"3060"目标,我们应在东部地区的上海市、北京市、广州市、深圳市、天津市等超大城市和杭州市、南京市、青岛市、济南市等特大城市探索美丽城市建设路径,探索新时代城市生态环境治理模式,为新时期生态环境保护工作、生态环境美丽城市建设提供经验借鉴。

(二)建设绿色低碳发展的美丽中部

1. 基本特征

中部地区包括河南省、湖北省、湖南省、江西省、安徽省和山西省6个省。中部崛起战略实施以来,中部地区经济社会保持较快增长,2022年区域生产总值约266513亿元,占全国生产总值的22%。武汉城市圈、长株潭城市群等重点区域的示范带动作用不断强化,长江中游城市群发展经济联系合作不断加强。中部地区利用区位和成本优势,积极承接东部地区产业转移。生态环境保护方面,长江中游4个省生态环境本底优良,2022年地表水国考断面水质优良比例、空气质量优良天数比率均超过80%,森林覆盖率超过30%,生态质量指数在55以上。

当前,中部地区仍处于经济产业快速发展时期,存量型、增量型生态环境压力相叠加,亟须更好统筹经济高质量发展和生态环境高水平保护。2022年，河南省、山西省细颗粒物浓度存在不同程度超标；山西省、河南省水环境质量、生态质量仍须改善。同时，中部地区产业结构整体偏重，对传统型、资源型产业依赖度较高，山西省、安徽省、河南省、湖北省等省炼焦、基础化工、建材、钢铁等产品产量均处于全国前列，化石能源消费占比高，单位GDP能耗、水耗较高，绿色发展水平仍须持续提升；河南省、湖北省、湖南省等省化肥、农药施（使）用强度高，土壤环境、流域水环境面临持续威胁。

2. 美丽建设战略重点

中部地区在区位上贯通南北、连接东西，在美丽中国建设过程中，需要发挥独特的区位优势，增强要素集聚和资源整合能力，巩固粮食生产基地、能源原材料基地、现代装备制造及高技术产业基地和综合交通运输枢纽地位，坚持绿色发展，加快形成绿色生产生活方式，巩固绿色生态发展格局，加强生态环境共保联治，打造人与自然和谐共生的美丽中部。

一方面，中部地区要增强绿色崛起动力，大力发展先进制造业，建设智能制造、新材料、新能源汽车、电子信息等产业基地，推动传统产业智能化、绿色化、服务化发展；积极开展低碳城市试点，鼓励绿色消费和绿色出行，因地制宜发展清洁能源，加快形成绿色生产生活方式；主动融入京津冀协同发展、长江经济带发展、粤港澳大湾区建设、长三角一体化发展、黄河流域生态保护和高质量发展等区域重大战略,将中部地区打造成各区域重大战略互促共进、融合互动的重要枢纽。另一方面,中部地区应统筹推进山水林田湖草沙系统治理,积极开展国家森林城市建设,加强生物多样性、系统性保护,共筑生态安全屏障;在河南省、山西省等大气污染较为严重的省份和主要城市群、都市圈开展大气污染联防联控,推动减污降碳协同增效;积极参与构建黄河、长江等流域横向生态保护补偿机制;推进土壤污染综合防治先行区建设,推进化肥农药减量增效,实施粮食主产区永久基本农田面源污染专项治理工程,加快推动矿山生态修复和尾矿库污染治理。

(三)绘就大美西部壮美风貌新画卷

1. 基本特征

西部地区包括重庆市、四川省、陕西省、云南省、贵州省、广西壮族自治区、甘肃省、青海省、宁夏回族自治区、西藏自治区、新疆维吾尔自治区以及内蒙古自治区,涉及12个省(区、市)。2022年西部地区生产总值256985亿元,占全国生产总值的20%。西部大开发战略实施以来,西部地区能源、交通、水利等基础设施建设加快推进,显著改善了西部地区对外经济联系和内部互联互通条件,提升了西部地区的经济地理位势。生态环境保护水平不断提高,青藏高原、内蒙古高原、三江源、祁连山等重要生态功能区得到有效保护，荒漠化、石漠化、水土流失等生态退化得到有效控制，生态屏障功能显著增强。依托西部自然资源等优势，新能源、绿色有机食品加工等特色优势产业不断发展。

西部地区生态环境脆弱性较高，西北、西南及各省（区、市）间生态环境禀赋差异较大。西南地区5省（市）森林覆盖率均达到35%，西北地区除内蒙古自治区、陕西省外森林覆盖率均低于15%，新疆维吾尔自治区中北部和甘肃省西部分布着我国大多数生态质量四类、五类区域，西南地区主要为生态质量一类区；内蒙古自治区、云南省、西藏自治区、新疆维吾尔自治区未实现地表水国考断面消劣；陕西省、宁夏回族自治区、新疆维吾尔自治区大气环境质量仍须持续改善。同时，西部地区生态环境基础设施建设相对落后、绿色发展水平较低，内蒙古自治区、西藏自治区、新疆维吾尔自治区等区城镇生活污水、垃圾集中收集处理能力建设滞后，除重庆市外各省（区）农村生活污水、垃圾收集处理（处置）设施短板凸显，西南地区单位GDP用水量、西北地区单位GDP能源消耗较高，西北地区资源型缺水、西南地区工程型缺水问题较为突出，部分地区煤炭消费居高不下。生态环境敏感脆弱与较低的绿色发展和生态环境治理水平相叠加，对西部地区生态环境保护和生态安全维护带来较多不确定性。

2. 美丽建设战略重点

在美丽中国建设过程中，西部地区要坚持生态优先，筑牢青藏高原、黄土高原、云贵高原等国家生态安全屏障，不断提高生态系统稳定性，重点区域综合治理，打造雪域高原、草原戈壁风光无限，野生动物自由栖息，多民族文化和谐交融的美丽西部。

我国应加快推动西部产业结构调整，提高煤炭采选、煤化工、钢铁、有色金属冶炼及压延加工等高耗水、高污染行业清洁生产水平，充分释放西部清洁能源开发潜力，推动国家重要能源基地高质量发展，增强区域内部绿色发展动力；提高清洁能源消费比例，提高资源能源利用效率，缓解区域资源环境承载压力。

西部地区应加强水源涵养能力建设，有效恢复水源涵养区高寒草甸、草原、湿地、森林等重要生态系统，持续推进实施三江源地区生态保护修复重大工程；加大国际重要湿地和国家重要湿地、国家级湿地自然保护区等重要湿地生态空间的保护修复力度，持续推进水土流失、荒漠化、石漠化治理，提高西北地区森林覆盖率，筑牢青藏高原、内蒙古高原、黄土高原、云贵高原等国家生态安全屏障。

以西北地区未达标省份为重点，西部地区应实施大气污染综合治理，消除重污染天气，保障空气质量稳定达标；加大生态环境基础设施建设力度，完善城镇污水收集配套管网，巩固提升城市黑臭水体治理成效，建设垃圾焚烧等无害化处理设施，建立健全农村垃圾收运处置体系，保障生态环境基础设施稳定运行。

（四）展现东北地区美丽北国风光

1. 基本特征

统计中的东北地区包括辽宁省、吉林省、黑龙江省。2022年东北地区生产总值57946亿元，约占全国的4.8%。东北振兴战略实施以来，区域内资源枯竭型城市逐步转型，老工业区发展稳步推进，绿色产业体系不断夯实，经济总量稳步增长。大小兴安岭、长白山等生态功能区保护工作稳步推进，自然生态功能不断提升，国家粮食安全"压舱石"地位更加巩固。2022年吉林省、辽宁省、黑龙江省细颗粒物年均浓度均达到国家二级标准，区域森林覆盖率超过40%，生态质量指数均在55以上。

东北地区在绿色发展、协调发展等方面存在一定短板，解决重点领域的生态环境问题需求较为迫切。东北地区煤炭消费占比较高，用能、用水、用地效率较低，冬季重污染天气时有发生，辽宁省、黑龙江省地表水国考断面水质优良（Ⅰ～Ⅱ类）比例低于75%，重点领域生态环境短板亟待补齐。同时，东北地区农村生活污水、垃圾收集处理（处置）设施建设存在明显短板，城乡生态环境协调发展面临一定阻碍。

2. 美丽建设战略重点

东北地区应站在维护国家生态安全、粮食安全等战略高度，推动生态环境保护工作，加强大小兴安岭、长白山等生态功能区保护、黑土地保护和北方防沙带建设，筑牢祖国北疆生态安全屏障，展现苍松翠柏、沃土粮仓、银装素裹的美丽北国风光；打好重污染天气消除攻坚战，持续推进秸秆禁烧工作，加快推动清洁取暖工作；加快补齐污染治理能力短板，推动区域内江河湖库水质稳步提升，逐步消除黑臭水体。

东北地区应加快经济发展方式绿色低碳转型步伐，加快推进产业集群的绿色化改造和减污降碳协同治理，积极培育大数据、人工智能、新能源、新材料等新兴产业，大力发展寒地冰雪、生态旅游等特色产业，为东北全面振兴提供绿色新动能；积极融入国家开放大局，抓住共建"一带一路"的机遇，优化营商环境，打造我国向北开放的重要窗口和东北亚地区合作中心枢纽。

二、聚焦区域重大战略　打造美丽中国先行区

（一）建设京津冀美丽中国生态修复环境改善示范区

1. 基本特征

京津冀协同发展战略涵盖北京市、天津市、河北省3个省（市）。京津冀地区水资源短缺，大气污染、水污染、土壤污染严重，是全国资源环境与发展矛盾最为尖锐的地区之一。虽然京津冀及周边地区的大气污染治理已经取得了阶段性成果，

空气质量大幅度改善，但以重化工为主的产业结构、以煤为主的能源结构和以公路货运为主的运输结构没有根本改变，污染物排放仍处于高位。随着治理措施边际效益递减，污染减排的难度越来越大，京津冀地区未来一段时间的改善空间将逐步收窄。生态环境质量同人民群众对美好生活的需要相比，同美丽中国建设目标相比，同中国式现代化建设先行区、示范区定位相比，还有较大差距。

2. 美丽建设战略重点

我国应立足区域生态环境基础和社会经济发展特征，统筹考虑京津冀地区在美丽中国建设与"双碳"战略中的战略地位和独特作用，打造我国区域整体协同发展的环境质量改善先行区、绿色低碳转型先行区、生态屏障建设先行区、协作治理机制创新先行区和美丽中国建设成效展示窗口。环境质量改善方面，应强化大气污染联防联控联治，分类推进城市空气质量全面达标，强化涉气行业和移动源的污染治理，实施多污染物协同控制；推进海河流域跨界联防联控联治和"京津冀—海河流域—渤海湾"流域海域协同治理，支持潮白河、北运河、大清河等跨界河流水环境协同治理；加强白洋淀生态环境治理保护；开展区域再生水循环利用试点和示范工程建设；开展土壤污染防治先行区和地下水污染综合防治试点建设。绿色低碳转型方面，应以减污降碳为重要抓手，加快推动产业结构、能源结构、运输结构、产业布局实现绿色低碳转型；推进张家口可再生能源示范区建设。生态屏障建设方面，应构建区域生态安全格局，实施京津冀协同发展生态保护和修复、京津冀风沙源治理、生物多样性保护等重大工程，提升生态系统多样性、稳定性、持续性；支持张家口首都水源涵养功能区和生态环境支撑区建设。协作治理机制创新方面，应完善生态环境协同保护体制机制，深化生态环境协同立法，建立清洁能源统筹调配机制，提升区域生态环境协同治理水平。

（二）长江经济带打造人与自然和谐共生的绿色发展示范带

1. 基本特征

长江经济带覆盖上海市、江苏省、浙江省、安徽省、江西省、湖北省、湖南省、重庆市、四川省、贵州省、云南省等11省（市），面积约205万千米^2，人口和生产总值均超过全国的40%，是我国经济重心所在、活力所在。目前，长江经济带污染排放总量大、强度高，废污水排放总量占全国的40%以上，污染治理能力和水平尚待大力提升；长三角、长江中游、成渝城市群等地区集中连片污染、重点区域磷污染等问题突出，部分城市黑臭水体治理成效不稳定；水生生物多样性降低，长江上游受威胁鱼类种类占全国总数的40%，白鱀豚已功能性灭绝，江豚面临极危态势，部分湖泊蓝藻水华问题依然存在，水生态系统失衡问题较为突出，城乡面源污染尚未得到有效治理。

2. 美丽建设战略重点

我们要始终以"生态优先、绿色发展"为核心，尊重自然规律，坚持"两山"理念，共抓大保护，不搞大开发，增强和提高优质生态产品供给能力，努力把长江经济带建设成为人与自然和谐共生的绿色发展示范带；统筹水陆、城乡、江湖、河海，统筹上中下游，统筹水资源、水生态、水环境，统筹产业布局、资源开发与生态环境保护，对水利水电工程实施科学调度，发挥水资源综合效益，构建区域一体化的生态环境保护格局，系统推进大保护；根据东中西部、上中下游、干流支流生态环境功能定位与重点地区的突出问题，制定差别化的保护策略与管理措施，实施精准治理；确立资源利用上线、生态保护红线、环境质量底线，制定产业准入负面清单，实施更严格的管理要求；针对长江经济带整体性保护不足、累积性风险加剧、碎片化管理乏力等突出问题，加快推进重点领域、关键环节体制改革，形成长江生态环境保护共抓、共管、共享的体制机制；大力推进生态环保科技创新体系建设，有效支撑生态环境保护与修复重点工作。

（三）共建粤港澳国际一流美丽湾区

1. 基本特征

粤港澳大湾区包括香港特别行政区、澳门特别行政区和珠三角的 9 个城市，是世界四大湾区之一，也是我国开放程度最高、经济活力最强的区域之一，在国家发展大局中具有建设富有活力和国际竞争力的一流湾区和世界级城市群、打造高质量发展典范的重要战略地位。当前，粤港澳大湾区资源能源约束趋紧，生态环境品质与国际一流湾区仍有差距。2022年，粤港澳大湾区臭氧浓度尚未实现稳定下降，化石能源消费高，实现碳达峰碳中和压力较大。珠江口、大亚湾等河口海湾和近岸海域水质仍待改善，生物多样性受到威胁，现代化生态环境治理体系仍须建立健全。

2. 美丽建设战略重点

面向打造美丽中国先行区的战略要求，粤港澳大湾区应构建绿色低碳环保产业和技术体系，形成绿色智慧节能低碳的生产生活方式，推动绿色金融改革创新，建设国家绿色低碳发展示范区；融合三地生态环境保护理念、制度、行动体系，创新深化生态环境保护合作发展模式，打造生态文明建设深度合作试验区；创新大气污染区域联防联控，打造大气污染防治先行示范区，强化粤港澳大湾区细颗粒物治理和臭氧污染协同控制先行示范效应，积极探索臭氧污染区域联防联控技术手段和管理机制；加强河口海洋生态系统保护，强化重点河口海湾综合整治，推进海湾水体和岸滩环境质量改善；加强生物多样性保护，开展粤港澳大湾区生物多样性调查、观测和评估，共建生物多样性保护网络；建设"无废湾区"，探索"无废城市"基础设施区域共建共享模式，探索"无废湾区"固体废物区域协同示范，先行探索土壤和地下水污染综合防控，推进粤港澳大湾区典型城市土壤污染防治先行区建设。

（四）建设黄河流域生态保护和高质量发展先行区

1. 基本特征

黄河流域生态保护和高质量发展战略涵盖青海省、四川省、甘肃省、宁夏回族自治区、内蒙古自治区、山西省、陕西省、河南省、山东省9省（区）。黄河生态本底差，水资源十分短缺，水土流失严重，资源环境承载能力弱，生态脆弱区分布广、类型多，上游的高原冰川、草原草甸和三江源、祁连山，中游的黄土高原，下游的黄河三角洲等，都极易发生生态退化，恢复难度极大且过程缓慢。沿黄河各省（区）发展不平衡不充分问题尤为突出。黄河流域环境污染积重较深，水质总体差于全国平均水平，汾渭平原大气污染严重。沿黄河各省（区）产业倚能倚重、低质低效问题突出，以能源化工、原材料、农牧业等为主导产业的特征明显，缺乏有较强竞争力的新兴产业集群。

2. 美丽建设战略重点

我们应持续推进黄河流域生态保护和高质量发展生态环境保护，要坚持共同抓好大保护，协同推进大治理，统筹推进上中下游、干流支流、左右两岸的保护和治理，建设黄河流域生态保护和高质量发展先行区；建立健全黄河干流、重要支流控制断面生态流量和重要湖泊生态水位保障监管体系，有效保障河湖生态需水；加强上游水源涵养能力建设，加强中游水土保持和荒漠化防治，推进下游湿地保护和生态治理，优化黄河流域生态安全屏障建设，筑牢生态空间保护格局；实施工业、农业、城乡生活、矿区等污染协同治理，以更高标准、更大力度提升支流水质；以晋陕大峡谷区域为突破口建立黄河流域生态环境协作机制，健全全流域生态保护补偿机制，推动长江黄河纵向协同发展；加强三江源、秦岭、黄河三角洲等重点生态功能区保护修复，开展历史遗留矿山综合整治和尾矿库治理；加强生态安全风险监测预警和气候变化影响跟踪研究；开展流域生态状况调查评估，加强生态保护修复统一监管；实施区域再生水循环利用，推动煤炭矿井水用于生态补水，鼓励煤矸石综合利用与安全处置，引导高盐废水综合利用。

（五）高水平建设绿色美丽长三角

1. 基本特征

长江三角洲区域一体化发展包括上海市、江苏省、浙江省、安徽省3省1市的41个城市。长三角是我国经济发展最活跃、开放程度最高、创新能力最强的区域之一，是"一带一路"与"长江经济带"的重要交汇地带，在国家现代化建设大局和全方位开放格局中具有举足轻重的战略地位。目前，长三角区域产业结构偏重，高耗能行业在工业中的占比相对较高，化石能源在区域能源消费中所占比重持续下降，但仍然占主导地位。长三角区域生态环境稳中向好的基础仍不稳固，2022年，仍有8个地级以上城市细颗粒物年均浓度超过国家二级标准。长三角区域内发展不平衡不充分，各地诉求不同，环境治理和绿色转型能力水平不一，协同推进生态环境共同保护的机制手段仍待完善。

2. 美丽建设战略重点

高水平建设长三角生态绿色一体化发展示范区，我们要把保护修复长江生态环境摆在突出位置，推动绿色低碳高质量发展，健全生态环境保护协作机制，支撑长三角在中国式现代化进程中更好发挥先行探路、引领示范、辐射带动作用；严格落实生态环境分区管控措施，强化重大投资项目环评服务保障，切实把好环境准入关；持续推进重点行业绿色低碳改造升级，支持浙江省建设减污降碳协同创新区，开展城市、园区、企业等不同类型的实践探索；持续推进污染防治攻坚，推动长三角区域实施空气质量全面改善行动，深入开展新安江—千岛湖、太湖、大运河、太浦河等重点跨界水体共保联治，加强美丽河湖、美丽海湾保护与建设，加大力度整治水体返黑返臭、臭气异味、噪声污染等群众身边"急难愁盼"问题；深入推进区域生态环境保护政策体制机制创新，加快提升跨区域环境治理能力；积极开展美丽中国地方实践，鼓励符合条件的地区开展美丽城市、美丽乡村、美丽河湖、美丽海湾等美丽中国建设各类示范试点。

（六）谱写美丽中国的海南篇章

1. 基本特征

海南省土地面积3.54万千米^2，海域面积约200万千米^2，海岸线全长1823千米。海南岛是我国仅次于台湾岛的第二大岛。海南省是我国热带雨林、热带季雨林原生地，是珍稀动植物生长繁衍和作物资源培育的理想基地，生态环境质量保持全国领先。同时，党中央关于构建新发展格局、推进高水平对外开放、全面推进美丽中国建设等重大部署，对自由贸易港坚持发展和安全并重、处理好发展和保护的关系提出了更高要求。当前，海南省在绿色转型、生态环境质量稳中向好、生态风险防控等方面还面临不少挑战。海南省细颗粒物年均浓度与世界卫生组织标准还有差距，水环境质量受农业面源、生活源污染影响明显，珠溪河、竹山溪等个别水体长期处于劣V类，全省能源消费总量刚性增长需求和工业化、城镇化持续快速推动的现状对协同推进减污降碳带来较大压力，外来物种入侵防控压力处于持续高位，人居环境水平与先进省份要求差距明显。

2. 美丽建设战略重点

海南省应高起点高标准谋划好自由贸易港建设生态环境保护的顶层工作，开展美丽海南中长期战略研究，开展美丽城市和美丽乡村建设，深入推进美丽海湾建设。海南省应强化进出境货物环境安全监管和风险防控，维护自由贸易港生态安全，探索建立与全岛封关运作相适应的生态环境风险管控体系；继续深入打好污染防治攻坚战，统筹推进细颗粒物治理和臭氧协同控制，推进"六水共治"，保持生态环境质量全国领先；加快生态文明制度改革与集成创新，重点围绕生态文明绩效考核与责任落实、应对气候变化、生物多样性保护、海洋资源环境保护、生态产品价值实现等制度先行先试；对标国际最高标准、体现国际化水平，加快实现海南自由贸易港生态环境治理体系与治理能力现代化，努力建设生态环境质量和资源利用效率居于世界领先水平的自由贸易港。

（七）推进成渝地区共建绿色低碳高品质生活宜居地

1. 基本特征

成渝地区位于长江上游，地处四川盆地。区域内生态禀赋优良、能源矿产丰富、城镇密布、风物多样，是我国西部人口最密集、产业基础最雄厚、创新能力最强、市场空间最广阔、开放程度最高的区域。当前，成渝地区在协同推进高水平保护和高质量发展方面仍有不足。一是成渝地区工业化、城镇化进程不断加快，但区域运输结构"偏公"、能源结构"偏煤"、产业结构"偏重"的问题仍很突出，推进减污降碳协同增效压力较大。二是成渝地区两地环境污染呈现叠加效应，跨界污染治理难度较大。以细颗粒物为首要污染物的重污染天气时有发生，两地水环境治理及优良水质持续保持难度较大，成渝地区生态系统多样性、稳定性须进一步巩固提升。三是区域环境基础设施一体化发展水平有待提升，区域执法监管标准与协调机制有待完善，区域合作机制深化落实途径有待夯实。

2. 美丽建设战略重点

在筑牢长江上游生态屏障、打造高品质生活宜居地、构建人与自然和谐共生的美丽中国先行区的总体要求与目标下，成渝地区应遵循"生态优先、绿色发展，系统保护、协同治理，以人为本、综合施策，双核引领、同筑共保"的原则，统筹成渝地区生态环境保护工作。成渝地区应深化生态环境同防共治，持续推进江河水系绿色生态廊道建设，提质建设"两岸青山·千里林带"，加强生物多样性保护；共推跨界水环境治理，在长江、嘉陵江一级支流开展水环境治理试点示范；深化大气污染联防联控，加强重污染天气应急响应一体联动。成渝地区应实施产业结构绿色转型升级和能源结构绿色优化调整"双轮驱动"，全面推进绿色制造；持续推进碳达峰碳中和联合行动，支持开展减污降碳协同增效试点，促进经济社会全面绿色低碳发展；推动重庆经开区、自贡高新区等开展国家绿色产业示范基地建设，打造一批引领性工程；细化成渝地区多层次"美丽细胞"建设实践。

三、建设新时代美丽城市与美丽乡村

（一）新型城镇化战略与美丽城市

1. 面向新型城镇化战略的美丽城市建设必要性和重大意义

《国家新型城镇化规划（2021—2035年）》提出分类推动城市群发展，有序培育现代化都市圈，推动超大特大城市转变发展方式，提升大中城市功能品质，增强小城市发展活力，推进以县城为重要载体的城镇化建设的任务举措；提出建设宜居城市、韧性城市、创新城市、智慧城市、绿色城市、人文城市的要求。国家发展改革委等部门陆续出台《"十四五"新型城镇化实施方案》《关于建立健全城乡融合发展体制机制和政策体系的意见》《关于培育发展现代化都市圈的指导意见》《关于加快转变超大特大城市发展方式的意见》《关于推进以县城为重要载体的城镇化建设的意见》,制订一系列城市群、都市圈建设规划,全国一盘棋、绿色高质量的新型城镇化建设快速推进[1]。

当前,我国城镇化进程增速换挡,城市发展方式加快转型,资源环境约束日益强化,城市发展韧性和抗风险能力不足,城市居民对优质公共服务、生态环境、健康安全等方面的需求日益增长,城市治理能力亟待提升[2]。城市生态环境问题最为复杂、最为集中,也代表我国生态环境保护的最高水平,是生态环境保护的"领头羊"和"探路者"。我们应主动适应我国新型城镇化建设要求,全面提升城市生态环境品质与生态环境保护水平,建设环境优美、生态宜居、绿色低碳、安全健康、智慧高效的美丽城市,这是落实国家新型城镇化建设要求、支撑国家新型城镇化建设的重要内容。

2.美丽城市建设的总体考虑

美丽城市的建设目标是,到2027年,城市人居环境中的突出问题得到有效解决,城市生物多样性保护初显成效,城市环境基础设施不断完善,绿色低碳的城市建设与生产生活模式基本构建,智慧高效的城市环境治理能力得以提升,多元共治的现代化环境治理模式初步形成，统筹规划、系统治理、典型带动、创新激励的城市生态环境治理工作机制基本完善，打造一批美丽城市典范，发挥示范引领作用。到2035年，城市生态环境品质全面提升，城市人居生态环境更加美好，现代化的城市生态环境治理体系基本实现，各具特色、人民满意、人与自然和谐共生的新时代生态环境美丽城市基本建成。

美丽城市建设过程中，要把握四个原则。一是坚持以人民为中心，聚焦城市生态环境治理的重点领域和人民群众反映强烈的生态环境突出问题，问需于民、问计于民、问效于民，以生态环境保护实际成效取信于民。二是面向2035年美丽中国建设要求，统筹落实碳达峰碳中和目标和新型城镇化战略，坚持系统治理、综合治理、源头治理，条块结合，协同发力，推动减污降碳协同增效，整体提升城市生态环境治理效能。三是推动城市生态环境治理向政府、企业、社会各负其责，法治、政府、市场、信用、社会监督、技术、宣传等多种手段协同发力的治理模式转变，以智慧治理助力提升城市精细化治理水平。四是鼓励各地积极开展新时代生态环境美丽城市建设，探索城市生态环境治理的新举措、新机制、新模式。[3]

3. 美丽城市建设的战略思路

聚焦重点领域，推动城市生态环境治理补短板强弱项。一是统筹污染治理、生态保护、应对气候变化，推动减污降碳协同增效，有序引导城市绿色低碳转型发展[4]。二是集中攻克城市人居环境中的突出环境问题，提高城市人民群众的生态环境幸福感。三是系统设计、一体谋划，加强城市生态系统修复，维护城市生态多样性，建设现代化城市生态系统。四是聚焦生态安全、人居健康等领域，提前谋划应对噪声、震动、光污染等问题，提高城市安全韧性。五是加快补齐城市环境基础设施短板，提高城市生态环境信息化、智能化管理水平，建设完备的城市生态环境基础设施体系。六是优化城市生态环境治理体系和治理能力，推动构建多元互动、共享共治、全民参与、全过程参与的生态环境社会治理新格局[5]。

推动机制建设，建立健全新时代美丽城市建设制度框架。建立生态环境美丽城市"规划—评估—治理"三大环节相统筹的建设机制，鼓励各地建设环境优美、生态宜居、绿色低碳、安全健康、智慧高效的生态环境美丽城市。推进新时代美丽城市建设顶层设计，以生态环境优化、居民环境满意度改善为目标，重点围绕气候变化、城市生态系统建设、城市生物多样性保护、人居环境健康安全、智慧环保、公众参与等领域，系统谋划生态环境美丽城市建设方案，开展生态环境美丽城市建设评估，推进城市生态环境连片综合治理。探索构建社会评价、市民评判、数据评定相结合的城市生态环境治理评估体系，建立城市生态环境治理评估机制，以评估引领生态环境美丽城市建设[6]。

强化政策支撑，创新城市生态环境治理投融资模式。探索政策、资金倾斜等多种形式鼓励城市积极参与生态环境美丽城市建设进程。鼓励市县以减污降碳协同增效为引领，聚焦生态环境美丽城市建设的薄弱环节与重点领域，探索城市生态环境保护整体解决方案，连片整体推进生态环境综合治理。鼓励各地采取多种方式拓宽融资渠道，探索城市生态环境治理和城市开发项目相结合的项目运作模式，引导和吸引社会资金进入城市生态环境治理[7]。联合政策性、开发性金融机构，构建城市生态环境治理专项信贷支持体系和政银协调机制，将城市开发与生态环境美丽城市建设成效强挂钩，试点探索新时代美丽城市建设一体化推进的金融支持模式。

鼓励带动示范，推动地方积极探索城市生态环境治理新模式。推进城市群、都市圈一体化发展与保护，强化区域城际、城乡生态融合。发挥超大特大城市辐射带动作用，强化自然恢复和人工修复深度融合，实现城市内涵提升。提高大中城市生态环境治理效能，提升城市服务功能和生态环境品质。推动小城市和县城环境基础设施提级扩能，促进环境公共服务能力与人口、经济规模相适应[8]。鼓励各地积极参与、自主开展低碳城市、绿色城市、减污降碳协同增效、美丽社区、美丽学校等生态环境保护领域各层级、各类型试点工作。筛选一批具有代表性的城市群、都市圈、超特大城市、大中城市、小城市和县城，全方位、全过程探索城市生态环境治理新手段、新模式、新路径，打造新时代美丽城市标杆，营造全国各类城市积极参与、主动探索、率先示范的生态环境美丽城市建设氛围[9-11]。

（二）乡村振兴战略与美丽乡村

1. 美丽乡村建设的重要意义

乡村是具有自然、社会、经济特征的地域综合体，兼具生产、生活、生态、文化等多重功能，与城镇互促互进、共生共存，共同构成人类活动的主要空间。当前，我国发展不平衡不充分问题在乡村最为突出，主要表现在：农村环境和生态问题比较突出，农产品阶段性供过于求和供给不足并存，农民适应生产力发展和市场竞争的能力不足，农村基础设施和民生领域欠账较多，农村金融改革任务繁重，乡村治理体系和治理能力亟待强化。党的十九大报告提出"产业兴旺、生态宜居、乡风文明、治理有效、生活富裕"的乡村振兴发展总体要求。在党的二十大报告中，习近平总书记进一步指出，"全面建设社会主义现代化国家，最艰巨最繁重的任务仍然在农村"，提出"全面推进乡村振兴"的任务，强调"建设宜居宜业和美乡村"，为新时代新征程全面推进乡村振兴、加快农业农村现代化指明了前进方向[12]。

当前，美丽中国建设的重点难点依然在农村。党的十八大以来，党中央高度重视农村生态文明建设，深入打好农业农村污染治理攻坚战，农村人居环境改善成效显著，农业绿色发展取得积极进展，建成一大批美丽乡村。但是，我国农村人居环境总体质量水平不高，农业面源污染和生态环境治理还处在治存量、遏增量的关口，对标2035年我国农村生态环境根本好转目标还存在较大差距。面向新征程，根据农村经济社会高质量发展的新需求、农民群众对生态环境改善的新期待，我国应加大对农村突出生态环境问题集中解决的力度，以更高标准扎实推进美丽乡村示范引领，绘就新时代乡村全面振兴新篇章，厚植美丽中国底色[13]。

2. 美丽乡村建设的总体考虑

2014年国家发布的《美丽乡村建设指南》确定了"美丽乡村"的内涵，即规划布局科学、村容整洁、生产发展、乡风文明、管理民主，且宜居、宜业的可持续发展的乡村。美丽乡村要兼顾农村从生产到生活、从基础设施到文化文明、从生态保护到社会管理等需求。党的二十大报告提出"建设宜居宜业和美乡村"。从"美丽乡村"到"和美乡村"，乡村建设的内涵得到进一步丰富和拓展，更加突出人与人的和谐、人与自然的和谐、城市与乡村的和谐。美丽乡村的建设目标是，到2027年，农村人居环境整治水平显著提升，农业面源污染得到管控，农村生态环境持续改善，农业绿色发展全面推进，制度体系和工作机制基本健全，农村生态环境根本好转，农村生产生活方式绿色转型取得明显进展，农民群众获得感和幸福感不断增强，美丽乡村整县建成比例达到40%，人与自然和谐共生的美丽乡村建设取得新进步；到2035年，农村环境基础设施得到完善，农业面源污染得到遏制，农业绿色发展取得显著成效，农村生态环境根本好转，美丽乡村基本全覆盖，绿色生产生活方式广泛形成，农业生产与资源环境承载力基本匹配，生产生活生态相协调的农业发展格局基本建立，美丽宜人、业兴人和的社会主义新乡村基本建成[14]。

美丽乡村建设过程中，要把握五个原则。一是科学把握乡村的多样性、差异性、区域性特征，注重规划先行、分区施策，根据区位条件、资源禀赋、发展现状、产业基础分类推进。二是传承保护传统村落民居和优秀乡土文化，突出地域特色和乡村特点，保留具有本土特色和乡土气息的乡村风貌，防止机械照搬城镇建设模式。三是发挥政府在规划引导、政策支持、组织保障等方面的作用，保障村民参与权、决策权和监督权，激发农民群众建设美好家园的主动性、积极性和创造性，鼓励社会各界广泛参与。四是坚持先建机制、后建工程，统筹推进农村公共基础设施建设与管护，保障各类设施建成并长期稳定运行。五是促进资源集约节约循环利用，推行绿色规划、绿色设计、绿色建设，持续推进生活方式绿色转型[15]。

3. 美丽乡村建设的战略思路

今后 5 年是美丽中国建设的重要时期，亦是美丽乡村实现质的有效提升和量的合理增长的关键时期。我们应以习近平生态文明思想为指导，深入贯彻落实全国生态环境保护大会精神，学习推广浙江省"千村示范、万村整治"工程经验，持续推进农村人居环境整治和农业面源污染防治，以绿色低碳为引领，推动各具特色的美丽乡村示范创建，再现山清水秀、天蓝地绿、村美人和的美丽画卷[16]。

一是锚定战略目标，明确阶段目标实现路径。加强战略谋划和顶层设计，锚定2035年农村生态环境根本好转、美丽乡村基本建成的战略目标，持续深入打好农业农村污染治理攻坚战，研究分阶段战略目标和工作安排，强化美丽乡村建设规划引领，明确"十四五"深入攻坚、"十五五"持续巩固、"十六五"全面提升的实现路径。深入开展美丽乡村科学内涵和基本特征研究，构建不同类型、不同地区的美丽乡村建设指标体系。

二是聚焦突出问题，打好几场漂亮标志战役。围绕农业农村突出生态环境问题，突出重点区域、重点领域和关键环节，以更高标准打几个漂亮的标志性战役，显著改善农村生态环境质量。如在人居环境方面，中西部地区污水治理是短板中的短板，开展农村生活污水处理与资源利用补短板行动；在农业面源方面，长江流域面源污染是总磷超标主因，西北地区农膜白色污染等问题突出，须开展长江流域农业面源源头防控行动、西北地区农膜回收专项行动等。

三是注重因地制宜，建设宜居宜业美丽乡村。我国农村地域辽阔，各地实际情况千差万别。我国应根据乡村资源禀赋、经济发展水平、风俗文化、村民期盼等，因村施策、有序推进美丽乡村建设；注重乡土味道，保留村庄形态，保护乡村风貌，防止简单照搬城镇建设模式，打造各美其美、美美与共的宜居宜业美丽乡村。

四是坚持示范引领，推动示范带动整体提升。在国家美丽乡村示范创建的基础上，鼓励各地开展省市县三级美丽乡村示范创建，研究制定体现本地特色的美丽乡村建设指标体系和创建规程；以县为单元示范带动，梯次推进美丽乡村基本实现全覆盖。美丽乡村示范创建要注重乡村产业绿色低碳发展，有效融入"互联网+""旅游+""生态+"等新产业、新业态；注重生态环境改善与农业多元价值释放、乡土文明传承、良好生态供给等协同增益。

五是完善长效机制，健全美丽乡村制度体系。建立美丽乡村建设工作机制，明确地方政府和职责部门分工，形成合力，完善建设和管护长效机制。健全农业绿色奖补政策，推动财政资金支持由生产领域向生产生态并重转变，探索补贴发放与耕地地力保护行为相挂钩，引导农民秸秆还田、科学施肥用药。坚持农民主体地位，充分体现美丽乡村建设为农民而建，尊重村民意愿，激发内生动力。

参考文献

[1] 魏后凯, 李玏, 年猛. "十四五"时期中国城镇化战略与政策[J]. 中共中央党校（国家行政学院）学报, 2020, 24（4）: 5-21.

[2] 王金南, 万军, 王倩, 等. 改革开放40年与中国生态环境规划发展[J]. 中国环境管理, 2018, 10（6）: 5-18.

[3] 万军，路路，张晓婧，等. 美丽中国建设地方实践评估与展望 [J]. 中国环境管理，2022，14（6）：25-32.

[4] 万军，李新，吴舜泽，等. 美丽城市内涵与美丽杭州建设战略研究 [J]. 环境科学与管理，2013，38（10）：1-6.

[5] 包景岭，张涛，孙贻超，等. 践行生态文明建设美丽城市 [J]. 环境科学与管理，2013，38（11）：186-190.

[6] 方和荣. 关于建设美丽城市的几点思考 [J]. 厦门特区党校学报，2014（5）：7-11.

[7] 张义丰. 美丽山水城市建设的时代意义与发展前景 [J]. 中国生态文明，2019（5）：77-87.

[8] 杨雅婷. 生态文明视野下的美丽城市建设：以浙江省杭州市为例 [J]. 城市地理，2015（10）：15-16.

[9] 王惠军. 保护青山绿水建设美丽长治：长治市城市生态环境保护规划的实施 [J]. 小城镇建设，2015（6）：80-84.

[10] 黄新军，赵彦敏，郑博，等. 强化生态环境保护建设美丽城市 [J]. 科技创新导报，2019，16（33）：128，130.

[11] 任致远. 从建设美丽中国想到城市转型发展的几个问题 [J]. 城市，2013（5）：8-13.

[12] 王卫星. 美丽乡村建设：现状与对策 [J]. 华中师范大学学报（人文社会科学版），2014，53（1）：1-6.

[13] 于法稳，李萍. 美丽乡村建设中存在的问题及建议 [J]. 江西社会科学，2014，34（9）：222-227.

[14] 王晓东. 久久为功　扎实推进生态宜居美丽乡村建设 [C/OL]. 人民政协网，[2023-11-03]. http://www.rmzxb.com.cn/c/2023-11-03/3437418.shtml.

[15] 陈润羊. 美丽乡村建设研究文献综述 [J]. 云南农业大学学报（社

会科学），2018，12（2）：8-14.

[16] 柳兰芳. 从"美丽乡村"到"美丽中国"：解析"美丽乡村"的生态意蕴[J]. 理论月刊，2013，381（9）：165-168.

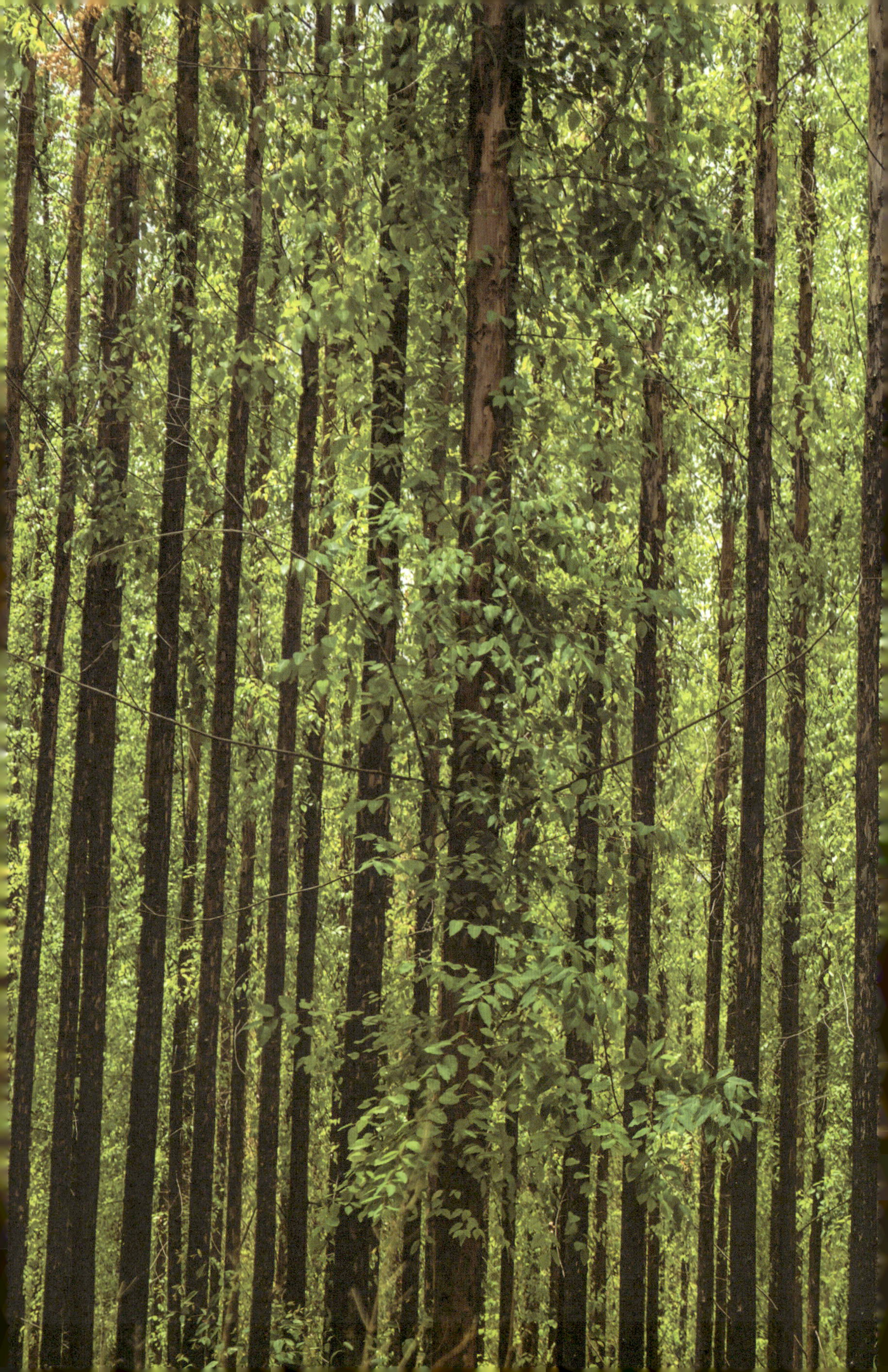

第四章

深化任务施工设计

全面推进美丽建设

美丽中国

2022年，党的二十大报告明确了建设人与自然和谐共生美丽中国的基本路径，提出加快发展方式绿色转型等方面的任务。2023年7月，习近平总书记在全国生态环境保护大会上发表重要讲话，系统部署了全面推进美丽中国建设的6项重大任务。我们要聚焦战略任务部署，进一步明确推进路线，深化施工路径设计。本章围绕新征程上全面推进美丽中国建设的战略任务，从加快推动发展方式绿色低碳转型，持续深入推进污染防治攻坚，提升生态系统多样性、稳定性、持续性，积极稳妥推进碳达峰碳中和，守牢美丽中国安全底线等方面，在分析研判现状进展与面临形势的基础上，分领域提出美丽中国建设"施工路线图"与重点任务举措建议。

一、加快推动发展方式绿色转型

（一）进展与形势

1. 现状进展

党的十八大以来，在习近平新时代中国特色社会主义思想指引下，我国坚持"两山"理念，以美丽中国建设引领绿色低碳转型，绿色空间格局基本形成，产业结构持续调整优化，绿色生产方式广泛推行，绿色生活方式渐成时尚，绿色发展体系机制逐步完善，积极开展绿色发展国际合作，为全球可持续发展贡献了智慧和力量[1]。

2012—2022年，中国以年均3%的能源消费增速支撑了年均6.6%的经济增长，是全球能源消耗强度降低最快的国家之一，万元GDP能源消耗较2012年累计下降26.4%，煤炭占一次能源消费比重从68.5%下降到56.2%，非化石能源消费比重达到17.5%，天然气、水电、核电、风电、太阳能发电等清洁能源消费比重达到25.9%，可再生能源装机达12.13亿千瓦，其中水电、风电、太阳能发电装机均超3.5亿千瓦，居世界第一。绿色低碳的公共交通服务体系不断完善，截至2022年年底，全国城市公共汽电车共70.32万辆，其中新能源公交车54.26万辆，占比约为77.2%，充电基础设施年增长数量为260万台左右，累计数量约为520万台。全国地级城市生活垃圾分类全面启动，简约适度、绿色低碳的生活氛围愈加浓厚[2]。

2. 面临形势

从国际形势看，绿色低碳发展既是国际潮流所向，也是各国落实联合国2030年可持续发展议程的必然要求。2020年9月，习近平主席在第七十五届联合国大会一般性辩论上宣布，中国将提高国家自主贡献力度，采取更加有力的政策和措施，二氧化碳排放力争于2030年前达到峰值，努力争取2060年前实现碳中和。在"双碳"目标牵引下，我国构建了碳达峰碳中和"1+N"政策体系①，部署开展了能源绿色低碳

---

① 碳达峰碳中和"1+N"政策体系："1"即中共中央、国务院印发的《关于完整准确全面贯彻新发展理念做好碳达峰碳中和工作的意见》，与国务院印发的《2030年前碳达峰行动方案》共同构成中国碳达峰碳中和工作的顶层设计；"N"包括能源、工业、交通运输、城乡建设、钢铁、有色金属、水泥等重点领域、重点行业的碳达峰实施方案，以及科技、财政、金融、标准、人才等支撑保障方案。

转型等碳达峰十大行动①，以更加积极的姿态参与全球气候治理[3]。截至2024年5月，全球已有超150个国家提出了碳中和目标或承诺。同时，绿色低碳特别是能源低碳转型已成为全球产业竞争制高点，是影响各国产业国际竞争力的重要环节。绿色低碳领域的科技发展和创新，也面临较为复杂的全球竞合局面[4]。

从国内形势看，我国绿色低碳转型面临巨大压力和挑战。一是我国仍处于工业化和城镇化进程中，到2035年实现经济总量或人均收入翻一番，若保持当前能源消耗水平和技术水平，资源能源消耗也将继续增长，支撑经济绿色增长的能效和碳排放结构都需要较大幅度改变。二是我国偏重的产业结构和以煤为主的能源结构，意味着能源转型任务将更加艰巨。三是我国工业化和基础设施建设的存量巨大，绿色转型升级任务重。四是我国地区资源禀赋和区域特征差异显著，经济结构多样且发展不平衡不充分问题仍然突出，城乡区域发展和收入分配差距仍然较大，实现协调与平衡的转型发展面临艰巨挑战。总体来看，我国绿色低碳发展整体水平仍然不高，粗放型经济增长方式尚未根本转变，结构性、布局性问题依然突出，资源能源利用效率与国际先进水平相比存在较大差距，绿色消费尚处起

---

① 碳达峰十大行动：即《2030年前碳达峰行动方案》部署开展的能源绿色低碳转型行动、节能降碳增效行动、工业领域碳达峰行动、城乡建设碳达峰行动、交通运输绿色低碳行动、循环经济助力降碳行动、绿色低碳科技创新行动、碳汇能力巩固提升行动、绿色低碳全民行动、各地区梯次有序碳达峰行动。

步阶段，绿色低碳领域的产业和技术竞争日趋激烈。因此，我国必须进一步加快绿色转型步伐，通过结构调整优化和经济社会系统性变革，实现经济社会发展的可持续性、区域协调性和安全韧性。

（二）总体思路与战略路线

党的二十大报告对"推动绿色发展，促进人与自然和谐共生"做出战略部署，强调"统筹产业结构调整、污染治理、生态保护、应对气候变化，协同推进降碳、减污、扩绿、增长"，明确了"加快发展方式绿色转型，深入推进环境污染防治，提升生态系统多样性、稳定性、持续性，积极稳妥推进碳达峰碳中和"4个方面重点任务。习近平总书记在全国生态环境保护大会上的重要讲话，强调坚持把绿色低碳发展作为解决生态环境问题的治本之策，加快形成绿色生产方式和生活方式，厚植高质量发展的绿色底色。

因此，我们要持续推动绿色低碳高质量发展，以"双碳"目标为牵引推动绿色转型，强化统筹协调和系统观念，把实现减污降碳协同增效作为促进经济社会发展全面绿色转型的重要抓手，把质量效益、资源承载、环境约束作为重要遵循，把生产、流通、消费等作为重要环节，把结构调整、布局优化、效率提升作为重要途径，把市场有效、政府有为、全民行动作为重要支撑，加快形成节约资源和保护环境的空间格局、产业结构、生产方式、生活方式[5]。

在战略路线上，衔接《关于完整准确全面贯彻新发展理念做好碳达峰碳中和工作的意见》《关于加快建立健全绿色低碳循环发展经济体系的指导意见》提出的分阶段主要目标，到2035年，绿色低碳循环发展的经济体系基本建立，绿色发展内生动力显著增强，绿色产业规模迈上新台阶，重点行业、重点产品能源资源利用效率达到国际先进水平，广泛形成绿色生产生活方式，碳排放达峰后稳中有降；力争到本世纪中叶，绿色低碳循环发展的经济体系和清洁低碳安全高效的能源体系全面建立，能源利用效率基本达到国际先进水平，绿色低碳的生产方式和绿色生活方式全面形成，为2060年前实现碳中和目标奠定坚实基础[6]。

（三）重点任务举措

1. 加快推动产业、能源、交通运输结构调整优化

我国要以能源绿色低碳发展为关键，加快推动产业结构、能源结构、交通运输结构等调整优化[7]。第一，推进产业结构优化升级。推动互联网、大数据、人工智能、第五代移动通信等新兴技术与绿色低碳产业深度融合，通过发展战略性新兴产业，建设绿色制造体系和服务体系，提高绿色低碳产业在经济总量中的比重；坚决遏制高耗能、高排放、低水平项目盲目发展；引导重点行业深入实施清洁生产改造，推动钢铁、有色、石化、化工、建材等传统产业优化升级。第二，立足资源禀赋，调整优化能源结构。建设以大型风电光伏基地为基础、以其周边清洁高效先进节能的煤电为支撑、以稳定安全可靠的特高压输变电线路为载体的新能源供给消纳体系；完善能源消耗总量和强度调控，重点控制化石能源消费，大力推动煤电节能降碳改造，提升煤炭清洁高效利用水平，大幅提升天然气等清洁能源在能源消费中的占比[8]。第三，提升交通运输绿色化水平。大力发展多式联运，加快大宗货物和中长途货物运输"公转铁""公转水"；推进车船和非道路移动机械结构升级；加快充电桩等新型基础设施建设。第四，推进各类资源节约集约利用，大力推行绿色制造，加快构建废弃物循环利用体系。加强重点领域节能，提高能源使用效率；实施国家节水行动。

2. 优化国土开发格局和绿色低碳发展区域布局

国土开发格局是经济社会发展全面绿色转型的空间载体。我国要立足地区资源和低碳转型区域差异，进一步优化国土开发格局。实施主体功能区战略，持续优化重大基础设施、重大生产力和公共资源布局，分类提高城市化地区发展水平，推动农业生产向粮食生产功能区、重要农产品生产保护区和特色农产品优势区集聚，优化生态安全屏障体系，构建有利于绿色转型发展的国土空间开发保护格局。以京津冀、长三角、粤港澳等城市群为重点，以中西部中心城市为引领，提高综合承载能力和资源优化配置能力。发挥好国家重大战略在绿色转型中的示范引领和辐射带动作用。

3. 以减污降碳协同增效牵引重点行业和重点区域绿色低碳转型

我国生态环境问题，本质上是高碳能源结构和高能耗、高碳产业结构问题。我们应通过目标指标、管控区域、控制对象、措施任务、政策工具等方面的协同作用，推动减污与降碳并举，实现提质增效以及环境效益、气候效益、经济效益多赢；增强生态环境改善目标对能源和产业布局优化的引导约束，加大环境污染严重地区结构调整和布局优化力度；完善生态环境标准体系，研究制定重点行业温室气体排放标准，制定污染物与温室气体排放协同控制技术指南、监测技术指南；在源头准入、过程管控、末端治理等方面，统筹完善生态环境分区管控和环评政策、产业结构指导目录、行业治理技术要求；推进工业、交通运输、城乡建设、农业、生态建设等领域减污降碳协同增效；强化多污染物与温室气体协同治理；组织开展减污降碳协同增效试点建设。

4. 加快形成绿色低碳的生活方式

绿色生活方式涉及衣、食、住、行、用、游等多个领域，我们应将重点放在以下几个方面。一是建立健全绿色生活方式的顶层设计，构建起政府引导、市场响应、公众参与的长效机制。二是针对以快递、外卖、共享单车为代表的新兴业态，要从原材料采购、生产过程管理，到消费与回收利用等全过程推进生产和生活方式绿色化，通过加强市场化措施（如第三方认证、绿色供应链管理等手段）推进行业绿色化工作。三是将绿色生活创建作为推动形成绿色生活方式的重要抓手，重点围绕绿色家庭、绿色学校、绿色社区、绿色出行、绿色商场、绿色建筑等方面，积极开展绿色生活创建活动。四是加强对公众的宣传引导，提高全民绿色生活参与意识[9]。

5. 深化绿色低碳科技创新

科技创新是同时实现经济社会高质量发展和实现碳达峰碳中和目标的关键支撑，要在遵循碳达峰碳中和规律基础上加快绿色低碳核心技术攻关。我们应聚焦化石能源绿色智能开发和清洁低碳利用、可再生能源大规模利用、储能、二氧化碳捕集利用和封存等重点，加快先进适用技术研发和推广应用；在工业、交通、建筑等领域，加快突破一批碳中和关键核心技术；加强国家战略科技力量建设和创新人才培养；在绿色低碳、节能、资源循环利用、新能源、新材料开发利用等领域建立绿色技术创新体系；加快构建以企业为主体、产学研深度融合、基础设施和服务体系完备、资源配置高效、成果转化顺畅的绿色技术创新体系，建立完善绿色低碳技术评估、交易体系，加快科技成果转化。

6. 加强政策机制支撑

政策是经济社会发展的风向标，也是推动经济社会绿色转型的主要抓手。我们应探索建立政府主导、企业和社会各界参与、市场化运作、可持续的生态产品价值实现机制，探索发展生态产品"第四产业"，推广生态环境导向的开发模式；完善纵向生态保护补偿制度，拓宽生态保护补偿资金渠道；推进资源要素市场化改革，推进排污权、用能权、用水权、碳排放权等市场化交易，健全碳排放权核定和市场化价格形成机制；深入推进绿色税制改革，研究将挥发性有机物（VOCs）纳入环境保护税征收范围；采取税收优惠和电价优惠政策，激励钢铁、焦化、水泥、平板玻璃等非电行业超低排放；完善绿色信贷、绿色债券、环境污染责任保险、绿色发展基金等绿色金融政策，引导和激励更多社会资本投入绿色产业；深化气候投融资领域专项工作，加强对国家自主贡献重点项目和地方试点工作的金融政策支持[10]。

二、持续深入推进污染防治攻坚

（一）进展与形势

1. 现状进展

良好生态环境是最普惠的民生福祉，是建设美丽中国的重要基础。党的十八大以来，以习近平同志为核心的党中央高度重视生态环境保护，坚决向污染宣战。10年来，我国全方位、全地域、全过程加强生态环境保护，将污染防治纳入三大攻坚战，污染防治攻坚向纵深推进。党中央、国务院先后颁布实施大气、水、土壤污染防治行动计划，推动污染防治攻坚战从"坚决打好"转向"深入打好"。三大保卫战成效显著，环境质量明显改善。2022年，全国339个地级及以上城市空气质量平均优良天数比率为86.5%，我国已经成为世界上空气质量改善最快的国家。全国地表水水质优良（Ⅰ～Ⅲ类）断面比例达到87.9%。重点流域、湖库水质稳步向好，大江大河水环境质量物理化学指标已经接近发达国家水平。全国受污染耕地安全利用率稳定在90%以上，农用地土壤环境状况总体稳定，重点建设用地安全利用得到有效保障。

2. 面临形势

但我们也应清醒地看到，我国过去多年高增长积累的环境问题，具有复合性、综合性、难度大的特点，生态环境质量改善的基础仍不稳固，改善从量变到质变的拐点还未到来，生态环境与美丽中国建设的要求相比、与人民群众的期待以及高质量发展的需求相比都还有很大差距。秋冬季重污染天气时有发生，环境空气质量同发达国家历史同期和世界卫生组织空气质量指导值相比还有较大差距，城镇黑臭水体尚未长治久清，水生态保护和恢复刚刚起步，流域水生态问题比较突出，海河、辽河、淮河等流域生态用水短缺，仍有29%的监测湖库存在富营养化问题。长江口、杭州湾等重要河口、海湾污染严重，渤海入海河流总氮浓度波动反弹。部分地区土壤污染持续累积。农村生活污水治理率只有31%左右，环境基础设施尤其是污水管网仍是突出短板。2023年1—6月，全国细颗粒物浓度反弹6.2%，春季沙尘天气为10年来最多，由沙尘天气导致的平均超标天数比例为5.4%。同时，新老环境问题交织，噪声、油烟、恶臭等成为影响群众获得感的突出环境问题。

（二）总体思路与战略路线

1. 总体思路

习近平总书记在 2023 年全国生态环境保护大会上强调，要持续深入打好污染防治攻坚战，坚持精准治污、科学治污、依法治污，保持力度、延伸深度、拓展广度，深入推进蓝天、碧水、净土三大保卫战，持续改善生态环境质量。生态环境根本好转是美丽中国目标基本实现的核心标志，打好污染防治攻坚战是建设美丽中国的必然选择。"十四五"时期，我国生态文明建设进入了以降碳为重点战略方向、推动减污降碳协同增效、促进经济社会发展全面绿色转型、实现生态环境质量改善由量变到质变的关键时期。预计"十五五"时期，在 2030 年前二氧化碳排放总量达峰的情况下，能源消费总量有望达峰，城镇化进程逐步放缓，机动车保有量步入缓增期，新能源车占比增加，生态环境有望在 2030 年前迎来由量变到质变的"拐点"。同时，随着生态环境治理进程加快，重污染天气、臭氧污染、城市黑臭水体、劣 V 类断面、农村环境等突出问题基本解决，制约生态环境改善的重化工产品产量和资源能源消费等污染物排放增量的驱动因素达到峰值并进入下降通道，为到 2035 年如期实现生态环境根本好转奠定路径基础。

总体思路上，我们应坚持问题导向，持续深入推进污染防治攻坚，推动生态环境持续改善。一是持续推进生态环境治理攻坚。持续深入打好蓝天保卫战，持续改善大气环境质量，守护美丽蓝天；持续深入打好碧水保卫战，以河湖和海湾为单元，一河一策、一湾一策，建设美丽河湖、美丽海湾；着眼生态保护和重要生态系统保护修复，打好防沙治沙攻坚战，实施生物多样性保护重大工程，建设美丽山川。二是集中解决一批百姓关注的重点问题。围绕群众反映强烈的重污染天气、黑臭水体问题，努力打好重污染天气消除攻坚战，持续打好城市（地级、县级）黑臭水体攻坚战；围绕农村生态环境突出问题，打好农业农村污染防治攻坚战，显著改善农村生态环境质量；围绕柴油货车等移动源问题，打好柴油货车污染防治攻坚战；深入实施新污染物治理行动方案、噪声污染防治行动计划等。三是注重协同治理，提高污染防治攻坚效能。统筹好产业结构调整、污染治理、生态保护和气候变化应对，处理好重点攻坚和协同治理关系。四是注重分区、分类，差异化推进。在环境污染重、污染防治压力大的地区，要聚焦重点区域、重点领域、重点行业，加大污染防治攻坚力度；在生态环境质量较好、绿色发展水平较高的地区，应强化激励引导，积极开展美丽中国建设实践和生态文明示范创建，优化攻坚模式与方法。同时，应更加注重利用法治、科技、市场、社会行动手段，完善支持绿色发展的财税、金融、投资、价格政策和标准体系，进一步提升生态环境治理现代化水平。

2. 战略路线

着眼于2035年生态环境根本好转的目标，生态环境治理应分步实施，持续提升生态环境质量。按照"十四五"时期深入攻坚、重点突破,"十五五"时期持续巩固、有效衔接,"十六五"时期全面提升、根本好转的总体部署,持续深入打好蓝天、碧水、净土保卫战。据此,我国提出了三个阶段目标:

到2025年,生态环境持续改善。污染防治攻坚战深入推进,加快推进细颗粒物治理与臭氧污染协同控制,基本消除重污染天气,推进大江大河及重要湖泊生态保护恢复,水环境稳定向好,水生态建设加强,基本消除城市黑臭水体和劣Ⅴ类断面,主要污染物排放总量持续下降,土壤污染防治管理制度逐步健全,"无废城市"建设扎实推进,城乡人居环境明显改善,现代环境治理体系加快形成。

到2030年,生态环境全面提升。全国细颗粒物浓度和臭氧浓度持续下降。全国重要江河湖泊水功能区水质达标率达到95%,水生态功能初步恢复,基本消除城镇黑臭水体,海洋生态环境持续改善,优良水质比例达到80%左右。全国土壤环境质量总体保持稳定,土壤环境风险得到有效管控,2/3的地级及以上城市开展"无废城市"建设,现代环境治理体系不断健全。

到2035年,生态环境根本好转。空气质量根本改善,全国细颗粒物平均浓度好于25微克/米^3,水环境质量全面提升,水生态恢复取得明显成效,美丽河湖处处可见,80%以上海湾建成美丽海湾,全国土壤和地下水环境质量稳中向好,土壤环境安全得到有效保障,地级及以上城市全面开展"无废城市"建设，蓝天白云、绿水青山成为常态，生态环境治理现代化基本实现。

（三）重点任务举措

1. 扎实推进蓝天保卫战

战略路径上，面向美丽中国和健康中国建设目标，我国应扎实推进大气污染防治由质量管理向健康管理过渡。"十四五"时期，以细颗粒物治理与臭氧污染协同控制为主线，推进空气质量持续改善；"十五五"时期，聚焦"全面"，推动空气质量全面改善，逐步将管理范围由地级以上城市扩大到各城市；"十六五"时期，以降碳牵引空气质量持续改善，力争到2035年全国细颗粒物浓度降至25微克/米^{3}以下，达到欧盟现行细颗粒物浓度标准和世界卫生组织过渡时期第二阶段目标。

战略任务上，以保护人体健康为总目标，以减污降碳协同增效为总抓手，扎实推进产业、能源、交通绿色低碳转型，以制度机制完善为保障。我国聚焦秋冬季细颗粒物污染治理、挥发性有机物（VOCs）和氮氧化物（NO$_x$）协同减排以及路、油、车系统治理；强化多污染物协同控制和区域协同治理，全面夯实VOCs污染防治基础，力争实现石化、化工等重点行业和交通领域碳达峰与VOCs协同减排效益；构建多领域NO$_x$综合减排的技术路线，有序推进玻璃、陶瓷、砖瓦等行业超低排放改造，全面推进工程机械、船舶污染排放治理，持续推进柴油货车治理;加强畜禽养殖、农业种植氨排放系统减排,推进重点领域生产、使用环节氨排放治理。完善大气环境管理体系,修订完善国家环境空气质量标准和对应环境管理考核评价方法[11],推进清洁生产、重点行业污染防治等关键法规标准制修订,建立健全减污降碳统筹融合的战略、规划、政策和行动体系。

2. 深入打好碧水保卫战

战略路径上,我国应坚持统筹好水资源、水环境、水生态,坚持流域(海域)空间管理,做好承前启后、稳固基础、美丽引领。"十四五"时期,持续聚焦大江大河和城市水体,推动水环境治理向水生态保护转变,积极开展入海河流总氮治理与管控,全面推进美丽河湖和美丽海湾建设,深化城市黑臭水体整治,力争消除城市建成区生活污水直排口和收集处理设施空白区,以城市为单位加快推进区域再生水循环利用;"十五五"时期,持续深化水污染治理水平,建立河湖衔接、陆海统筹的氮磷污染物管控体系,将总氮治理等任务在黄河、长江等中下游地区集中推进,持续推进重点海域综合治理,深化河湖水生态保护修复,进一步提升重点河湖生态用水保障水平;"十六五"时期,有效保障河湖生态流量,基本恢复水源涵养功能和河湖生态缓冲带,持续提升生物多样性保护水平,水功能区水质基本达标,基本消除城乡黑臭水体,全面保障城乡居民饮水安全,全面建成美丽河湖。

战略任务上,我国要建立以水生态系统保护为核心的水生态环境管理体系。加快推进美丽河湖保护与建设，优化完善水功能区划体系并加强监督管理，稳步推进水生态考核，全面实施区域氮磷总量控制和典型新污染物、病原微生物系统性监控，推进地表水与地下水协同防治；构建陆海统筹、分级治理的海洋生态环境保护空间格局，强化分区管控和源头治理，完善流域－河口－近岸海域污染防治联动机制，推动陆域海域污染协同治理，建立基于固定源排污许可制度的总氮排放总量控制制度，开展海洋生物生境以及生物多样性的保护，防范和降低海洋生态环境风险，全面推进美丽海湾建设，深度参与全球海洋治理。

3. 扎实推进净土保卫战

战略路径上，我国应重点提升土壤污染风险管控水平，集中力量防范重点行业土壤污染风险、解决一批重点区域土壤污染问题，逐步从风险管控向质量改善提升，保障人民群众吃得放心、住得安心。"十四五"时期，聚焦受污染耕地和重点建设用地两大地类的安全利用，加强耕地污染源头控制，巩固提升受污染耕地安全利用水平，建立完善污染地块数据库及信息平台，有序推进建设用地土壤污染风险管控与修复；"十五五"时期，从以"净土洁食"为目标，进一步健全土壤污染溯源和预防体系，在土壤生态环境风险管控、质量提升和生态产品供给方面取得明显进展和成效；"十六五"时期，有效保障土壤环境安全，提升土壤生态产品供给服务功能，实现全国土壤和地下水环境质量稳中向好，全面管控在产企业土壤环境风险，土壤环境治理体系和治理能力进一步提升，探索建立基于健康的土壤环境管理体系。

战略任务上，我国应通过实施一批针对性源头预防、风险管控、治理修复优先行动，确保农用地土壤污染防治和安全利用，有效管控建设用地土壤污染风险和地下水污染风险。通过土壤调查摸清土壤污染家底，加强健全土壤生态环境可持续风险管控体系；提升土壤生态环境质量管理能力和水平；构建土壤生态健康评估与考核指标体系；创新土壤污染风险管控与修复产业模式；提升国家土壤环境监管信息平台支撑体系，构建现代化的国家土壤安全保障和资源环境管理体系；开展土壤生态产品价值实现机制研究，增加土壤碳汇和生态产品供给，加强土壤固碳技术研究，加大土壤环境与污染修复科技研发力度和国际交流合作。

三、提升生态系统多样性、稳定性、持续性

（一）进展与形势

1. 现状进展

党的十八大以来，各地区各部门坚持保护优先、以自然恢复为主，统筹山水林田湖草沙系统治理，推动开展重大生态保护和修复工程，推进大规模国土绿化行动，统筹环境和生态保护，健全完善生态保护政策制度，积极参与全球生物多样性治理，初步形成生态保护修复新格局。一方面，国家生态安全

格局持续优化，生态系统质量和稳定性持续提升。以"三区四带"[①]为主体的国家生态安全屏障建设加快推进，以国家公园为主体的自然保护地体系不断健全。生物多样性保护持续加强，全国90%的陆地生态系统和71%的国家重点保护野生动植物物种得到有效保护。自然生态状况稳定向好。2022年，全国生态质量指数值为59.6，与2021年相比基本稳定。另一方面，生态保护修复取得积极进展，生态保护和监管制度不断健全。我国实施重要生态系统保护和修复重大工程及山水林田湖草生态保护修复工程试点；积极推进国土绿化行动，统筹推进城乡绿化及国家森林城市、国家森林乡村和森林村庄建设；推进完善生态保护相关法律法规，完善国家生态保护监管顶层设计和政策体系；提升生态保护监测评估能力，持续加强生态保护监督执法力度，连续五年开展"绿盾"自然保护地强化监督。

2. 面临形势

尽管我国生态保护修复取得了开创性进展，但我国生态系统本底脆弱，生态系统质量和稳定性还须持续提升，生物多样性受威胁严重，对标"昆明－蒙特利尔全球生物多样性框架"（简称"昆蒙框架"）等长期目标，生物多样性保护面临更高要求。部分生态保护修复工程整体性不足、修复成效仍不稳固，部分地区城镇化挤占生态空间问题依然突出。同

---

① "三区四带"即青藏高原生态屏障区、黄河重点生态区、长江重点生态区和东北森林带、北方防沙带、南方丘陵山地带、海岸带。

时，生态保护修复与监管体系仍不完善，生态保护法律法规约束力不强、配套标准尚不统一，生态系统统一监管体制机制仍不完善，各部门职责交叉问题突出。生态监测网络体系还不完善，生态保护监督执法能力仍显薄弱，联合执法机制有待健全，基层执法人员配备不足、执法权限有限，生态监管效能亟待加强。

（二）总体思路与战略路线

推进山水林田湖草沙一体化保护和系统治理，我们要遵循自然规律，综合运用自然恢复和人工修复两种手段，因地因时制宜、分区分类施策，提升生态系统多样性、稳定性、持续性。

"十四五"时期，我国要有效提升生态系统质量和稳定性，巩固生态保护修复成果，筑牢生态安全屏障，加强生物多样性保护，强化生态保护监管，提升生物安全管理水平，不断增强生态系统服务功能，生态系统碳汇能力稳中有升。

"十五五"时期，我们要以持续提升生态系统多样性、稳定性、持续性为主线，以统筹推进生物多样性保护、重要生态系统保护修复、生态保护监管为战略重点，突出生物多样性保护的优先地位和统领作用，加快实施生物多样性保护重大工程，推动"昆蒙框架"2030年行动目标实现；加快实施重要生态系统保护和修复重大工程，不断提升生态系统稳定性，扩大优质生态产品供给；持续巩固和提升生态系统碳汇能力；健全生态保护监管体系和体制机制,加大监管力度,提升监管治理能力。

"十六五"时期,生物多样性保护水平显著提高,形成统一有序的全国生物多样性保护空间格局。到2035年,全国森林、草原、荒漠、河湖、湿地、海洋等自然生态系统状况实现根本好转,森林覆盖率达到26%,草原综合植被盖度达到60%,湿地保护率提高到60%左右,以国家公园为主体的自然保护地占陆域国土面积的18%以上,典型生态系统、国家重点保护野生动植物物种、濒危野生动植物及其栖息地得到全面保护,长江水生生物完整性指数显著改善,生物遗传资源获取与惠益分享、可持续利用机制全面建立[①];城市生态功能显著提升,优质生态产品供给能力基本满足人民群众需求;保护生物多样性成为公民自觉行动,生态保护监管能力显著提升,形成生物多样性保护推动绿色发展和人与自然和谐共生的良好局面。

(三)重点任务举措

1. 提升生态系统多样性

以自然保护地、生态保护红线等为重点,持续优化生物多样性保护空间格局,加大生态系统退化区域的恢复力度以及水生生物的保护力度。我国要实施好长江十年禁渔,开展重要

---

① 依据中共中央办公厅、国务院办公厅印发的《关于进一步加强生物多样性保护的意见》。

水生生物、海洋生物本底调查和保护空缺分析，完善河流等生态廊道连通性，有效恢复水生生物、海洋生物栖息地；推动森林、草原、湿地保护由数量管理向多样性管理转变，推动将丰富度指数、优势种数量等反映生态系统多样性的指标纳入相关规划；实施生物多样性保护重大工程，加强城市及人口密集地区的生物多样性保护，提高城乡地区绿地面积、质量、连通性和可持续利用，增强本地生物多样性、生态连通性和完整性；推进生物遗传资源保护与管理，健全生物遗传资源获取与惠益分享监管制度。加强生物安全管理，防治外来物种侵害，建立健全生物安全风险防控和监管治理体系。

2. 持续推进生态系统保护和修复

坚持系统思维，持续推进生态系统整体保护和系统修复，加强生态保护与污染治理、气候变化等协同增效。我国应持续推进以国家公园为主体的自然保护地体系建设，以国家重点生态功能区、生态保护红线、自然保护地等为重点，加快实施重要生态系统保护和修复重大工程，持续加强"三区四带"生态屏障建设；科学开展大规模国土绿化行动，推行草原、森林、河流、湖泊、湿地休养生息；实施河口、海湾、滨海湿地、典型海洋生态系统保护修复，开展国家陆地和海洋生态系统碳汇能力与潜力评估，因地制宜巩固和提升生态系统碳汇能力；统筹推进城市生态保护修复，加强城市公园绿地、城郊生态绿地、绿化隔离地等建设，保护城市山体河湖等自然风貌，实施受损山体、城市河湖等生态修复，提高人居生态品质。

3. 完善生态保护监管体系

加强自然保护地、生态保护红线等重要生态空间监管，加强对各类开发建设活动的监督管理。我国应开展生态保护修复成效评估，加大生态破坏问题监督和查处力度；建立完善生态保护法律法规政策标准体系，完善生态保护红线、自然保护地等方面立法，推动生态系统监测、调查评估、生态保护修复工程、监督执法等方面国家标准规范制修订；构建完善多尺度生态系统监测评估机制，持续开展全国、重点区域（包含重点流域、海域、生态保护红线和自然保护地）、重点城市、县域等多尺度生态系统监测评估；以行政单元为基础，进一步完善多尺度生态保护统一监督执法制度机制，针对跨区域、流域重大生态破坏问题，开展统一生态环境保护综合行政执法，提高基层监督执法能力。

4. 建立健全生态产品价值实现机制

推动生态良好地区的生态优势有效转化为经济优势，促进区域协调发展。我国应建立生态产品价值实现机制，完善生态保护补偿制度；开展生态文明示范创建，将探索生态产品价值实现作为生态文明等示范创建工作的核心内容，持续深化国家生态文明示范建设、"绿水青山就是金山银山"实践创新基地（以下简称"两山"实践创新基地）、美丽中国先行示范区等创建工作，形成一批生态产品价值全面实现、绿色高质量发展的示范典型，努力打造人与自然和谐共生的美丽中国示范样板；将生物多样性保护与乡村振兴、国土空间规划等工作相结合，结合基于自然的解决方案（NbS）本土化应用，促进生物多样性丰富区域建立生态产品价值实现机制，探索生态产业化和产业生态化模式与路径。

5. 完善生态保护组织和保障体系

一是建立健全生态保护修复统筹协调机制和部门间数据共享机制，促进中央国家机关、地方政府、非政府组织、企业和公众共同参与生态保护修复。二是完善生态保护修复投融资机制，鼓励和支持社会资本以自主投资、与政府合作等多种模式参与生态保护修复项目。促进生态修复和产业协同发展，推动绿色基金、绿色债券、绿色信贷、绿色保险等，加大对生态保护修复的投资力度。三是加强生态保护修复和生态系统碳汇监测核算体系的科技支撑，在不同生态系统、关键生物物种、遗传资源、生态安全预警等方面开展关键技术研发。四是促进生态保护的公众参与和生物多样性主流化，加强生态保护信息公开、宣传教育，组织开展志愿服务、自然观察等生态保护公众参与活动。

四、积极稳妥推进碳达峰碳中和

（一）进展与形势

1. 现状进展

党的十八大以来，我国把应对气候变化作为推进生态文明建设、实现高质量发展的重要抓手，实施积极应对气候变化国家战略，不断提高应对气候变化力度，增强适应气候变化能力[12]。中央层面成立了碳达峰碳中和工作领导小组，构建形成碳达峰碳中和"1+N"政策体系，扎实推进各地区、各领域碳达峰行动。我国建成全球规模最大的碳排放权交易市场并平稳运行。制定并实施国家适应气候变化战略。2022年，我国碳排放强度比2005年下降超过51%，超额完成了向国际社会承诺的到2020年下降40%~45%的目标，基本扭转了二氧化碳排放快速增长的局面。全国碳排放权交易市场平稳运行，截至2023年6月底，碳排放配额累计成交量2.37亿吨，累计成交金额109.12亿元。低碳试点示范有效开展，适应气候变化能力持续增强，全社会绿色低碳意识不断提升。

2. 面临形势

目前，中国国内生产总值占全球经济比重超过18%，但二氧化碳排放却占全球二氧化碳排放量的30%。同时，我国历史累积的碳排放总量和人均碳排放均处于世界中游水平。生态环境部环境规划院中国高空间分辨率排放网格数据库（CHRED）的数据显示，2021年我国能源活动二氧化碳排放总量为93.3亿吨，占碳排放总量的87%。从部门看，电力、工业、交通和建筑部门碳排放占比分别为42.1%、42.4%、9.4%、4.8%[13]。受产业结构偏重、能源结构偏煤、生活用能刚性增长等客观因素影响，我国单位GDP能源消耗明显高于全球平均水平，单位GDP碳排放量6.7吨二氧化碳/万美元,是全球平均水平的1.8倍,是主要发达国家的3~6倍。我国应在确保能源安全的前提下,立足我国能源资源禀赋,加快规划建设新型能源体系,降低对化石能源的进口依赖,寻求能源发电布局的多元化,合理安排碳达峰碳中和过程的过渡能源[14]。

(二)总体思路与战略路线

1. 碳达峰碳中和情景

面向碳达峰碳中和以及美丽中国建设目标,预计我国二氧化碳减排将经历"慢—快—慢"3个时期,总体上可分为尽早达峰、稳中有降、快速下降、全面中和4个阶段,到2060年前实现碳中和目标[15]。

(1)尽早达峰阶段(2030年前):"十四五"时期,我国以控制煤炭、石油等化石能源消费为重点,加快推进煤炭消费和钢铁、水泥、铝冶炼等部分重点行业碳达峰,推动能源清洁低碳高效利用和新能源替代,力争部分地区率先实现碳达峰;"十五五"时期,以推进电力、交通、建筑等领域/行业和区域碳达峰为重点,加强温室气体排放管理,尽早实现碳达峰。

(2)稳中有降阶段(2030—2035年):碳排放达峰后稳中有降,进入减排平台期,由于惯性和碳锁定效应,前期碳排放下降较慢,应在保证能源安全供应基础上加快战略技术储备与基础设施建设,为后续快速减碳做好准备。

（3）快速下降阶段（2035—2050年）：结构调整和技术政策效应充分释放，碳排放进入快速下降阶段，应以新能源存量替代和新型能源体系（电力系统）建设为核心，到2050年电力生产实现近零排放。

（4）全面中和阶段（2050—2060年）：碳排放下降空间变窄，下降幅度趋缓，应以深度脱碳和碳捕集封存、提升碳汇能力为重点，能源和电力生产实现零碳或负碳，2060年前实现碳中和。

2. 应对气候变化总体思路

一方面，要努力减缓气候变化。我国要坚持把减污降碳协同增效作为促进经济社会发展全面绿色转型的总抓手，强化综合治理、系统治理、源头治理，落实好碳达峰碳中和"1+N"政策体系，加快推动重点领域绿色低碳转型；支持构建绿色低碳机制、金融、科技创新等支撑体系；逐步转向碳排放"双控"制度，健全碳排放权交易市场制度，碳监测统计体系；加强甲烷等非二氧化碳控制[16]。另一方面，我国要积极适应气候变化。完善适应气候变化政策体系和体制机制；建立较为完备的气候变化观测预测、影响评估、风险管理体系；提升风险防范和灾害防治能力；全面开展各领域和区域适应气候变化行动；有效防控重特大气候灾害风险[17]。同时，我国要积极参与应对气候变化全球治理，为推动构建公平合理、合作共赢的全球气候治理体系贡献中国智慧、中国方案、中国力量。

（三）重点任务举措

1. 逐步建立碳排放总量和强度"双控"制度

一是以碳排放强度控制制度为基础，开展碳排放"双控"制度设计，探索行业总量与地区总量控制相配合、增量控制与绝对总量控制相结合的差别化管理模式。二是充分考虑地区、行业差异，在现有制度与政策基础上逐步过渡和完善："十四五"时期完善制度设计，在完善碳强度控制的基础上，加快开展碳排放总量控制制度设计，基本形成碳排放"双控"制度框架体系，突出增量管控模式，聚焦基础条件好、减污降碳效益明显的地区和行业开展试点；"十五五"时期推广实施，围绕地区碳排放达峰路径及减排需求，全面推进碳排放"双控"制度实施，形成以碳排放强度控制为主、总量控制为辅的制度体系；"十六五"时期深化提升，构建以碳排放总量控制为主、强度控制为辅的制度体系，推动将碳排放总量控制作为国民经济与社会发展的约束性指标。三是依托碳市场推动实施行业碳排放总量控制，一体谋划碳排放总量控制与碳市场建设，优先选择管理基础条件好、已纳入或即将纳入碳市场的电力、钢铁、水泥等行业，实施行业碳排放总量控制[18]。

2. 加快推进全国碳排放权交易市场建设

坚持将碳市场作为控制温室气体排放政策工具的基本定位，持续完善制度机制，提升监管水平，强化数据质量管理，逐步扩大覆盖范围，有效发挥市场机制对控制温室气体排放、促进绿色低碳技术创新的重要作用。一是推动出台碳排放权交易法规，完善运行监管体系。二是结合全国碳排放核算、报告、核查工作基础，建议"十五五"时期逐步将建材、有色、钢铁、石化、化工、造纸和民航等行业纳入全国碳市场。丰富交易主体、交易产品和交易方式。持续优化配额分配方式，适时引入有偿分配。三是推动温室气体自愿减排市场健康发展，完善全国碳市场抵销机制。逐步建立起归属清晰、保护严格、流转顺畅、监管有效、公开透明、具有国际影响力的碳市场[19]。

3.持续提升应对气候变化能力

一是加强应对气候变化的科技创新能力。我国应积极开展气候变化成因及其适应、气候变化分析评估情景模拟与风险预估等领域基础科学研究，围绕超高效光伏电池、新型绿色氢能与利用、新型储能和先进输配电、碳捕集利用与封存等绿色低碳前沿技术，部署实施一批国家重点研发创新项目和重大工程；持续开展能源、工业、农业等领域非二氧化碳温室气体控排、工艺替代、回收利用等技术的研发与创新[20]；完善减污降碳技术标准与评估体系，持续发布并定期更新国家减污降碳技术推广目录和成果转化清单，推进重点领域共性绿色低碳技术的系统集成和产业化[21]。

二是提升应对气候变化的治理能力。我国要推动应对气候变化立法，在国土空间开发、生态环境保护、资源能源利用、城乡建设等领域法律法规制定修订过程中，推动增加应对气候变化相关内容[22]。根据《碳达峰碳中和标准体系建设指南》，推动构建结构合理、层次分明、适应经济社会高质量发展的碳达峰碳中和标准体系。积极参与国际低碳、碳汇技术、可持续报告等标准与合格评定体系制定，做好国际国内标准衔接。落实财政支持应对气候变化相关政策，加大现有资金渠道支持开展气候风险排查、气候灾害治理、公共基础设施安全加固和风险防范的力度。积极稳妥发展气候投融资。

三是坚持共同但有区别的责任原则，积极参与和引领应对气候变化全球治理。我国要全面有效落实《联合国气候变化框架公约》及其《巴黎协定》，支持发展中国家的合理诉求，维护发展中国家的整体利益；继续落实好应对气候变化南南合作，创新性设计减缓和适应气候变化项目，为相关发展中国家持续提供应对气候变化帮助。

4. 不断强化适应气候变化能力

一是加强适应气候变化基础能力建设。我国要加强对适应气候变化工作的统筹协调与指导，强化省级行政区域适应气候变化行动力度，推动各重点领域制订实施适应气候变化行动方案，建立健全气候系统观测、影响风险评估、综合适应行动、效果评估反馈的工作体系；建立跨部门气候变化影响和风险评估会商机制，强化重点领域、重点工程、重要开发项目气候变化影响和风险评估；联合相关部门积极推进气候系统观测网络建设，加强全球气候变暖对我国承受力脆弱地区影响的观测和研究；推动加强极端天气气候事件监测预警和防灾减灾，有效提升气候风险防范能力。

二是推进重点领域适应气候变化行动。一方面，通过统筹推进山水林田湖草沙系统治理，增强自然生态系统气候韧性。通过开展海洋生态保护修复，推动沿海气候脆弱生态系统保护及适应成效监测与评估。另一方面，强化经济社会系统气候韧性。推动开展种植业适应气候变化技术示范和气候智慧型农业试点示范。推动开展气候变化健康风险评估，重点关注脆弱人群健康适应能力。提升基础设施气候适应能力，推动重大工程韧性建设。加强重点城市地区的气候变化风险评估，提高城市生命线气候防护能力和应急保障水平。提升气候敏感产业及其他重点行业适应能力。

五、守牢美丽中国建设安全底线

（一）进展与形势

1. 现状进展

"十二五"时期以来，我国逐步重视并加强生态环境风险防控工作。一是强化生态环境安全意识，稳妥有序化解各类风险，持续提升环境应急能力。二是建立新化学物质环境管理登记制度、严格限制的有毒化学品进出口环境管理等规章制度，出台了与新污染物风险防范相关的一系列法规、规划、标准、政策。三是坚持贯彻理性、协调、并进的核安全观，全面加强核与辐射安全监管，放射源辐射事故发生率保持历史最低水平，全国辐射环境质量和重点核设施周围辐射环境水平总体良好。四是强化环境健康管理，出台《国家环境保护"十二五"环境与健康工作规划》《国家环境保护"十三五"环境与健康工作规划》《"十四五"环境健康工作规划》《国家环境保护环境与健康工作办法（试行）》等政策文件，初步形成环境健康风险管理技术体系。

2. 面临形势

当前，我国仍处于工业化、城镇化中后期阶段，布局性、结构性环境风险隐患短期内难以根本扭转。大量化工企业近水靠城，长江经济带30%的环境风险企业位于饮用水水源地周边5千米范围内，因安全生产、化学品运输等引发的突发环境事件仍处高发期，传统环境风险"存量"和气候变化等诱发的生态风险"增量"交织，生态环境事件多发频发的高风险态势没有根本改变。持久性有机污染物（POPs）等新污染物、地下水污染、土壤污染、微塑料污染、电子废弃物等尚未全面纳入环境风险防控范围。化学物质环境风险管理基础保障能力较为薄弱，环境应急管理在体制、机制以及标准规范等方面还存在短板。环境健康方面，环境健康工作的规模、布局、结构、质量还不能适应健康优先的发展需要，环境健康调查、监测手段难以满足精准化生态环境管理需求。此外，我国城乡居民环境健康素养水平差异大，环境健康风险防范意识和能力有待提升。

（二）总体思路与战略路线

我们要贯彻总体国家安全观，面向守牢美丽中国安全底线的总要求，在充分认识我国生态环境风险形势的基础上，综合考虑人民美好生活需要、经济社会发展阶段和地区差异，以维护人体健康和生态环境安全为目的，聚焦环境健康和生态安全两个核心目标，抓住有毒有害化学物质风险管理主线，构建以风险可接受为导向、以"源—途径—受体"风险系统管控为核心的生态环境安全管理体系，更加突出全过程、多层级、社会化的防控体系和能力建设，通过加强顶层设计、完善制度保障、夯实基础能力，守牢突发生态环境事件应对底线。在此基础上，分阶段分领域研判生态环境安全管理路线（图4.1）：

从当前时期到2035年，常规环境污染问题将逐步解决，但仍将面临突发性和累积性生态环境风险，需要将产业结构调整、污染防治、生态保护、风险防控紧密结合，以防控突发环境事故为重点，重视新污染物治理，实现生态环境风险全面管

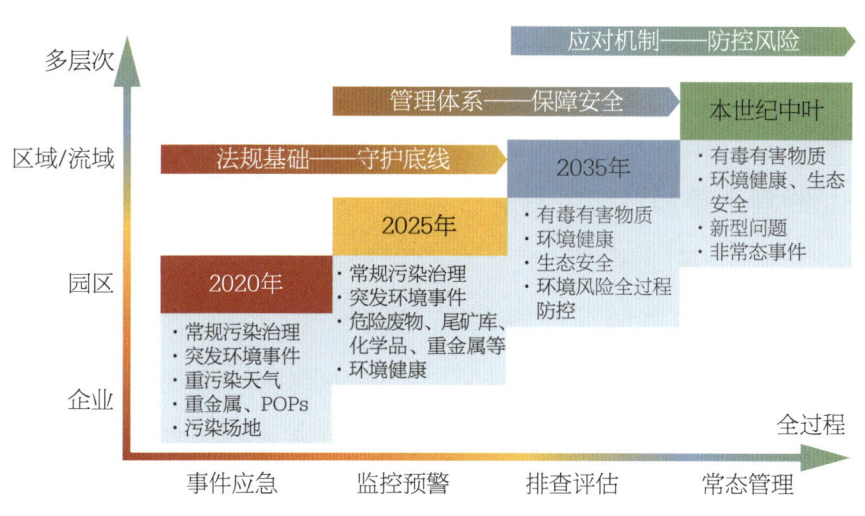

▲图4.1 生态环境安全管理路线

控。其中,"十五五"时期要加快推动生态环境安全管理理念、模式、手段转型,健全完善法规基础,尽快从源头扭转生态环境事件多发频发的高风险态势,基本实现生态环境安全常态化管理。

从 2035 年到本世纪中叶,环境质量将全面达标、历史遗留环境问题基本得到解决,生态环境安全管理将以有毒有害物质累积性健康影响和生态影响为重点,兼顾偶发的突发性环境事件,通过构建完善环境健康管理体系和环境风险应对机制实现生态环境风险精准高效防控。

(三)重点任务举措

1. 健全生态环境安全法治体系

夯实法律法规基础,以有毒有害化学物质风险防控为重点,推动在国家层面出台风险防控和应对处置专项法律,明确防控主体责任。理顺生态环境、应急管理、公安、交通等部门相关行政监管职能,建立统一、协调的安全监管与生态环境风险防控、应急处置体系。针对有毒有害污染物生产、存储、运输、治理、排放及应急管理等方面,从规划、审批、建设、运行以及修复恢复等各环节,细化政府与企业的工作协作机制。在区域(流域)层面,针对长江流域(长江经济带)、珠三角、环渤海、京津冀等重点区域涉有毒有害污染物生态环境风险高的问题,研究将跨区域、跨流域的重大事故安全监管和环境风险防控、应急有效纳入专门的法律法规。

2. 完善生态环境安全管理体系

一是健全有毒有害化学物质风险管理体系。开展有毒有害化学物质生态风险评估，筛选重点区域、重点保护受体、重点污染物（风险因子），持续发布有毒有害污染物名录，实施重点区域（流域）、重点行业、重点污染物优先管理和差异化管理，建立配套管理制度，探索环境风险可接受的排放、质量标准和评价体系。二是开展环境健康专项行动。强化环境健康调查监测、识别评估、管理决策等法制、体制、机制建设，健全全过程管理制度体系。以室内污染、饮食安全等为重点，完善生态环境保护与卫生健康协同联动工作机制。持续提高公众环境健康素养。三是加强环境安全隐患排查治理。针对石化、化工、有色金属采选和冶炼等重点行业，围绕有毒有害污染物全生命周期，实施环境安全隐患分类、分级管理。督促引导企事业单位按照规范有效开展环境安全隐患排查治理。四是确保核与辐射安全。持续强化在建和运行核电厂安全监管，加强核安全监管制度、队伍、能力建设，督促营运单位落实全面核安全责任。加强电磁辐射污染防治。强化风险预警监测和应急响应，不断提升核与辐射安全保障能力。

3. 加强环境健康风险监控预警

一是推动有毒有害污染物风险预警体系建设。针对重点流域、集中式饮用水水源地等重点风险防控对象，加强水环境监控预警体系建设。加强与应急、发改、水利等部门协调联动，推进沿海和内陆重点地区储油、输油、溢油监测预警体系建设。深入推动有毒有害污染物、重金属、危险废物等监测预警试点。二是推进环境健康风险预警体系建设。以集中式饮用水水源地、主要粮食产区等为重点，加强环境健康特征因子的跟踪监测，推进健康监测数据实时共享和跨区域联网。利用卫星遥感技术加强对有毒有害污染物、重金属、环境激素等的加密监控和趋势预测。三是充分利用互联网和大数据技术，健全统一、多样、高效的生态环境舆情信息挖掘分析、新闻发布以及舆情引导机制。以重大项目、环境健康、集中式饮用水水源地等敏感对象等为重点，探索建立经济社会发展－生态环境风险形势分析与预警工作机制。

4. 提升生态环境风险综合应对能力

一是以生态环境风险管理体系建设为基础，整合环境健康、环境应急等职能，推动建设国家生态环境风险管理机构，强化生态环境风险管理国家－省－市三级机构建设。二是建立生态环境部门全过程、全要素风险管理工作机制。以隐患排查、风险评估、监控预警、应急处置、损害评估赔偿、事后恢复为主线，以有毒有害污染物风险管理为抓手，将生态环境风险管理具体职责贯穿到生态环境管理的全过程，建立信息共享、协调联动、综合应对的工作机制。推动工作重心由非常态管理逐步拓展到常态管理层面，由应急处置阶段前移至风险管理阶段。三是建立完善生态环境风险信息发布机制和协调机制，加大信息公开力度。

参考文献

[1] 习近平. 高举中国特色社会主义伟大旗帜为全面建设社会主义现代化国家而团结奋斗：在中国共产党第二十次全国代表大会上的报告[R]. 北京：人民出版社，2022.

[2] 王金南，等. 迈向美丽中国的生态环境保护战略研究[M]. 北京：中国环境出版集团，2021.

[3] 蔡博峰，曹丽斌，雷宇，等. 中国碳中和目标下的二氧化碳排放路径[J]. 中国人口·资源与环境，2021，31（1）：7-14.

[4] 高世楫，俞敏. 中国提出"双碳"目标的历史背景、重大意义和变革路径[J]. 新经济导刊，2021（2）：4-8.

[5] 黄建洪. 绿色发展理念：绿色经济社会治理的新范式[J]. 北京师范大学学报（社会科学版），2021（4）：48-57.

[6] 陆军，秦昌波，肖旸，等. 新时代美丽中国的建设思路与战略任务研究[J]. 中国环境管理，2022，14（6）：8-16.

[7] 吕指臣，胡鞍钢. 中国建设绿色低碳循环发展的现代化经济体系：实现路径与现实意义[J]. 北京工业大学学报（社会科学版），2021，21（6）：35-43.

[8] 毛涛. 碳中和视角下英国低碳发展实践研究[J]. 中国国情国力，2023，360（1）：75-78.

[9] 钟玲，曹磊，刘清芝，等. 关于推动绿色生活方式的思考与建议[J]. 环境与可持续发展，2021（5）：142-145.

[10] 韦东明，顾乃华. 城市低碳治理与绿色经济增长：基于低碳城市试点政策的准自然实验[J]. 当代经济科学，2021，43（4）：90-103.

[11] 钱文涛，香雪莹，刘欣. 健康驱动欧盟、美国拟进一步加严环境空气

质量标准［EB/OL］.［2023-02-28］. https://mp.weixin.qq.com/s/vlFhdh9CXRLLH9gBorAj-w.

［12］张灏, 张怀民. 新时代"绿色发展"的必然性及其发展范式转型［J］. 大庆社会科学, 2018（2）: 55-57.

［13］严刚, 郑逸璇, 王雪松, 等. 基于重点行业/领域的我国碳排放达峰路径研究［J］. 环境科学研究, 2022, 35（2）: 309-319.

［14］赵英民. 共建绿色"一带一路"共谋绿色低碳发展——在2022"一带一路"经济与环境合作论坛上的主旨报告［J］. 中华环境, 2023（Z1）: 22-23.

［15］郑逸璇, 宋晓晖, 周佳, 等. 减污降碳协同增效的关键路径与政策研究［J］. 中国环境管理, 2021（5）: 45-51.

［16］朱民, Nicholas Stern, Joseph E.Stiglitz, 刘世锦, 等. 拥抱绿色发展新范式: 中国碳中和政策框架研究［J］. 世界经济, 2023, 46（3）: 3-30.

［17］庄贵阳. 我国实现"双碳"目标面临的挑战及对策［J］. 人民论坛, 2021（18）: 50-53.

［18］尹艳林. 加快发展方式绿色转型［N］. 经济日报, 2022-11-07（2）.

［19］中华人民共和国国务院新闻办公室. 新时代的中国绿色发展［EB/OL］.［2023-01-19］. http://www.gov.cn/zhengce/2023-01/19/content_5737923.htm.

［20］高世楫. 科技创新是实现绿色低碳发展根本出路［N/OL］. 中国经济网,［2021-05-11］. http://www.ce.cn/xwzx/gnsz/gdxw/202105/11/t20210511_36547852.shtml.

［21］中华人民共和国国务院新闻办公室. 中国应对气候变化的政策与行动［EB/OL］.［2021-10-27］. http://www.gov.cn/xinwen/2021-10/27/content_5646697.htm.

[22] 中华人民共和国国务院新闻办公室. 中国的生物多样性保护[EB/OL]. [2021-10-08]. http://www.gov.cn/zhengce/2021-10/08/content_5641289.htm.

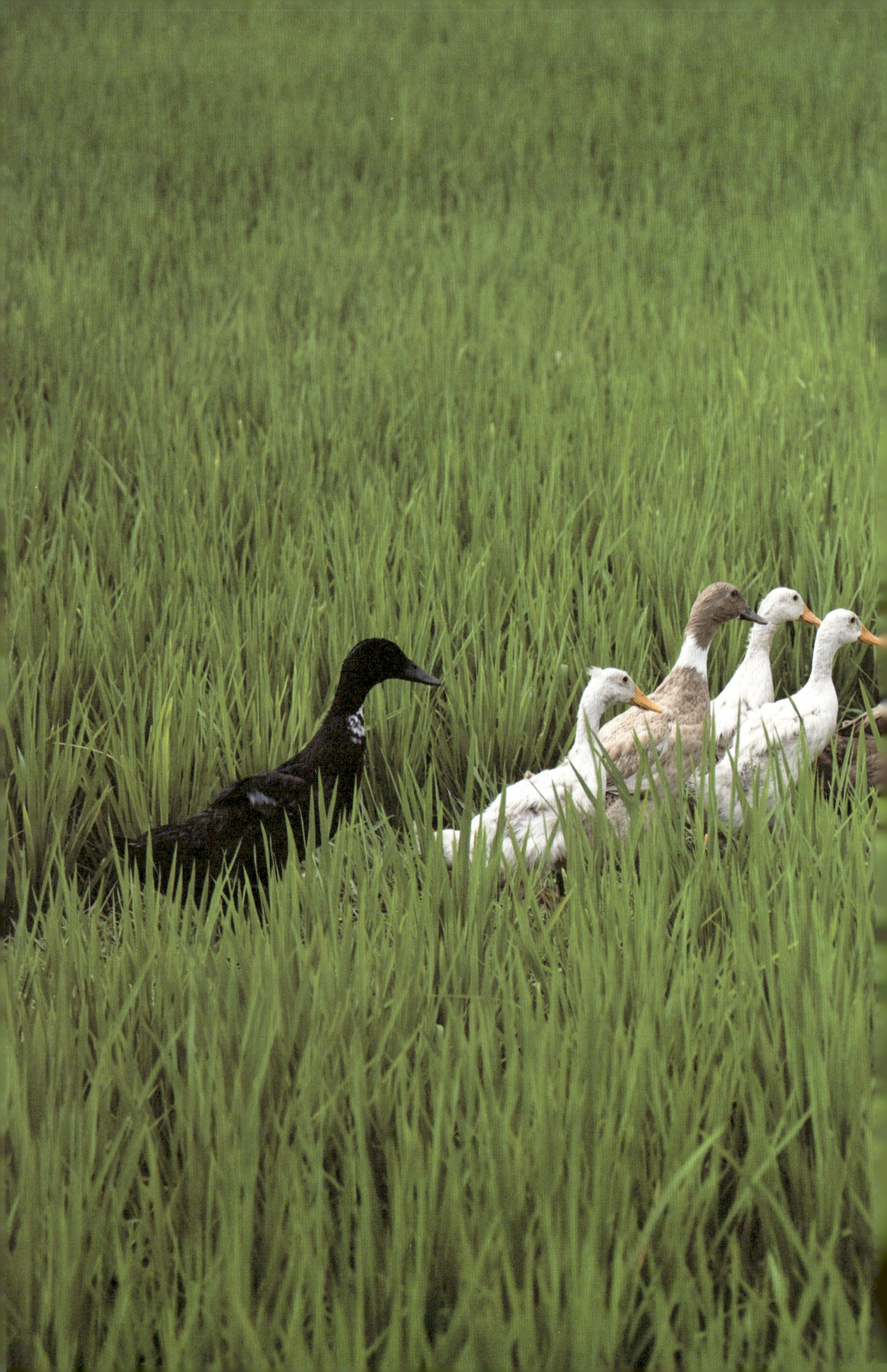

第五章
打好全方位组合拳 筑牢美丽制度保障

环境治理体系和治理能力现代化是国家治理体系和治理能力的重要组成部分,是贯彻落实习近平生态文明思想的具体体现,是推进实现美丽中国目标的重要制度保障。本章以强化党的全面领导为关键,以深化企业主体作用为根本,以更好动员社会组织和公众共同参与为支撑,通过聚焦重大制度创新、重要平台搭建和重大政策创新突破,探索形成导向清晰、决策科学、执行有力、激励有效、多元参与、良性互动的现代环境治理体系,为建设美丽中国提供有力的制度、管理与能力保障。

一、美丽中国建设的制度体系

(一)进展与形势

1. 现状进展

通过强化面向美丽中国的环境治理顶层设计,完善领导责任制度、企业管理制度、市场化制度,强化环境信用及金融手段应用,美丽中国建设的制度体系初步形成。

持续完善环境治理体系顶层设计。国家发展改革委、生态环境部会同有关部门研究制定了构建现代环境治理体系近期工作要点,压实各部门责任。北京市、天津市、河北省等 30 个省(区、市)制定印发本地区构建现代环境治理体系实施意见,海南省将构建现代环境治理体系重点任务纳入《国家生态文明试验区(海南)实施方案》,一体部署、一体推进、一体落实。

构建了明晰责任、严格考评、强化监督的领导责任制度体系。2020年3月,中共中央办公厅、国务院办公厅印发《中央和国家机关有关部门生态环境保护责任清单》,制定了生态环境保护的责任清单。2020年,国务院办公厅印发《生态环境领域中央与地方财政事权和支出责任划分改革方案》。2020—2022年,我国投入大气、水、土壤污染防治资金及农村环境整治资金共1746亿元;出台了《省(自治区、直辖市)污染防治攻坚战成效考核措施》等文件,在《全国国土空间规划纲要(2021—2035年)》等规划中将环境治理的有关指标纳入,进一步完善了生态文明建设目标评价考核体系。

企业绿色发展制度体系逐步健全。推动排污许可证"一证式"管理,将大气、水、工业固体废物依法纳入排污许可管理。目前,我国已累计认证2783家绿色工厂、223家绿色工业园区、296家绿色供应链企业。

稳步推进环保信用评价。中共中央办公厅、国务院办公厅印发《关于推进社会信用体系建设高质量发展促进形成新发展格局的意见》,首次提出了环保信用评价制度概念。在《全国公共信用信息基础目录(2021年版)》《全国失信惩戒措施基础清单(2021年版)》中均纳入了生态环境领域的公共信用信息基础目录与惩戒措施。《中华人民共和国固体废物污染环境防治法》《排污许可管理条例》等法律法规规定了信用管理条款，将生态环境服务机构的信用监管纳入法制化轨道。截至 2021 年 7 月，我国建立了省、市、县三级评价体系，全国 20 多个省级、80 多个市级、230 多个县级生态环境部门开展了企业环保信用评价，累计评价国家重点监控企业、重污染企业、产能严重过剩行业内企业等 3 万余家。上海市将评价结果纳入企业环境信用信息系统和市公共信用信息服务平台、"信用长三角"平台等，实施联合惩戒。福建省将企业环境信用风险状况嵌入信贷管理全流程。

强化制度创新，充分发挥环境治理市场配置作用。我国出台了《建设项目环境影响评价分类管理名录（2021 年版）》，深入推进环境治理简政放权；开展生态环境领域关键核心技术科技攻关，出台大气、噪声、固体废物和土壤等领域的污染防治先进技术名录，推广先进技术 100 项；大力推进各类环保企业培育，2022 年，我国培育了 56 家环保装备制造业规范条件企业、11 家环保装备制造业单项冠军企业、380 家环保装备专精特新"小巨人"企业；不断创新环境治理模式，开展生态环境导向的开发模式（EOD）试点，指导推动 94 个 EOD 试点项目建设；大力推进 92 家园区开展环境污染第三方治理；整合差别电价、阶梯电价、惩罚性电价等差别化电价政策，建立健全统一的高耗能行业阶梯电价制度；积极推进污水处理差别化收费和按效付费工作，推动形成市场化污水处理服务费机制；建立健全非居民厨余垃圾处理计量收费机制。

绿色金融扶持初见成效。截至 2022 年年底，21 家主要银行绿色信贷余额达20.64万亿元，项目建成后每年碳减排量可超过10亿吨。完善绿债评估认证机构市场化评议机制，2020—2022年，全国累计发行绿色金融债达到1.64万亿元。创新推出碳减排支持工具，截至2022年12月，我国已支持金融机构发放碳减排贷款6925亿元，带动碳减排量超1亿吨。推动国家绿色发展基金稳健高效运营，基金总规模885亿元。印发《土壤污染防治基金管理办法》，推动湖南省、广西壮族自治区、吉林省、江苏省等10个省份设立省级土壤污染防治基金。

持续推进生态环境损害赔偿制度改革。生态环境部联合最高人民法院等13家单位，发布了《生态环境损害赔偿管理规定》，初步构建了生态环境损害鉴定评估的标准体系，研究制定了《生态环境损害鉴定评估推荐方法》等10个技术文件。生态环境部联合国家市场监管总局发布了6项国家标准，指导地方修改相关的配套制度；印发了4批线索清单，评选发布了3批生态环境损害赔偿磋商十大典型案例。生态环境部不断完善配套标准，研究制定农田生态系统、恢复效果评价、土壤生态环境基线调查与确定等方面的国家标准。2023年1—11月，全国共启动办理生态环境损害赔偿案件约7000件，涉及赔偿金额约40亿元，推动修复了地表水约4800万米^3、地下水约1000万米^3、土壤约170万米^3、湿地约149万米^2、农田约170万米^2、林地约1000万米^2。

环境治理法规标准体系逐步健全。我国健全环境保护法律法规，制修订长江保护法、黄河保护法、黑土地保护法、海洋环境保护法、青藏高原生态保护法等法律法规，全力配合全国人大开展生态环境法典的编纂工作，连续开展生态环境保护法律法规执法检查，截至2023年8月，我国现行生态环境保护法律30余部、行政法规100余部、地方性法规1000余部，中央生态环保督察、党政领导干部生态环境损害责任追究等一系列专项的党内法规相继出台，发布实施了《生态环境行政处罚办法》《环境监管重点单位名录管理办法》等多部部门规章，修订了《关于办理环境污染刑事案件适用法律若干问题的解释》，基本形成生态环境领域法规法律相辅相成格局；修订发布《生态环境标准管理办法》《国家生态环境标准制修订工作规则》，完善了生态环境标准管理制度的顶层设计，截至2023年年底，我国现行有效的生态环境标准总数达到了2357项，经过备案的现行有效的地方标准达到了249项。

2. 面临形势

面向新阶段、新理念、新形势，美丽中国建设制度在体系建设和长效机制上仍存在一定的短板，同构建新发展格局、推动高质量发展、全面建设社会主义现代化国家的要求相比仍有一定差距，主要表现在：一是环境质量管理政策体系与环境质量管理为核心的生态环境保护需求仍有一定落差，从标准、监测、统计、评价、责任、监管、考核、追责、奖惩、激励等环境质量管理的政策全链条来讲，仍有部分环节不到位，污染排放管理政策与环境质量管理政策之间衔接不足，固定源排污许可制度许可浓度与许可排放总量主要参考排放标准、总量指标，没有与环境质量目标及改善路径紧密衔接。二是生态环境开发、利用、保护和改善的市场经济政策与结构调整、质量改善、多元治理等需求还存在政策供给不足；全社会环保投入力度与发达国家相比差距明显；生态补偿政策不完善，尚未建立起与地区发展权相匹配的补偿机制；绿色税制不健全，环境保护税和消费税调控、征收范围较窄，资源税收费标准过低，难以调控消费行为。三是生态环境法律法规和标准体系仍不完善，执法、司法不健全等问题依然存在，我国生态环境质量标准未充分体现不同流域区域环境特征差异，污染物排放标准在满足不同流域区域环境质量改善需求上存在不足，环境质量标准和污染物排放标准体系的精细化水平仍有欠缺；人体健康、生态健康、环境风险等领域标准制定仍处于起步阶段。

（二）总体思路与战略路线

我们要强化生态环境保护制度改革的系统统筹、综合调控、协同治理、空间管控，通过美丽中国制度体系建设，夯实生态环境统一监管体系和能力，实现环境保护事权的"五个打通"以及污染防治与生态保护的"一个贯通"。通过发挥市场经济政策在调控经济主体生态环境行为中的基础作用，更加重视长效激励政策机制，形成绿色生产、生活和消费的动力机制和制度环境。我们需要强调生态环境保护政策调控对象的差异化，突出政策手段的精细化，提升政策制定实施的科学化，以适应新形势下生态环境保护的新需求。通过生态环境保护政策改革与创新，助推形成美丽中国建设的长效政策机制。

"十四五"时期，我国应以构建排污许可制度为核心的固定污染源环境管理制度体系为主，充分发挥环评管准入、许可管排污、执法管落实的固定污染源管理模式，推动实现固定污染源排污许可全要素、全联动、全周期管理的总体目标。建立严密的生态环境法律体系，完善生态环境质量管理政策机制，健全生态环境市场经济政策，充分发挥市场体系优化配置生态环境资源的基础作用。

"十五五"时期，我国应更加注重发挥市场机制在生态环境保护中的作用，加快国家经济政策与生态环境政策相结合，运用经济政策推进结构调整、改善生态环境质量，形成制度与政策合力，统筹点源与面源治理、内源与外源治理，实施多源同治、系统施治，实施多源综合治理及跨领域集成治理，协同推进碳减排与大气污染治理，协同推进陆海统筹生态环境治理等，逐步完善生态环境风险防控和环境健康风险管控，促进财政、税费、价格等经济政策向环境质量目标管理调整，实施系统管理、综合治理、空间管控、协同防治、精细调控、全球共治。

"十六五"时期，我国应形成美丽中国建设的制度体系和长效机制，形成全民践行绿色生活与绿色消费的制度环境，实现生态环境治理制度体系现代化，提供更多的优质生态产品以满足人民日益增长的优美生态环境需要，为共建清洁美丽世界做出中国贡献。

（三）重点任务举措

加强统筹协调。我国要聚焦现代环境治理体系目标任务，部署构建现代环境治理体系重点工作，进一步压实各地区各部门工作责任；建立环境治理现代化建设试点示范机制，打造一批现代环境治理体系建设地方实践样板，总结推广各地区构建现代环境治理体系好经验好做法，加强学习借鉴，推动地方落实。

压实生态环境保护责任，落实生态环境领域中央与地方财政事权和支出责任。我国应落实《中央和国家机关有关部门生态环境保护责任清单》《关于推动职能部门做好生态环境保护工作的意见》，全面压实各相关部门生态环境保护责任；推动生态环境分区管控制度纳入国家和地方立法，指导各地在政策制定、规划编制、环境准入、园区管理、执法监管过程中运用生态环境分区管控成果，落实分区管控管理要求；按照《生态环境领域中央与地方财政事权和支出责任划分改革方案》中财政事权与支出责任划分要求，各级财政要统筹运用一般公共预算、政府性基金、专项债等多种资金渠道，保障本级政府生态环境领域支出责任得到落实；发挥中央财政环保专项资金引导作用，带动地方财政、金融机构以及社会资本投入。

加大财税政策支持。我国应完善常态化、稳定的中央和地方环境治理财政资金投入机制，优化生态文明建设领域财政资源配置，确保投入规模同建设任务相匹配；严格执行环境保护税法，全面落实现行促进环境保护和污染防治的各项税收优惠政策；强化金融支持，推进发展重大环保装备融资租赁；探索区域性环保建设项目的金融支持模式，引导金融机构丰富绿色金融产品和服务，大力发展绿色金融；建立省级土壤污染防治基金。

全面实行排污许可制。我们要从国家层面做好制度融合的顶层设计，开展排污许可制度与环评、环境统计、环境标准、环境执法、总量控制等制度融合改革的试点研究，推进以排污许可制为核心的固定污染源监管制度建设；修订《排污许可管理办法》，强化排污许可事中事后管理，推动排污许可"一证式"管理；开展温室气体纳入许可体系协同管理的可行性及实施路径研究，强化与温室气体协同管理；以环境质量改善为核心，完善污染物排放许可的差异化精准化管理，逐步完善控制污染物排放许可制。

培育壮大环境治理市场。我们应健全资源环境要素市场化配置体系，进一步发挥市场在资源环境配置中的决定性作用，激发环境治理市场主体活力与创新力；深入推进园区环境污染第三方治理，探索开展区域环境综合治理托管，不断创新环境治理模式；推动以企业为主体、产学研深度融合的生态环境保护创新体系和科研平台建设，加强关键环保技术产品自主创新，推进环保产业市场主体培育；推动资源环境要素市场化配置，扩容升级碳市场，提质打造"碳惠通"交易平台，完善碳履约、碳中和、碳普惠等产品价值实现体系；完善碳排放权、生态地票等交易机制，扩大森林覆盖率指标交易，稳步拓展用能权、用水权交易，探索开展碳远期、碳回购、碳资产管理等碳金融创新业务，让资源环境权益使用者支付费用。全面探索生态产品价值实现机制，逐步完善生态环境导向的开发模式；探索并推广大气、水、海洋、土壤、噪声等多要素污染协同治理模式。开展环境综合治理托管服务试点；突出保障公众健康导向，持续推进环境健康管理试点。

完善生态环境经济政策。我们应研究整合现行差别电价、阶梯电价、惩罚性电价等差别化电价政策，建立健全统一规范的高耗能行业用电阶梯加价制度；进一步完善污水处理收费机制，推进污水处理差别化收费和按效付费，并建立动态调整机制；完善支持绿色发展的财税、金融、投资、价格政策，引导金融机构积极稳妥开展绿色金融产品和服务创新；完善市场化、多元化生态补偿机制，建立健全森林、湿地、水流、耕地等领域生态保护补偿制度，完善生态保护修复投入机制，健全生态保护补偿制度；制定出台有利于推进产业结构、能源结构、运输结构和用地结构调整优化的相关政策。

加快构建环保信用监管体系。我国应研究出台政策文件，全面推进环保信用评价制度，健全事前事中事后监管，建立以信用为基础的生态环境新型监管机制；规范环保信用信息认定、记录、归集、共享、公开，完善环保信用评价标准，统一环保信用评价等级；将环保信用评价结果作为开展分级分类监管的重要依据，对信用良好的企业予以列入生态环境监管白名单、享受"绿色通道"等便利服务措施；依法依规实施联合奖惩，推动环保信用评价结果在实施行政许可、监督抽验等过程中应用；探索推进环保信用承诺制，支持社会组织参与环保信用评价；深化环境信息依法披露制度改革，推动环保信用评价与环境信息依法披露制度协同发力。

　　加大法律法规标准支撑。我国应积极推进生态环境法典的编纂工作，推动解决法律实施当中存在的不适应、不协调、不一致等问题；制修订碳排放权交易管理暂行条例、消耗臭氧层物质管理条例、生态环境监测管理条例、循环经济、清洁生产、生态环境监测、有毒有害化学物质环境风险管理、公共机构节能、排污许可管理等法律法规；制修订温室气体、海洋、农业农村、排污口、生态监管、固体废物与化学物质环境管理、生态环境损害鉴定评估等生态环境标准与规范；研究制定与现场执法即时性相匹配的污染源监管标准；制修订一批符合国情的大气、水、固体废物、噪声、海洋、应对气候变化及生态等环境保护标准，探索开展环境治理的绿色低碳认证；鼓励各地综合考虑环境质量、发展状况、治理技术、经济成本、管理能力等因素，制修订地方污染物排放标准，建立与辖区生态环境承载能力相适应的标准体系。

二、美丽中国建设的管理体系

（一）进展与形势

1. 现状进展

我国面向美丽中国的管理体制机制不断完善，逐步形成了党委领导、政府主导、企业主体、公众参与的管理体系。

生态环境管理体制机制不断完善。我国组建生态环境部，统一行使生态和城乡各类污染排放监管与行政执法职责，强化了政策规划标准制定、监测评估、监督执法、督察问责"四个统一"，实现了地上和地下、岸上和水里、陆地和海洋、城市和农村、一氧化碳和二氧化碳"五个打通"，以及污染防治和生态保护的贯通；整合组建生态环境保护综合执法队伍，设立7个流域海域生态环境监督管理局及其监测科研中心，基本完成省级以下生态环境机构监测监察执法垂直管理等改革，生态环境监测监察执法的独立性、统一性、权威性和有效性不断增强。

不断强化中央和省级两级督察合力。2018年，中央环保督察组完成了第一轮督察并对20个省（区）开展"回头看"。第二轮督察于2019年启动，截至2022年上半年，中央环保督察组分6批完成对31个省（区、市）和新疆生产建设兵团、2个国务院部门、6家中央企业的督察。两轮中央生态环保督察，推动一批影响重大、久拖不决的难题得到破解，切实解决了一批群众身边的突出生态环境问题。同时，省级督察以中央生态环保督察整改为重点，充分发挥省级督察对中央环保督察的延伸和补充作用。

形成了一系列日常执法政策制度与规范。我国先后出台了《环境行政处罚办法》《环境行政执法文书制作指南》《环境信息公开办法（试行）》等一系列规章和规范性文件，积极推进环境监察移动执法系统建设、生态环境保护综合行政执法改革、编制权力和责任清单等制度建设；结合实际情况制定本地"双随机、一公开"实施方案，强化领导责任，明确任务分工，对抽查主体、内容、对象、比例等事项予以细化，并及时公开"双随机"信息，主动接受社会和纪检部门的监督，把"一公开"作为"双随机"成效的"放大镜"。

深化生态环境监督管理机制，执法监察精准高效。我国创新"线上+线下"两个战场工作模式，建立非现场执法的在线远程监督帮扶工作新体系；开创"国家指导、省级统筹、地市落实"的入河排污口排查新模式，黄河、长江流域试点地区全面实施排污口"户籍"管理；全面完成国家和省级环境质量监测事权上收，建立"谁考核、谁监测"的全新运行机制；中国特色环境资源审判体系基本建成，环境资源裁判规则体系不断完善，环境司法国际影响力显著增强。截至2022年12月，全国法院设立环境资源专门审判机构或组织2426个，涵盖四级法院的专门化审判组织架构基本建成。我国还在探索以流域、森林、湿地等生态系统及国家公园、自然保护区等生态功能区为单位的跨行政区划集中管辖。

生态环境综合执法改革方案与政策逐步落地。《关于深化生态环境保护综合行政执法改革的指导意见》对综合行政执法改革做出全面规划和系统部署，各地因地制宜研究制订方案，有序推进改革落地。天津市、河北省、山西省等16个省（区、市）和新疆生产建设兵团已印发综合行政执法改革意见。北京市等11个省（区、市）已初步确定方案或正履行签发程序。2020年3月，国务院办公厅印发《关于生态环境保护综合行政执法有关事项的通知》，生态环境部印发《生态环境保护综合行政执法事项指导目录（2020年版）》，进一步明确执法权限与职责，扎实推进生态环境保护综合行政执法改革。

区域交叉检查的强化监督帮扶体系逐步形成。从初始的"运动式""一阵风"到目前强化监督帮扶工作机制的格局，我国监督帮扶体系实现了从不健全到较为健全的根本转变。我国的强化监督帮扶体系发展主要分为三个时期：集中整治重点行业和地区突出环境问题的环保专项执法行动时期；解决区域性、流域性、行业性环境问题的环保强化督查和专项行动结合时期；现阶段的强化监督帮扶时期，具体包括常态化的蓝天保卫战，强化监督和针对重点区域、重点领域、重点问题，分阶段开展的统筹强化监督工作。通过强化监督帮扶，我国巩固了"排查、交办、核查、约谈、专项督察"的五步法工作模式，通过闭环管理落实地方党委和政府的责任，实施问题整改清单化、台账式管理；推动地方有针对性采取治理措施，也为国家有的放矢制定出台相关政策措施提供了支撑。

建立了跨区域、跨流域、跨海域的环境监督管理体系。《中华人民共和国环境保护法》第一次以法律的形式明确了跨行政区域的重点区域、流域环境污染与生态破坏联合防治协调机制，实行统一规划、统一标准、统一监测、统一防治的措施。《中华人民共和国大气污染防治法》《中华人民共和国水污染防治法》都对联防联控做了具体要求。《关于构建现代环境治理体系的指导意见》提出推动跨区域跨流域污染防治联防联控，实现成本共担、利益共享、共同治理、共同保护，已成为环境监管的重要工作方向。京津冀及周边地区2013年后设立了大气污染防治协作小组、水污染防治协作小组以及京津冀及周边地区大气环境管理局；粤港澳三地环保部门共同签署《粤港澳区域大气污染联防联治合作协议书》，粤港澳环保合作开始由双边走向三边。

积极推进生态环境司法联动。2017年以来，生态环境部会同最高人民检察院、公安部等部门先后出台《环境保护行政执法与刑事司法衔接工作办法》《关于在检察公益诉讼中加强协作配合依法打好污染防治攻坚战的意见》《关于办理环境污染刑事案件有关问题座谈会纪要》等一系列重要规范性文件，从解决工作中的普遍性问题出发，细化健全了案件移送标准、程序和法律监督、线索通报、联合办案及联合办案过程中的责任分工、联合挂牌、联席会议、案件咨询、信息共享等制度，进一步统一了对单位犯罪、犯罪未遂、主观过错、案件管辖等问题的理解和把握，对打击污染环境犯罪案件提供了有力制度保障。

多方联动，提升各方参与共治能力。我国优化升级全国生态环境信访投诉举报管理平台，实现"一网整合、一网办理"。2020—2022年，全国共归集各地电话举报信息50万件，并建立"抽查—督办—预警"的三级督办机制。全国各级部门通过有奖举报机制共收集有效线索1621条，共计发放奖励 103.25 万元。上海市、新疆维吾尔自治区、山西省、黑龙江省、吉林省、广西壮族自治区、海南省等多地发布环境违法行为有奖举报办法。我国印发了《关于推动生态环境志愿服务发展的指导意见》《"十四五"公共机构节约能源资源工作规划》等文件，促进生态环境志愿服务制度化、常态化；在全国范围内多举措引导社会开展绿色消费、绿色家庭、绿色出行、绿色商场等创建活动，工会、共青团、妇联等群团组织了"四个100""美丽庭院""净滩行动"等活动。全国多地通过创新建立碳普惠机制，鼓励个人和中小微企业的低碳行为。

2. 面临形势

在充分肯定我国现代环境治理体系成绩的同时，我们也要看到美丽中国管理体系还存在各治理主体效能发挥不充分等突出问题，与建设美丽中国目标的要求相比还有不少差距。

一是我国生态环境职能机构在横向与纵向的体制机制设计和职能分工方面还存在着不足。在横向上，各部门间权限不清、责任不明，导致环境治理过程中出现职能交叉、效率低下等问题。在纵向上，生态环境监测监察执法垂改与综合执法改革的配套政策和实施机制尚未明确建立；流域监督管理局、区域环境督察局、派出机构与地方环境执法之间的分工、协调联动机制有待进一步完善。

二是生态环境统一监管体系还不完善、能力建设尚未完全到位，生态环境政策规划标准制定、监测评估、监督执法、督察问责"四个统一"仍在完善进程，地上和地下、岸上和水里、陆地和海洋、城市和农村、一氧化碳和二氧化碳"五个打通"和污染防治与生态保护的"一个贯通"尚未完全实现。

三是企业环境治理主体责任落实不力。部分企业在发展过程中，绿色发展意识不强，绿色低碳转型升级投入不够，对生态环境保护工作重视不够，存在不正常运行污染治理设施、超标排放、不落实重污染天气应急减排措施、生产台账弄虚作假、在线监测和手工监测数据造假等违法违规问题。个别企业甚至通过人为干扰采样设备、修改数据传输等方式伪造环境监测数据，隐瞒违法排污事实，对当地生态环境造成严重危害。

四是全民参与环境治理的广度与深度有待进一步拓展。公众参与生态环境治理的平台和渠道相对较少，生态环境保护意识尚未转化为有效行动，生态环境治理参与程度低，全民在绿色发展领域的行动需要加强。部分环保组织专业性和能力建设有待提升，引导社会生态环境治理的作用较为有限。

（二）总体思路与战略路线

深化行政体制改革是推进国家治理体系现代化、治理能力现代化的重要组成部分。我国未来的政府行政管理体制改革既要体现进一步完善市场经济体制的要求，又要体现加快建立公共服务体制的要求，必须以政府职能转变作为核心。转变职能不仅要把该放的权坚决放开放到位，还要改善和加强政府管理，减少部门职责交叉和分散，形成权界清晰、分工合理、权责一致、运转高效、法制保障的机构职能体系；需要强化党委领导、政府主导、市场基础、企业实施、公众参与以及人大执法监督、"两法"（司法、法院）等多主体治理角色和作用，建立多元有效、动力内生、相互监督、公开透明的大生态环境保护格局。

"十四五"时期，生态环境部要统一行使生态和城乡各类污染排放监管与行政执法职责，切实履行监管责任，推进跨区域、跨流域、跨海域的环境监管执法机构改革，完成环保垂改，强化基层环保能力建设，打好污染防治攻坚战；积极推动构建政府为主导、企业为主体、社会组织和公众共同参与的生态环境治理体系。

"十五五"时期，我们应以生态环境质量改善为目标，积极推动政府引导、市场主导的生态环境保护职能优化与机构设置，全面运行区域、流域、海域环境监管执法机构，压实企业环境保护的主体责任；大力提升环境治理与气候变化管理的协同效益；形成以政府为主导、以企业为主体、社会组织和公众共同参与的生态环境治理体系。

"十六五"时期，我们应以建设美丽中国为目标，优化生态环境部门职能，深化市场手段，引导全社会参与，构建完善的生态环境保护综合执法管理体制，全面推动环境治理体系建设与治理能力建设；实现以政府为主导、企业为主体、社会组织和公众共同参与的生态环境治理体系和治理能力现代化。

（三）重点任务举措

完善中央统筹、省负总责、市县抓落实的工作机制。党中央、国务院统筹制定生态环境保护大政方针。省级党委和政府对本地区环境治理负总体责任，贯彻执行党中央、国务院各项决策部署，组织落实目标任务、政策措施，加大资金投入。市县党委和政府承担具体责任，统筹做好监管执法、市场规范、资金安排、宣传教育等工作。全面实行政府权责清单制度，落实各级政府生态环保责任。

合理划分环境治理事权。我国应理顺各政府部门事权，坚持管发展必须管环保、管生产必须管环保、管行业必须管环保，落实相关部门责任；推进落实中央和国家机关有关部门生态环境保护责任清单及其他相关规定，指导地方加快制修订责任清单，推动职能部门做好生态环境保护工作，进一步完善齐抓共管、各负其责的大生态环保格局；强化中央政府在生态环保中的宏观调控、综合协调和监督执法职能，制定国家法律法规、规划、标准和政策，应对重特大环境突发事件，负责全国性重大生态环境保护和跨区域、跨流域保护以及国际环境事项；地方政府对辖区环境质量负责，重点强化法律法规政策标准执行职责，监督处理辖区内相关违法问题，统筹推进辖区内生态环境基本公共服务均等化；落实好《生态环境领域中央与地方财政事权和支出责任划分改革方案》，按照财力与事权相匹配的原则，理顺中央与地方收入划分和完善转移支付制度改革中统筹考虑地方环境治理的财政需求。

深化生态环境保护督察。我国应继续发挥中央生态环境保护督察利剑作用，启动第三轮中央生态环境保护督察，将长江经济带、黄河流域生态环境警示片纳入督察工作体系，与例行督察线索、案例、成果共用共享，对相关省份实施"回头看"，充分发挥警示震慑作用；加强对省级生态环境保护督察指导，有效发挥延伸和补充作用，不断强化督察合力。

严格环境监管。我国应深化省以下生态环境机构监测监察执法垂直管理制度改革；优化生态环境保护执法方式，推行非现场监管；制定《生态环境执法人员行为规范》，印发新修订的《生态环境行政执法稽查办法》，开展生态环境领域"百千万执法人才培养工程"，加强生态环境保护综合行政执法队伍建设管理；强化生态环境保护执法信息化建设，提高移动执法系统建设应用水平；深化人工智能等数字技术应用，构建美丽中国数字化治理体系；各地按照《生态环境损害赔偿管理规定》组织案件线索筛查，调度推进生态环境损害赔偿重大案件办理。

强化生态环境执法力度、准度和精度。我国应坚持把严的基调和问题导向作为执法工作的生命线，不断提升发现问题的能力，坚持以"零容忍"的态度打击突出生态环境违法犯罪行为，切实发挥典型案例的警示作用，不断督促企业自觉落实环境保护的主体责任；紧盯紧抓群众身边突出的环境问题，持续鼓励社会公众参与生态环境保护工作，综合运用信息披露、公开曝光等手段，发挥查处一起、震慑一批、教育一片的传导作用。

不断夯实企业环境治理主体责任。我国应大力推行清洁生产，积极推进焦化、有色金属等重点行业清洁生产改造；深化清洁生产审核创新试点，开展跟踪评估，形成一批工业园区和行业清洁生产审核指南；推进绿色工厂、绿色产品、绿色供应链、绿色园区建设；严格生态环境准入把关，加强环境影响评价体系建设；加强企业环境治理责任制度建设，不断夯实企业污染治理责任。

依法公开环境治理信息。我国应积极推动重点排污企业安装使用监测设备并与生态环境部门联网，同时确保设备正常运行；出台加强排污单位自动监测数据应用的意见，指导排污企业依法公开环境治理信息，依法对环境信息披露不及时、不规范、不准确的企业，督促其及时补充披露环境信息；在确保安全生产前提下，通过设立企业开放日、建设教育体验场所等多种形式，推进环保设施向公众开放。

完善社会监督。我国应加强全国生态环境信访投诉举报管理平台日常维护，确保平台正常运行，畅通投诉举报渠道；聚焦群众关切的"急难愁盼"生态环境问题，继续开展抽查、督办、预警等工作；充分发挥群众组织广泛动员作用和行业协会商会桥梁纽带作用，组织动员广大人民群众参与监督环境治理；加强管理和指导，引导规范生态环境领域社会组织健康有序发展；推进生态环境志愿服务体系建设，发展壮大生态环境志愿服务力量；强化环境保护舆论监督。

将生态文明、环境保护纳入国民教育体系。我国应把生态文明教育内容和要求纳入国民通识教育体系，在不同教育阶段开设生态文明教育必修课程，强化生态环境保护师资队伍建设；鼓励各地各校根据本地历史文化和地方特色，编制地方教材和校本教材，培养广大青少年垃圾分类、爱护动植物、节约资源、过低碳生活的生态环境保护意识；要将生态文明教育贯穿全社会，纳入成人教育、职业教育体系和党政领导干部培训体系；加强生态环境保护学科建设，加大生态环境保护高层次人才培养力度，推进环境保护职业教育发展；开展生态环境全民科普行动，开展"我是生态环境讲解员"等科普活动，创建一批"国家生态环境科普基地"。

加强司法保障。我国应健全环境治理信息共享、线索移送、调查取证、检测鉴定、会商研判、案情通报等执法司法衔接配合机制。强化对破坏生态环境违法犯罪行为的查处侦办，加大对破坏生态环境案件起诉力度；探索多元化生态修复方式，健全"修复性司法实践 + 社会化综合治理"审判结果执行机制；深化探索全国重要江河湖泊跨区划公益诉讼管辖、办案协作机制，推动完善流域检察联动机制；完善跨区域集中管辖标准，建立健全审执衔接机制。完善检察公益诉讼与生态损害赔偿衔接机制。

三、美丽中国建设的能力体系

（一）进展与形势

1. 现状进展

我国正深入推进生态环境监测能力建设，执法能力建设，信息化能力建设等，面向美丽中国建设需求，不断提升生态环境治理能力。

生态环境监测基础能力显著增强。当前我国已形成"国家—省—市—县"四级生态环境监测架构。截至2020年6月，全国建成城市空气监测站点约5000个、地表水监测断面约1.1万个、土壤环境监测点位约8万个和声环境监测点位约8万个，实现了每2~3天对全国覆盖一次的遥感监测能力。环境质量监测预报预警水平大幅提高，建成"国家—区域—省级—城市"四级重污染天气预报网络。全国重点排污单位污染物排放实现在线监测和联网共享。基本建成生态环境监测信息发布平台，全国地级及以上城市空气质量监测、重要河流流域和生活饮用水水源地水质监测、重点污染源监测等各类信息已实现统一发布。总体上，我国已基本建成陆海统筹、天地一体、全面设点、联网共享的生态环境监测网络。

生态环境监测体制机制改革不断深化。按照国务院机构改革要求，我国将海洋、地下水、入河（海）排污口、水功能区、农业面源、温室气体等要素纳入全国生态环境监测体系通盘谋划。生态环境部门认真落实生态环境监测管理体制改革要求，1436个国家城市空气监测站、2000余个国家地表水监测断面、4万余个国家土壤监测点位监测事权完成上收。31个省（区、市）和新疆生产建设兵团均制定省以下监测机构垂直管理改革方案，基本理顺了省市生态环境监测机构的职能和管理体制，逐步实现"谁考核、谁监测"，强化了生态环境质量监测数据保障。广东省、甘肃省、湖南省、河南省等省份设立了区域生态环境监测机构,进一步优化整合辖区内的监测资源。我国有序引导社会力量参与监测服务,全面建立生态环境监测市场化运行机制,全社会生态环境监测从业人员达30万左右,生态环境监测市场得到快速发展,政府、企业、社会多元参与的监测格局基本形成。

生态环境监测质量管理体系逐步完善。我国建立内部质控和外部监督相结合的质量管理体系,构建"国家—区域—机构"三级质控体系并有效运转,以中国环境监测总站为源头的国家网量值溯源体系基本形成;编制出台《加强环境空气自动监测质量管理的工作方案》《国家环境空气质量监测网城市站运行管理实施细则》等一系列管理制度文件;积极开展环境监测质量专项检查,通过强化培训、质控考核、能力验证、飞行检查等手段不断提升监测数据质量;印发了《关于加强生态环境监测机构监督管理工作的通知》《检验检测机构资质认定生态环境监测机构评审补充要求》等文件,为监测市场健康有序发展提供了制度保障;北京市、江苏省、山西省、湖南省、重庆市、云南省、广西壮族自治区等省(区、市)出台了社会化环境检测机构能力认定申办指南、认定程序、技术审核细则、管理办法等相关文件,指导企业依法依规参与环境监测服务;严厉打击和防范环境监测数据弄虚作假行为,生态环境部配合最高人民法院、最高人民检察院出台"两高司法解释",逐步完善生态环境监测违法违规行为发现、查处、移送机制,对地方不当干预和监测数据弄虚作假行为形成有力震慑，监测数据的独立性、权威性、公正性得到保障。

生物多样性监测能力逐步提升，监测手段不断优化升级。我国建立了全国生物多样性监测网络，掌握生物多样性现状与变化趋势。针对关键生物类群的分布与迁徙特点，我国形成了覆盖陆生脊椎动物、昆虫、淡水鱼类等多个类群及多种生态系统的专项监测网络。截至2023年4月，依托生物多样性保护重大工程建立的中国生物多样性观测网络在全国31个省（区、市）建立了749个监测样区，获得监测记录180万条，开发了全国监测数据信息管理平台，积累了长时间、大量的监测数据。中国科学院建立的中国生物多样性监测与研究网络是全球第一个具有完整纬度梯度的森林监测研究网络，包含亚洲最大的鸟类实时在线监测系统和数据库。结合传统的生物多样性人才队伍和调查监测，浙江省丽水市、广东省始兴县车八岭等地率先建设了生物多样性智慧监测体系，探索以科技创新助力提升生物多样性监管和治理水平，建立了"天眼＋地眼＋人眼"三位一体的生态环境数字监测监管体系，建成生物多样性调查与监管系统，发布生物多样性公众参与小程序，引导公众积极参与生物多样性监测。

夯实生态环境执法基础能力，全力打造生态环境执法铁军。我国深入落实生态环境保护综合行政执法改革，31个省（区、市）和新疆生产建设兵团的5.2万名执法人员穿上了统一的制服，基本实现了全域统一着装，并持有新式执法证件。

我国连续数年开展"全年、全员、全过程"的执法大练兵，印发了年度《生态环境执法稽查工作方案》，统筹运用正向激励与反向机制，有力提升了综合执法队伍机构规范化、装备现代化、队伍专业化和管理制度化的水平。

有效提升生态环境监管执法水平。国家有关部门开展打击危险废物环境违法犯罪和重点排污单位自动监测数据弄虚作假违法犯罪专项行动。2022年，全年各地向公安机关移送涉嫌危险废物环境违法犯罪案件805起、涉嫌重点排污单位自动监测数据弄虚作假违法犯罪案件232起。我国持续开展生活垃圾焚烧发电行业达标排放专项整治，开展生态环境保护执法大练兵；依法坚决打击第三方环保服务机构弄虚作假问题，组织完成全国环评单位和环评工程师诚信档案专项整治；加大碳排放报告质量专项监督帮扶及督办问题整改力度，依法严肃处罚一批弄虚作假的技术服务机构和重点控排企业。

依法防范与化解生态环境领域风险隐患能力不断提升。近年来，我国全面排查生态环境领域各类风险隐患，分类施治，2022年调度处置各类突发环境事件43起；建立突发生态环境事件应急联动工作机制，推进危险废物专项整治三年行动和废弃危险化学品等危险废物风险集中治理，完成全国1万余座尾矿库环境风险排查；积极推进治理重复信访、化解信访积案。

2. 面临形势

当前，我国进入美丽中国建设进程加快、经济结构优化调整、绿色转型持续推进、信息技术加速变革的关键时期，产业结构、能源结构和消费方式逐渐向绿色转型，生态环境治理能力体系建设发展的机遇与挑战并存，主要体现在：一是随着生态文明体制改革的持续深化，生态环境治理领域不断扩大，地下水、水功能区、入河（海）排污口、海洋、农业面源、气候变化等新增职能纳入生态环境保护监管范畴，对统一生态环境监测、评估、执法、应急、信息化等能力提升与职能范围提出迫切需求；二是《关于构建现代环境治理体系的指导意见》为推进生态环境治理能力体系和治理能力现代化提供了重要指引，对构建现代生态环境治理能力体系提出内在要求；三是我国仍处于生态环境质量改善的爬坡过坎阶段，全面推进美丽中国建设对强化生态环境能力支撑提出更高要求，亟须加快推进生态环境能力建设的业务深化、指标拓展、技术研发、标准制定和数据深度应用；四是社会公众对健康环境和优美生态的迫切需求与日俱增，对环境风险的防范意识日益增强，对环境污染事件愈加关注，公众环境维权意识与参与意识逐渐增强，对生态环境治理信息的可得性、时效性、全面性提出更高要求，对加强有毒有害物质监测、评估、执法、应急等提出更多诉求，对有效防范生态环境风险、提升突发环境事件应急响应水平提出更高期待；五是全球环境问题日益凸显，积极应对温室气体减排、臭氧层保护、生物多样性保护、持久性有机污染物减排、汞污染治理、危险废物和化学品管理等环境问题，是我国践行履约责任、彰显大国担当、提升国际话语权的重要体现，需借鉴发达国家生态环境治理能力体系、技术研发体系和质量管理体系，加快形成相关领域的支撑能力，更好应对全球环境问题。

（二）总体思路与战略路线

面向美丽中国建设，生态环境治理能力体系建设应遵循"统筹谋划、系统融合、明晰权责、协同高效、科技引领、均衡发展"的原则，着眼环境污染治理、生态保护修复、群众环境权益维护需要，坚持系统观念，从整体和全局谋划全国生态环境能力建设，协同推进各领域生态环境网络、政策制度、体制机制、技术装备、队伍能力等方面工作；注重先进信息技术应用，技术手段向天地一体、自动智能、科学精细、集成联动的方向发展，提高信息化、自动化和智能化技术水平；优化全国生态环境资源配置，因地制宜、分类施策，加强能力资源共建、共享、共用，实现东中西部地区间、省市县层级间、城市与农村生态环境监测公共服务基本均衡。

"十四五"时期，我国应突出精准治污、科学治污、依法治污，健全监测网络、强化应急管理、优化执法方式、完善执法机制、规范执法行为，全面提高生态环境管理效能，提升生态环境治理能力，切实改善生态环境质量。

"十五五"时期，我国应通过发展人工智能、大数据、云计算等新兴技术，推动数字经济的发展，培育新的经济增长点；利用生态环境大数据平台统一企业环境管理信息，推动形成企业环境管理制度链条；大力提升环境治理与气候变化管理的协同治理能力和效益；构建起较为完备的多跨协同、量化闭环、实战实效的数字化工作体系,生态环保智治水平大幅度提高。

"十六五"时期,我国应以建设美丽中国为目标,通过高水平科技创新,提高生态环境党政管理能力,提升企业的创新能力和核心竞争力,推动产业链的升级和延伸。实现全市域生态环保整体智治,推动决策更加科学、治理更加精准、服务更加高效,由实践探索到科学理论指导,充分依靠高水平科技创新,使我们的国家天更蓝、山更绿、水更清。

(三)重点任务举措

优化完善生态环境监测网络。我国应结合全国污染防治攻坚战的管理需求,全面深化各领域环境质量监测和生态监测,中央和地方根据事权划分,统一规划、优化调整大气(含温室气体)、地表水、地下水、海洋、土壤、辐射、噪声、生态状况等生态环境监测站点设置和指标项目,建成高质量的生态环境智慧感知监测网络,实现环境质量、生态质量、污染源监测全覆盖,逐步形成完善的环境质量和生态质量评价体系,全方位支撑精细化管理;优化自动为主、城乡统筹的大气环境监测网络,健全细颗粒物治理和臭氧协同控制监测网络,建立温室气体监测体系;完善三水统筹、陆海统筹的水生态环境监测网络,开展自动监测为主、手工监测为辅的地表水水质监测,建立覆盖重点海域、流域和重要水体的水生态监测网络,优化海洋环境质量监测网络,布设全国地下水环境质量考核点位。完善土壤、辐射、噪声等环境质量监测网络,开展重点区域调查性与研究性监测；建立天地一体的生态质量监测体系，加快生产全方位、高精度、短周期生态遥感监测产品，建立覆盖重要生态空间和典型生态系统的生态质量监测网络，完善不同尺度、不同频次的生态质量监测评估机制；构建覆盖全部排污许可发证行业和重点管理企业的污染源监测体系，规范排污单位和工业园区自行监测，完善污染源执法监测机制；融合运用5G、大数据、物联网、人工智能等先进技术，加强生态环境监测站点全国联网和大数据整合利用、深度挖掘及智慧应用。

建立健全绿色技术体系。我国应鼓励高校、科研院所开展绿色技术创新专业方向，推动绿色发展成为专门学科，加强绿色发展人才培养，鼓励支持绿色发展创新平台建设；深入开展绿色发展的理论、战略、政策、法规标准研究；实施绿色技术创新攻关行动，围绕减污降碳、节能环保、清洁生产、清洁能源等领域布局一批前瞻性、战略性、颠覆性科技攻关；加快科技体制改革，创新政府对绿色技术创新的管理方式；结合有毒有害物质替代、强制性清洁生产审核等相关工作，推动环境治理从末端应对向全生命周期管理转变。

完善预报预警和应急管理体系。我国应健全"国家—区域—省级—城市"四级预报体系，重点提升中长期预报能力，国家层面具备未来15~45天空气污染潜势预报能力，区域层面具备未来15天空气污染趋势预报能力，省级和城市层面具备未来10天空气质量级别预报能力。充分发挥空气背景监测站、区域（农村）空气质量监测站作用，为空气质量预测预报提供支撑；深化生态环境部门与气象部门空气质量预报会商合作机制；加快推进空气质量预报自主模型研发与应用；完善国家环境应急体制机制，健全分级负责、属地为主、部门协同的环境应急责任体系与功能齐全、反应灵敏、运转高效应急响应体系；完善上下游、跨区域的应急联动机制。强化危险废物、尾矿库、重金属等重点领域以及管辖海域、边境地区等环境隐患排查和风险防控；实施一批环境应急基础能力建设工程，建立健全的探索应急监测物资储备和现场支援社会化机制，增强应急监测队伍实战能力；提升环境应急指挥信息化水平，及时妥善科学处置各类突发环境事件。

加强监管执法能力建设。我国要建立执法人员持证上岗和资格管理制度。首先，此项制度的建立，不仅是国家依法治国方略在生态环境执法领域的基本体现，也是对生态环境执法人员执法主体资格的明确，从源头上规范执法程序。其次，我们要建立教育培训制度。生态环境部要求环境执法人员五年全部轮训一次，各级生态环境部门均开展了不同类别、不同层次的培训。最后，我国要建立考核奖惩制度。近年来，生态环境保护工作一直保持高压态势，生态环境执法工作日益繁重，广大执法人员克服困难、甘于奉献，为打赢污染防治攻坚战贡献了自己的力量，涌现了一大批敢担当、善执法的执法队伍和先进个人。为激励执法队伍和执法人员，凝心聚力打赢污染防治攻坚战，我国应建立考核奖惩制度，实行立功表彰奖励机制。

加强执法能力标准化建设。长久以来，执法经费不足、装备老化、没有服装或者服装五花八门，成了环境执法人员难以言说的痛。公车改革时，因为不在执法序列，生态环境部门执法车辆没有保留的情况比比皆是。此类情况，已经严重制约了生态环境执法队伍履职尽责，与当前生态环境保护工作严重不适应。《关于省以下环保机构监测监察执法垂直管理制度改革试点工作的指导意见》在加强市县环境执法工作和加强环保能力建设章节，对环境执法机构列入政府行政执法部门序列已予以明确，对标准化建设也有所提及。对此，我们要按照机构规范化、装备现代化、队伍专业化、管理制度化的要求，全面推进执法标准化建设，有关统一执法制式服装和标志，以及执法执勤用车（船艇）配备，按中央统一规定执行。我国应当尽快制定标准化建设指标，确保能力与承担的任务相适应，打造生态环境保护执法铁军。

强化基层生态环境执法能力建设。我国应建立与事权相匹配的基层环保能力，增强基层执法力量保障。执法重心下移，区县实行"局队合一"，加强基层执法职能，强化执法机构标准化建设，按照统一标准配备执法用车辆、设备仪器、服装等，充实一线生态环境执法力量。同时在跨区域、流域执法方面，建议整合设置跨市辖区生态环境监察和生态环境监测机构，加大跨区域、跨流域生态环境执法监管。进一步强化乡镇生态环境机构能力建设，建议以乡镇街道生态环境办为基础成立乡镇街道片区生态环境所，两至三个乡镇街道为一个片区所，确定专门编制和人员，专干其事，切实履行生态环境保护工作职责。明确乡镇街道生态环境办工作人员执法权,让乡镇街道生态环境办人员能够参与执法,延伸基层执法"触角",确保第一时间赶往执法现场开展工作。

建立健全生态环境数字化智慧化管理体系。我国应依托数字化建设基础设施、数据资源、能力组件,全链条、全视角、全过程推动生态环保领域资源整合、综合集成,形成生态环保领域智能化管控闭环,打造"数字生态环保大脑";聚焦生态环保核心领域,加快整合工作模块和业务单元,持续推动数字生态环保体系构架迭代升级,实现纵向贯通、横向联动、高效协同;全面打造水环境感知、治理、评价应用场景;构建完善数字生态环保应用跑道,进一步梳理需求、场景、改革"三张清单",坚持问题导向、目标导向,突出核心业务、核心指标,加快开发生态环境智慧化治理等应用;修订生态环境数据资源管理办法,完善数据编目、归集、治理、建仓、共享全流程规范化管理机制,形成标准统一、流程清晰、责任明确的生态环境数据资源管理体系;多渠道动态汇集数据,深化跨区域跨部门跨层级数据共享,构建全国生态环保数据资源仓;分层次分领域打造水环境、大气环境等主题数据集,深度挖掘数据价值,提高生态环境数据质量和共享需求满足率。

支持环保产业创新发展。我国应更新发布《国家先进污染防治技术目录》(原《国家先进污染防治技术目录》),加强大气、水、海洋、土壤、固体废物等领域污染防治关键技术产品自主创新能力,推动环保首台(套)重大技术装备示范应用,提高产业技术装备水平；开展环境服务业统计调查和环保产业重点企业基本情况调查；做大做强龙头企业，培育壮大一批专业化骨干企业，扶持发展一批专精特新中小企业，促进环保产业和环境服务业健康发展；完善"一带一路"生态环保大数据服务平台数据资源库，优化"一带一路"绿色技术储备库，鼓励企业参与绿色"一带一路"建设。

强化科技支撑。我国应实施生态环境科技创新重大行动，把应对气候变化、新污染物治理等作为国家基础研究和科技创新重点领域，推动关键核心技术攻关；深入推进生态环境科技帮扶行动，推动污染防治、生态保护和修复、减污降碳、减振降噪等领域科技成果转化应用；加强国家环境保护重点实验室、工程技术中心、科学观测站等创新平台建设，鼓励高校、科研院所建设生态环境保护创新平台，加强人才培养，造就一支高水平生态环境科技人才队伍。

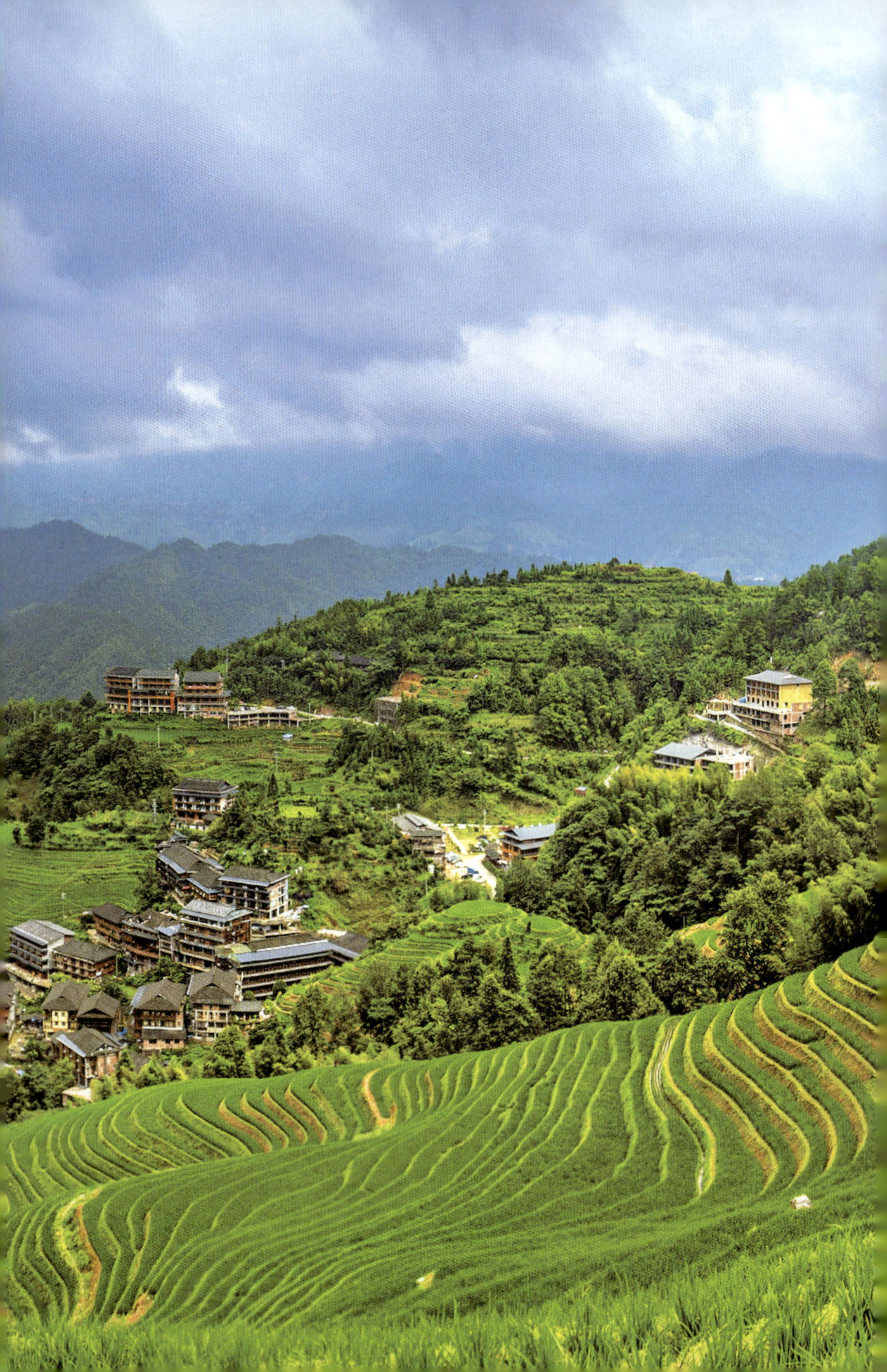

第六章 推进美丽全民行动 协同共建美丽中国

美丽中国

　　习近平总书记指出，生态文明是人民群众共同参与共同建设共同享有的事业，要把建设美丽中国转化为全体人民自觉行动。本章系统分析了新时期建立美丽中国多元共同参与行动体系的经验做法和典型模式，梳理了美丽中国建设的国家行动、地方行动、公众参与及全球环境治理方面的实践探索和主要成效，为社会各界参与美丽中国建设提供榜样示范和价值引领。全面推进美丽中国建设，需要构建政府、企业、社会组织和公众共同参与的全民共治体系，全面提升全民生态环境意识和生态文明素养，因地制宜探索特色建设路径，在全社会形成美丽中国建设共建共治共享、崇尚生态文明的良好局面，与国际社会共谋全球生态文明之路，共建清洁美丽世界。

一、建立多元共同参与行动体系

（一）积极拓宽宣传途径，为建设美丽中国提供精神支撑、舆论保障和行动力量

　　2018—2021年，生态环境部、中央文明办、教育部、共青团中央、全国妇联共同在全国范围部署开展了为期3年的"美丽中国，我是行动者"主题实践活动。3年里，各地生态环境部门组织开展活动近2万项，线上线下参与约15亿人次，短视频平台相关话题视频播放量达30.8亿次。中央文明办在全国范围推动新时代文明实践中心建设试点工作，将生态环境保护作为推进志愿服务工作的重要领域。教育部将生态文

明建设纳入国民教育体系,扶持一批生态环保主题研学实践教育基地,鼓励学生参与课外实践活动。共青团中央以"美丽中国·青春行动"为主题,开展保护母亲河、"三减一节"和垃圾分类行动,组织青少年踊跃参与生态文明实践。全国妇联以"绿色家庭"创建为载体,充分发挥妇女和家庭在生态文明建设中的重要作用。

为推进政府与学者之间开展美丽中国建设交流,在生态环境部指导下,中国环境科学学会、生态环境部环境规划院、中国生态文明研究与促进会、清华大学、北京大学、中国科学院生态环境研究中心等单位共同发起成立了"美丽中国百人论坛"。自2020年起已举办五届主题年会活动,通过召开跨部门、跨学科的高端学术会议,探索思路、创新思想、出谋划策、凝聚共识,推动生态文明理念传播,共造青山常在、绿水长流、空气常新的美丽中国。

生态环境部结合六五环境日宣传活动,宣传推选先进典型,举办专题论坛,开展前期预热和后续宣传活动,打造社会宣传"旗舰"品牌,增强宣传覆盖面和影响力。生态环境部创新开展新媒体宣传方式,陆续搭建起"两微十一号"政务新媒体平台,开展"从这里看见美丽中国""新年新气象"等网络宣传活动,组织重大活动网络评论工作,积极主动引导网络舆论;注重宣传产品制作推广,创作推出歌曲《让中国更美丽》,推动全系统树立产品意识;开展"美丽中国"主题摄影、书法、绘画作品征集活动,组织作家赴山西省、四川省、青海省、辽宁省、云南省等深入环保一线调研采风，引导文化文艺工作者和社会公众参与美丽中国建设。

（二）强化科技支撑，助力美丽中国建设，开展美丽中国生态环境保护战略与实施研究

2017年10月，生态环境部组织开展了生态环境保护2035年和美丽中国建设目标指标的技术研究，设立"美丽中国生态环境保护战略与实施"项目，研究提出新时代生态环境保护战略和实施方案，包括新时代生态环境保护的发展形势、主要矛盾、主要目标、重点领域战略路线图等，为"十四五"生态环境保护规划编制和美丽中国建设战略实施提供了支撑。

2019年2月，中国科学院A类战略性先导科技专项"美丽中国生态文明建设科技工程"正式启动。美丽中国专项围绕党的十九大关于美丽中国建设的战略部署，以关键技术集成和重大应用示范为主线，集成突破污染治理核心技术和设备的研制，提升生态系统修复和保护关键技术体系，创新区域生态环境协同治理和绿色发展模式以及生态文明建设状态检测和风险评估技术等，多尺度模拟美丽中国"2035年目标"和"2050年愿景"，并在京津冀、粤港澳、长江经济带等国家重大战略区域以及贵州省、四川省、吉林省等生态脆弱区，福建省、江西省等国家生态文明示范区开展集成示范。专项对标党的十九大美丽中国建设的科技需求，为美丽中国建设提供了科学图景和科学途径。

2020年8月,科技部启动国家重点研发计划"典型脆弱生态修复与保护研究"重点专项"'美丽中国'生态建设指标体系、评估方法及分区管理研究"课题。该课题为期三年,由中国科学院地理科学与资源研究所、生态环境部环境规划院等多家单位共同承担。课题以建立美丽中国生态建设的科学技术支撑体系为总目标,分析美丽中国生态建设的资源环境基础,从区域人地耦合的角度深入揭示美丽中国生态建设的科学内涵,明确美丽中国生态建设目标图景,研究面向国家生态安全保障建设的状态检测方法、战略框架和科技支撑体系,构建美丽中国生态建设的评估指标体系与评估方法,研制不同生态环境类型区生态保护与恢复的系统性技术方案和关键技术体系,开发美丽中国建设生态环境评估与展示平台。该项目支撑了美丽中国建设状态的动态诊断、路径设计和成效评估,实现了对"美丽中国"建设的全方位技术支持。

2021年4月,中国工程院启动"面向2035年的美丽中国建设战略与实施路线图研究"战略研究与咨询重点项目。项目由生态环境部环境规划院、浙江大学等单位共同承担,项目主要围绕构建美丽中国建设的阶段目标和战略路线,结合现代化建设目标,瞄准世界先进技术和发展水平,设定衔接有序、落地可行、更加积极引领的美丽中国建设目标指标体系和实施路径,以系统性、整体性和协同性研究完善美丽中国建设推进机制。以分区推进、制度创新和示范建设为抓手探索美丽中国建设战略体系,为中长期美丽中国建设提供科学决策支撑。

二、美丽中国建设的国家行动

"十四五"时期，我国进入新发展阶段，需要贯彻新发展理念，加快构建新发展格局。新发展阶段对美丽中国建设提出了新的要求。2021年以来，我国系统谋划生态文明建设和生态环境保护战略决策部署，聚焦绿色发展转型、环境治理、生态保护、应对气候变化、国家重大战略区域等，部署了一系列战略举措，形成了推进美丽中国建设的有机整体。

在绿色发展转型方面。2021年2月，《国务院关于加快建立健全绿色低碳循环发展经济体系的指导意见》要求"到2035年……广泛形成绿色生产生活方式，碳排放达峰后稳中有降，生态环境根本好转，美丽中国建设目标基本实现""建立'美丽城市'评价体系，开展'美丽城市'建设试点""打造干净整洁有序美丽的村庄环境"。2021年10月，中共中央办公厅、国务院办公厅印发《关于推动城乡建设绿色发展的意见》，指出"建设人与自然和谐共生的美丽城市""打造绿色生态宜居的美丽乡村"。2021年4月，中共中央办公厅、国务院办公厅印发《关于建立健全生态产品价值实现机制的意见》，要求"到2035年，完善的生态产品价值实现机制全面建立，具有中国特色的生态文明建设新模式全面形成，广泛形成绿色生产生活方式，为基本实现美丽中国建设目标提供有力支撑"。

在环境治理方面。2021年11月发布的《中共中央 国务院关于深入打好污染防治攻坚战的意见》要求"加快建设美丽粤港澳大湾区""深入推动生态文明建设示范创建、'两山'实践创新基地建设和美丽中国地方实践"。2021年12月,生态环境部联合有关部门印发《"十四五"土壤、地下水和农村生态环境保护规划》,要求"推动建设生态宜居美丽乡村,为建设人与自然和谐共生的现代化作出新贡献"。2022年1月,生态环境部联合有关部门印发《"十四五"海洋生态环境保护规划》,要求"展望2035年,沿海地区绿色生产生活方式广泛形成,海洋生态环境根本好转,美丽海洋建设目标基本实现……80%以上的大中型海湾基本建成'水清滩净、鱼鸥翔集、人海和谐'的美丽海湾"。2022年7月,生态环境部印发《"十四五"环境健康工作规划》,要求"巩固提升环境健康工作能力和水平……协同推进健康中国和美丽中国建设"。2023年12月,《中共中央 国务院关于全面推进美丽中国建设的意见》提出要"坚持要素统筹和城乡融合,一体开展'美丽系列'建设工作,重点推进美丽蓝天、美丽河湖、美丽海湾、美丽山川建设,打造美丽中国先行区、美丽城市、美丽乡村,绘就各美其美、美美与共的美丽中国新画卷"。

在生态保护方面。2021年10月,中共中央办公厅、国务院办公厅印发《关于进一步加强生物多样性保护的意见》,要求"将生物多样性保护理念融入生态文明建设全过程,积极参与全球生物多样性治理,共建万物和谐的美丽家园""到2035年……形成生物多样性保护推动绿色发展和人与自然和谐共生的良好局面，努力建设美丽中国"。2021年12月，国家发展改革委等部门印发《生态保护和修复支撑体系重大工程建设规划（2021—2035年）》，要求"切实谋划和实施好重大工程建设，加快推进自然生态领域治理能力和治理体系现代化进程，为加快建设生态文明和美丽中国、促进人与自然和谐共生提供有力支撑"。2022年1月，国家发展改革委、水利部印发《"十四五"水安全保障规划》，要求"到2035年……水生态空间得到有效保护，水土流失得到有效治理，河湖生态水量得到有效保障，美丽健康水生态系统基本形成"。2022年3月，生态环境部印发《"十四五"生态保护监管规划》，要求"守住自然生态安全边界，持续提升生态系统质量和稳定性，筑牢美丽中国根基"。自然资源部等部门印发《关于加强生态保护红线管理的通知（试行）》，要求加强生态保护红线管理，严守自然生态安全边界。

在应对气候变化方面。2021年9月，《中共中央 国务院关于完整准确全面贯彻新发展理念做好碳达峰碳中和工作的意见》要求"到2030年，经济社会发展全面绿色转型取得显著成效，重点耗能行业能源利用效率达到国际先进水平""到2060年，绿色低碳循环发展的经济体系和清洁低碳安全高效的能源体系全面建立……碳中和目标顺利实现，生态文明建设取得丰硕成果，开创人与自然和谐共生新境界"。2021年10月，《国务院关于印发2030年前碳达峰行动方案的通知》提出，推动经济社会发展建立在资源高效利用和绿色低碳发展的基础之上，确保如期实现2030年前碳达峰目标。2022年6月，生态环境部、国家发展改革委、科学技术部等17部门联合印发的《国家适应气候变化战略2035》要求"有效应对气候变化不利影响和风险，降低和减少极端天气气候事件灾害损失，助力生态文明建设、美丽中国建设和经济高质量发展"。2023年4月，国家标准化管理委员会等11部门联合印发《碳达峰碳中和标准体系建设指南》，明确了碳达峰碳中和标准化工作重点。

在国家重大战略区域方面。2021年1月，长三角一体化发展领导小组办公室印发《长江三角洲区域生态环境共同保护规划》，要求"共同建设绿色美丽长三角，着力打造美丽中国建设的先行示范区"。2021年11月，国家发展改革委印发《关于加强长江经济带重要湖泊保护和治理的指导意见》，要求"到2035年，长江经济带重要湖泊保护治理成效与人民群众对优美湖泊生态环境的需要相适应，基本达成与美丽中国目标相适应的湖泊保护治理水平，有效保障长江经济带高质量发展"。2022年2月，生态环境部、国家发展改革委、重庆市人民政府、四川省人民政府联合印发《成渝地区双城经济圈生态环境保护规划》，要求"构建人与自然和谐共生的美丽中国先行区"。2022年6月，生态环境部联合有关部门印发的《黄河流域生态环境保护规划》提出"本世纪中叶……幸福黄河目标全面实现，在我国建设富强民主文明和谐美丽的社会主义现代化强国中发挥重要支撑作用""挖掘黄河流域生态产品价值实现典型模式，鼓励地方开展美丽省区、美丽城市、美丽河湖、美丽海湾建设"。《粤港澳大湾区生态环境保护规划》提出，按照建设美丽中国先行区、国家绿色低碳发展示范区、生态文明建设深度合作试验区、城市圈生态建设样板区的要求，深入推进生态优美、蓝色清洁、健康安全、绿色低碳、治理创新、开放共享的大湾区建设。2023年2月，国务院印发《长三角生态绿色一体化发展示范区国土空间总体规划（2021—2035年）》，紧扣一体化和高质量两个关键，要求示范区促进绿色低碳发展，加快形成节约资源保护环境的空间格局和绿色生产生活方式。2023年6月，《关于协同推动绿色金融助力京津冀高质量发展的通知》印发，从体制机制、重点区域、产业项目、改革探索、风险防控、信息共享等方面提出重点任务，助力京津冀协同降碳、减污、扩绿、增长，实现高质量发展。

三、美丽中国建设的地方行动

围绕本地区美丽中国建设实践，各地牢固树立和践行"两山"理念，立足实际，注重地域特征，分区分类推进美丽中国建设，形成了特色鲜明、各美其美的美丽中国地方建设模式。

（一）目标指标体系有序牵引美丽中国建设实践

美丽中国建设目标指标体系是体现美丽中国建设内涵，衡量建设工作成效、评估建设工作进程的关键标志，各地在开展美丽中国建设地方实践过程中，均制定了美丽中国建设地方实践的指标体系，明确了分阶段的目标值。

浙江省围绕建设向世界展示习近平生态文明思想的重要窗口、绿色低碳循环可持续发展的国际典范、绿水青山就是金山银山转化的实践样板、生态环境治理能力现代化的先行标杆、全民生态自觉的行动榜样5个方面，从美丽国土空间、美丽现代经济、美丽生态环境、美丽幸福城乡、美丽生态文化、美丽治理体系6个领域构建了35项美丽浙江建设指标体系，明确了2025年、2030年、2035年三个阶段的目标，力争到2035年全面高质量建成美丽中国先行示范区[1]。

山东省围绕建设绿色低碳转型发展先行区、陆海统筹生态保护样板区、黄河流域生态保护和高质量发展排头兵4个方面，从空间、经济、环境、生态、健康、城乡、人文、制度8个维度构建了34项美丽山东建设的目标指标体系，明确了2025年和2035年两个阶段的目标，力争到2035年全面建成人与自然和谐共生的美丽山东。

四川省围绕建设美丽中国先行示范区、建设长江黄河上游生态安全高地、建设绿色低碳经济发展实验区、建设中国韵巴蜀味宜居示范区4个方面，从魅力空间、锦绣家园、绿色经济、宜人环境、自然生态、巴蜀文化、治理体系7个方面构建了美丽四川建设的指标体系，明确了2025年、2030年和

2035年三个阶段的目标，力争到2035年美丽四川建设基本实现。

深圳市围绕高水平建设都市生态、高标准改善环境质量、高要求防控环境风险、高质量推进绿色发展、高品质打造人居环境、高效能推动政策创新、高站位参与全球治理等方面，从优美生态、清新环境、健康安全、绿色发展、宜居生活5个维度构建了22项目标指标体系，明确了2025年和2035年两个阶段的目标，提出2035年成为竞争力、创新力、影响力卓著的全球生态环境标杆城市。

（二）规划先行，统筹谋划美丽中国建设实践

美丽中国建设是一场包括发展方式、生活方式、治理体系等在内的深刻变化，需要系统化、有序化推进。各地在美丽中国建设过程中，均把规划、方案的实施作为统筹和推进美丽中国建设的重要抓手，形成一届接着一届干、一张蓝图干到底的良好局面。通过对各省（区、市）和新疆生产建设兵团《国民经济和社会发展第十四个五年规划和2035年远景目标纲要》进行梳理，发现有29个地区均对美丽建设提出明确要求。

浙江省在2002年提出了生态省建设战略部署，要求以绿色浙江为目标，以建设生态省为主要载体，努力保持人口、资源、环境与经济社会的协调发展。2003年，浙江省成为全国生态省建设试点省份，将创建生态省作为"八八战略"的重要

组成部分，并印发实施《浙江生态省建设规划纲要》[2]，提出通过20年左右时间，把浙江省建设成为具有比较发达的生态经济、优美的生态环境、和谐的生态家园、繁荣的生态文化，可持续发展能力较强的省份。2012年，浙江省第十三次党代会上提出坚持生态立省方略，加快建设生态浙江的部署[3]；2017年，浙江省第十四次党代会提出"在提升生态环境质量上更进一步、更快一步，努力建设美丽浙江"目标。2019年，浙江省生态省建设试点通过生态环境部验收，建成全国首个生态省[4-5]。2020年，浙江省印发实施《深化生态文明示范创建 高水平建设新时代美丽浙江规划纲要（2020—2035年）》，部署未来15年浙江省建设美丽中国先行示范区的总体战略和实施路线图[6]。

杭州市早在2013年就开启了"美丽杭州"建设，为贯彻落实习近平总书记在2013年年初提出的"努力使杭州成为美丽中国建设的样本"重要指示精神，杭州市审议通过了《关于建设"美丽杭州"的决议》，率先提出了"山清水秀的自然生态、天蓝地净的健康环境、绿色低碳的产业体系、宜居舒适的人居环境、道法自然的人文风尚、幸福和谐的品质生活"的6个"美丽城市"目标体系；印发《"美丽杭州"建设实施纲要（2013—2020年）》及行动计划，率先从城市层级将"建设美丽中国"由宏伟愿景落实到行动纲领，开创了"美丽建设"由理念战略走向系统实践的新时代。2020年，杭州市进一步厚植良好生态的本底优势和美丽杭州建设的先行优势，继续在

美丽中国

美丽中国建设实践中发挥示范带头作用，颁布了《新时代美丽杭州建设实施纲要（2020—2035年）》及《新时代美丽杭州建设三年行动计划（2020—2022年）》，做精美丽中国样本，开启了新时代美丽杭州建设新篇章。

（三）重点领域协同推进美丽中国建设实践

美丽中国建设是一项涉及领域多、覆盖范围广的系统工程，各地在巩固拓展污染防治攻坚战成果的基础上，突出重点领域，建设美丽蓝天、美丽河湖、美丽海湾、美丽净土、美丽山川，建设美丽城市、美丽乡村、美丽园区，实现全领域整体和谐美丽。

北京市在美丽蓝天建设中，深度优化能源结构，推动产业结构绿色低碳转型，构建绿色交通体系防控机动车污染，强化京津冀及周边区域联防联控联治；从法律法规、标准制定、管理制度、产业政策、机制体制等方面不断完善大气环境治理体系。通过实施"清洁空气五年行动计划""蓝天保卫战三年行动计划"和"一微克"行动，北京市的空气质量大幅改善，于2021年实现全面达标。在此期间，北京市的细颗粒物浓度以每年约7微克/米^{3}的速度下降，改善速度之快得到国际社会广泛赞誉，得到了联合国环境署高度评价——认为北京市创造了特大城市大气污染治理的世界奇迹。

浙江省印发实施《浙江省美丽海湾保护与建设行动方案》，明确分区分类梯次推进全省34个美丽海湾保护与建设，以美丽海湾保护与建设为主线,围绕美丽廊道、美丽岸线、美丽海域和能力提升4个方面,通过示范引领和综合治理,推动海洋污染防治向生态保护修复和提升亲海品质升级,实现环境美、生态美、和谐美、治理美。其中,宁波市梅山湾、温州市洞头诸湾、台州市台州湾等海湾聚焦本地名片,分别提出建设滨海宜居型美丽海湾、蓝海保育型美丽海湾、滨海宜居型美丽海湾[7-8]。

云南省全面推动全省美丽幸福河湖建设,印发《云南省美丽河湖建设行动方案(2019—2023年)》《云南省河湖库渠健康评价指南(试行)》,以长江流域为重点开展全省底栖生物、浮游动植物等水生态监测,建立河湖库渠健康档案,科学修编"一河一策"方案,实施"一河一策"精准治理,每年落实1亿元的美丽河湖省级财政奖补资金,连续多年对美丽河湖建设各项任务完成较好的州(市)进行奖补。此外,云南省还开展绿美城镇、绿美社区、绿美乡村、绿美交通、绿美河湖、绿美校园、绿美园区、绿美景区8个方面绿美云南建设,将城乡绿化美化与推进新型城镇化、乡村振兴、发展全域旅游以及基础设施建设、生态文明建设、精神文明建设等有机结合起来,着力推进城乡面貌和人居环境改善。

成都市是国家环境健康管理试点的第一个副省级城市,在2019年9月被生态环境部确定为全国第二批国家环境健康管理试点城市,探索全国环境健康管理的"成都路径"。2020年,成都市生态环境局印发《成都市生态环境与健康管理试点工作实施方案》，确定 10 个县（市、区）先行先试，把环境健康工作纳入生态环境保护"十四五"规划。成都市率先成立成都环境与健康研究促进会，连续 3 年举办成都生态环境与健康大会；深入开展"保护生态环境　共享健康成都"主题活动，发布"环境与健康"公益短片，举办培训会；开展大气、水、土壤、地下水、固体废物等环境健康风险水平调查与评估，制订风险管控"一图一清单"，试点发布环境空气质量健康指数，开展大数据背景下生态环境因素的健康影响调查。

（四）探索创新，激发美丽中国建设实践活力

生态文明建设作为建设中国特色社会主义总体布局中的重要内容，是推进实现美丽中国建设目标的重要手段。2016 年以来，福建省、江西省、贵州省、海南省等地在生态文明建设中大胆探索、先行先试，形成了一批美丽中国建设实践的改革举措和经验做法。

在环境治理体系方面。福建省把解决百姓身边突出生态环境问题作为民生优先领域，建立生态环境、住建、自然资源、农业农村等部门联合攻坚机制，对群众反映的突出生态环境问题实行统一受理举报、统一编号登记、统一交办问题、统一信息公开、统一督察督办，建立"接转办督核"运行机制。联合攻坚以来，全省受理问题到期办结率达 100%。此外，省级财政统筹整合省级林业、生态环境等部门生态保护专项资金，形成统一的综合性生态保护补偿资金，用于对 23 个试点县上一

年度环境质量提升进行奖励。奖励资金与考核结果挂钩，倒逼各地从重完成任务向重环境质量转变。

在农村人居环境整治方面。海南省建立农村生活污水治理捆绑互促工作机制，对农村生活污水治理项目开设绿色通道，实行部门联动审批；统筹实施美丽乡村建设、厕所革命、生活垃圾治理等项目，发挥政策合力；因地制宜分类推进农村生活污水治理，对位于生态保护核心区、基础条件较好、列入重点发展范围的三类村庄实行优先治理，城镇近郊乡村纳入城镇污水管网，环境敏感且人口密集区域采取一体化设施收集处理，临海且地形复杂区域采取人工湿地处理，人口稀疏区域以尾水综合利用为主实行分散治理；建立"第三方＋农户"运维管理机制，委托第三方公司运营设备，聘用村民参与日常运维，实现设备共管、成果共享。

在生态保护与修复方面。江西省形成山地丘陵地区山水林田湖草系统保护修复模式，同步实施流域水环境保护与整治、矿山环境修复、水土流失治理、生态系统与生物多样性保护、土地整治与土壤改良系统治理五大工程。创新生态修复模式，实施"山上山下、地上地下、流域上下游"同时治理。在治理后的废弃矿区种植经济林果、发展生态旅游，实现变废为宝，助力乡村脱贫与振兴发展。江西省遂川县、湖南省桂东县和炎陵县组建湘赣两省"千年鸟道"护鸟联盟，协同推进候鸟保护、打造"千年鸟道"品牌。

在生态补偿方面。贵州省联合云南省、四川省两省签订赤水河流域横向生态补偿协议，建立跨省流域生态协商补偿机制。云贵川三省按照1：5：4比例共同出资2亿元设立赤水河流域横向生态补偿资金，根据赤水河干流及主要支流水质情况界定三省责任，按3：4：3的比例清算资金。三省轮值召开年度赤水河流域生态环境保护工作协调会，在贵州省和四川省省内设立多个监测断面，实施联合监测，监测数据用于年终清算。此外，建立重要水源工程生态补偿机制，在黔中水利枢纽工程上下游流域政府之间建立以财政转移支付为主要方式的横向补偿机制，用于水源地保护、工程设施保护及流域内山水林田湖草生态保护修复工作。

四、美丽中国建设的公众参与

我们要坚持全社会共同参与、共同建设、共同享有的美丽中国建设理念，拓展以政府为主的工作体系，注重调动群众、社会积极性。美丽中国的建设离不开全社会的共同努力，近年来，生态环境宣教工作在倡导绿色生产生活方式、推动全民建设美丽中国等领域承担了更多的责任，初步构建了政府、企业、社会组织和公众共同行动的美丽中国建设全民组织体系。社会各界不断深化习近平生态文明思想研究阐释，全国生态环境宣教系统结合社会活动、国际交流、培训等工作，开展形式丰富的宣传活动，习近平生态文明思想和美丽中国理念已深入人心、走向世界，全方位影响着生产、生活方式转型，树起了新时代思想旗帜。

美丽中国建设旨在创建优美的自然环境和良好的生态系统，为人们创造一个健康、舒适、宜居的生活空间，而绿色低碳生活则是实现这一目标的必要手段，两者之间互为支撑、相互促进。越来越多的市民选择绿色低碳的生活方式，绿色出行、绿色消费、出门见绿，绿色低碳的生活习惯成为新风尚。生态环境部宣传教育中心牵头发起成立的"碳普惠合作网络"，在课题研究、宣传教育、试点示范、标准制定等方面开展工作，为推动全国碳普惠工作开展发挥促进作用。各地生态环境部门通过向公众开放环保设施，组织、鼓励生态环境志愿服务，引导、培育环保社会组织开展公益服务等途径，不断培植生态环境保护的公众参与力量。环保设施向公众开放方面，线上线下共接待群众超亿人，全国各地创建众多生态环境宣传教育实践基地，极大地激发了公众参与美丽中国建设的积极性和主动性。

生态环境部开展的"低碳中国行""清洁美丽中国行"等品牌宣传活动得到媒体的广泛报道，取得良好的社会反响。生态学校、自然教育、"双碳"教育、"无废校园"等项目活动引导青少年深植生态文明理念。全国中学生水科技发明比赛和环丁青少年环保创意大赛等辐射全国的青少年环境科技赛事影响力逐年上升。生态环境职业教育顶层设计不断完善，力促产教融合。以生态环境部党校、生态环境人才队伍建设为抓手的干部培训覆盖了生态环境保护系统干部队伍，援外培训、社会培训在加强环保国际交流和社会各界环境保护政策法规知识等领域发挥补充作用。

美丽中国

广东省紧扣"美丽中国，我是行动者"活动主题，将其内容纳入《广东省打好污染防治攻坚战三年行动计划（2018—2020年）》等文件，明确要求通过深入校园、社区、农村、机关、企业开展环境宣教、科普益民主题实践活动，推动全社会形成文明健康绿色环保生产生活方式。目前，广东省在全省行政区域内21个地级以上城市，119个县级行政区开展了"美丽中国，我是行动者"主题实践活动，省、市、县各级共组织开展近千场线上线下主题实践活动，线上线下参与人数近450万人。截至2022年年底，广东省共建成省级环境教育基地220个。

重庆市围绕"美丽中国，我是行动者"主题，开展丰富多彩的进机关、进学校、进企业、进社区生态文明宣传活动；强化川渝环保宣传联动，"美丽川渝"六五环境日系列活动，开展"同饮一江水，共护长江源"川渝两地主播说环保活动；持续开展生态环境保护志愿服务，形成"市级总队+区县（直属）服务队+若干志愿服务队"的三级志愿服务队伍体系；聚焦坚决打好污染防治攻坚战、乡村振兴、"无废城市"建设试点等重点工作，开展志愿服务活动上千次；率先出版全国首套中小学生态文明教材，在全市中小学中循环使用。

湖州市全面启动"在湖州看见美丽中国"实干争先主题实践活动，以党员干部、企业家和群众为实践主体，以高水平打造实力新湖州、活力新湖州、品质新湖州、人文新湖州、美丽新湖州、幸福新湖州为实践目标，以六个"比一比"推进实干争先。聚焦区县、部门、镇街、企业、干部、群众六条赛道，湖州市开展区县比贡献、部门比服务、镇街比实绩、企业比发展、干部比担当、群众比风尚"六比竞赛"，全方位、多维度、立体化展示"在湖州看见美丽中国"。

五、积极参与　共建清洁美丽世界

我国秉持人类命运共同体、人与自然生命共同体、地球生命共同体理念，落实全球发展倡议，主动承担与国情相符的国际责任，推动构建公平合理、合作共赢的全球环境治理体系，成为全球多边环境进程的倡导者、环境治理规则的制定者，全球公共产品的供给者，与国际社会一道共同推动全球发展迈向平衡协调包容新阶段，共谋全球生态文明之路，为共建清洁美丽世界做出积极贡献。

2021—2022年，联合国《生物多样性公约》第十五次缔约方大会（COP15）两阶段会议成功举办，我国作为COP15的主席国，引领国际社会推动达成"昆蒙框架"。这个"框架"历史性地描绘了2050年"人与自然和谐共生"的愿景，历史性地决定设立"框架"基金，历史性地纳入遗传资源数字序列信息（DSI）的落地路径，为全球生物多样性治理擘画了蓝图、确定了目标、明确了路径、凝聚了力量。这是我国首次领导联合国重要环境条约谈判并取得成功，得到国际社会广泛赞誉。第二阶段会议期间设"中国角"，举办了30余场边会活动、8个省份的特色活动，大力宣传了习近平生态文明思想，得到参会各方的积极响应和高度评价。

在参与全球环境治理方面，2019年4月，我国成功举办第二届"一带一路"国际合作高峰论坛绿色之路分论坛，5项成果纳入"高峰论坛成果清单"。同年6月，我国在浙江省成功举办联合国世界环境日全球主场活动。我国还启动并不断完善"一带一路"绿色发展国际联盟和生态环保大数据服务平台。截至2022年年底，已有来自43个国家的近160家机构成为绿色联盟合作伙伴。我国认真履行《蒙特利尔议定书》《巴塞尔公约》《鹿特丹公约》《斯德哥尔摩公约》《关于汞的水俣公约》《伦敦公约》等国际环境公约，推动相关公约修正案批约，积极参与塑料污染国际文书政府间谈判。通过积极参与全球治理体系改革和建设，落实"一带一路"倡议、全球发展倡议，我国在服务国家外交大局和生态环境保护中心工作上取得积极进展和显著成效，环境领域国际影响力大幅跃升。

在与重点国家、国际组织和机构合作方面，2018年，习近平主席在中非合作论坛北京峰会上提出实施中非绿色发展行动，加强在环境政策、污染防治、气候变化、海洋保护等方面合作，启动了中非环境合作中心。2019年我国与法国共同发布《中法生物多样性保护和气候变化北京倡议》，加强双方在生态环保、气候变化和生物多样性保护领域合作。2020年起，中欧领导人建立了中欧环境与气候高层对话，打造中欧绿色合作伙伴关系，形成中欧环境与气候高层对话联合新闻公报等系列成果。2022

年，在国合会 2022 年年会暨国合会 30 周年纪念活动中，讨论形成了国合会给中国政府的政策建议，为"十四五"规划编制等提供决策支撑，进一步夯实了国合会全球包容、开放合作、互惠发展的新型环境与发展国际合作平台作用。

参考文献

[1] 沈满洪，谢慧明，等. 生态文明建设浙江的探索与实践[M]. 北京：中国社会科学出版社，2018.

[2] 浙江省人民政府关于印发《浙江生态省建设规划纲要》的通知[J]. 浙江政报，2003（30）：9-26.

[3] 中共浙江省委关于建设美丽浙江创造美好生活的决定[J]. 今日浙江，2014（10）：13-19.

[4] 国家发展改革委有关负责同志就《中共中央国务院关于支持浙江高质量发展建设共同富裕示范区的意见》答记者问[J]. 政策瞭望，2021（6）：23-26.

[5] 郭占恒. 从"腾笼换鸟，凤凰涅槃"看"高质量发展"[J]. 浙江经济，2022（10）：20-24.

[6] 王夏晖，刘桂环. 解读美丽浙江规划纲要[N]. 中国环境报，2020-08-19（3）.

[7] 彭佳学. 浙江"五水共治"的探索与实践[J]. 行政管理改革，2018（10）：9-14.

[8] 浙江省生态环境厅. 2021 年浙江省生态环境状况公报[EB/OL]. [2022-06-06]. http://sthjt.zj.gov.cn/art/2022/6/6/art_1229263301_4933639.html.

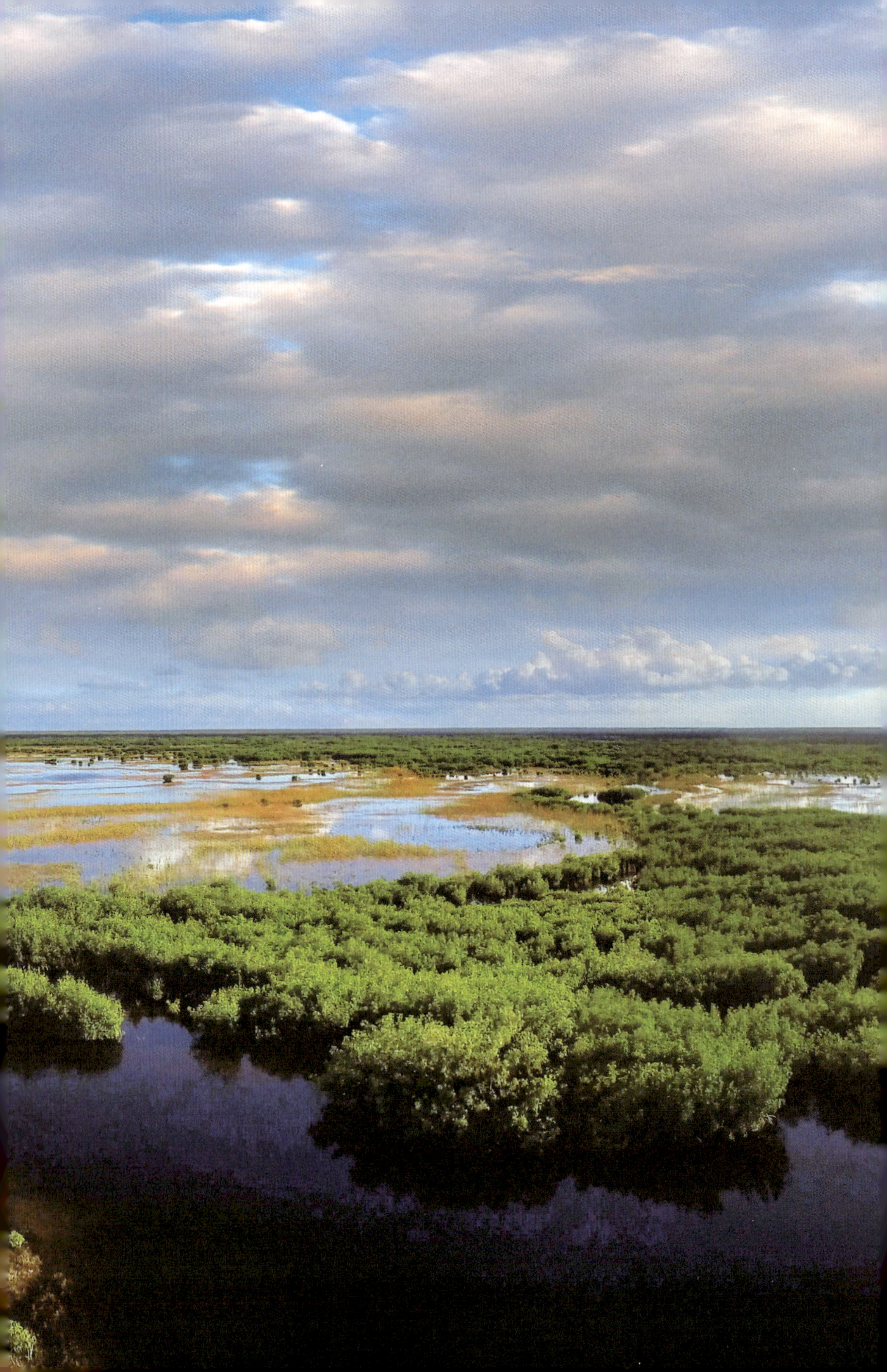

第七章 先行美丽建设示范 建设美丽省城样板

美丽中国

为深入推进美丽中国建设实践，党的十八大以来，各省牢固树立和践行"两山"理念，立足实际，注重地域特征，积极探索省级美丽中国建设范例和"各美其美、美美与共"的建设路径，浙江省、福建省、山东省、四川省、江西省等省份形成了特色鲜明、形式多样的建设模式，为新时代新征程上推进人与自然和谐共生的现代化提供了宝贵的实践样本。

一、美丽浙江实践和成果

浙江省地处中国东南沿海长江三角洲南翼"七山一水两分田"的地理条件下。改革开放后，浙江省经济总量由1978年的第12位上升到2002年的第4位，率先进入了加快推进工业化、城市化、信息化、市场化和国际化的新阶段。作为经济先发地区，浙江省较早遇到了经济发展与生态环境保护的尖锐矛盾。2002年12月，时任浙江省委书记的习近平同志在浙江省委十一届二次全会报告中提出了生态省建设战略部署，明确要求"以建设'绿色浙江'为目标，以建设生态省为主要载体，努力保持人口、资源、环境与经济社会的协调发展"。2003年1月，原国家环境保护总局将浙江省列为全国第5个生态省建设试点。同年6月，浙江省第十届人民代表大会常务委员会第四次会议通过《浙江省人民代表大会常务委员会关于建设生态省的决定》。同年7月，浙江省委十一届四次全会将生态省战略作为"八八战略"的重要组成部分。同年8月，浙江省人民政府印发《浙江生态省建设规划纲要》，明确了到

2020年建成生态省的总体目标和启动（2003—2005年）、推进（2006—2010年）、提高（2011—2020年）三个阶段的建设任务，立足既有生态优势重点部署了五大体系十大工程。同时，浙江省通过组织领导、政策法规、体制创新、市场运作、社会参与、对外开放六大措施为生态省建设提供保障。

（一）美丽浙江建设主要行动

2012年11月，党的十八大报告明确提出以"美丽中国"为目标的生态文明建设思路。2014年5月23日，对标建设"美丽中国"重大国家战略，浙江省委十三届五次全会做出了《关于建设美丽浙江创造美好生活的决定》，指出建设美丽浙江、创造美好生活，是建设美丽中国在浙江省的具体实践，也是对历届省委提出的建设绿色浙江、生态省、全国生态文明示范区等战略目标的继承和提升，并对到2020年的建设目标和重点任务进行了部署。2017年，浙江省第十四次党代会提出"在提升生态环境质量上更进一步、更快一步，努力建设美丽浙江"目标。2018年，浙江省政府工作报告提出，全面实施生态文明示范创建行动计划等富民强省十大行动计划。2020年，浙江省在全省高水平建设新时代美丽浙江推进大会上发布了《深化生态文明示范创建　高水平建设新时代美丽浙江规划纲要（2020—2035年）》，延续和深化浙江省生态省建设，要求基于人民群众生态需求的快速递增和我们党为人民服务的根本宗旨，把生态文明建设的目标提升到美丽浙江建设的高度，谋划生态文明建设浙江样板，勇当2035美丽中国建设排头兵。

1. 重点领域持续发力，夯实生态文明建设基础

以"多规合一"和生态空间管控推进发展格局优化。浙江省开展"多规合一"深度融合，统筹考虑生产、生活和生态"三生"空间布局，初步划定全省生态保护红线、永久基本农田、城镇开发边界三条控制线，生态环境领域"三线一单"工作全面推开。

以循环经济"991"行动建设资源节约型省份。浙江省全面实施循环经济"991"行动计划，构建了一套省域层面资源产出率统计、评价体系。

以"腾笼换鸟、凤凰涅槃"的思路推动经济绿色高质量发展。浙江省加快各设区市主城区内重污染企业搬迁改造，推动传统产业向园区集聚集约发展，系统推动转型升级提质增效，培育新经济业态，不断深化"腾笼换鸟"。通过"四换三名"等战略，推动块状行业集聚集约、依法规范和提质增效升级发展，大力发展高附加值、低能耗、低污染产业，强化传统产业转型升级和改造提升，逐步实现"凤凰涅槃"。

以"千万工程"推进美丽乡村建设和乡村振兴。浙江省持续推动"千万工程"模式，从解决群众反映最强烈的农村环境综合整治出发，到改水改厕、村道硬化、污水治理等提升农村生产生活的便利性，到实施绿化亮化、村庄综合治理提升农村形象，再到实施产业培育、完善公共服务设施、美丽乡村创建提升农村生活品质，先易后难，逐步延伸。

以"811"生态环保行动和"五水共治"推进生态环境治理。浙江省依托四轮"811"生态环保行动持续推进环境污染综合整治，同时以"河畅、水清、岸绿、景美"为目标，打出了"五水共治"系列组合拳。

以大花园为普遍形态全域打造诗画浙江。浙江省因地制宜推进国家公园、美丽乡村、美丽城市、美丽田园、美丽园区和美丽海岛建设，着力打造"诗画浙江"，全域打造彰显诗画江南韵味的美丽城乡。

以"绿色+""生态+"培育生态文化建设。浙江省大力传承和弘扬优秀礼仪文化、农耕文化、民俗文化、非物质文化以及兼具乡土气息和开放特质的乡村生态文化；将资源节约和环境保护意识为核心的生态文化逐步渗透到学校教育、家庭生活、企业经营和政府决策之中，不断提升生态文明建设的公众认同感和参与度。

以"最多跑一次"撬动生态文明领域改革。浙江省以"最多跑一次"为牵引，深入推进环境审批制度改革，省级特色小镇、省级及以上开发区（产业集聚区）全面推行"区域环评+环境标准"改革。

以"河长制"推动流域整体联动与梯级管控。制定了全国首个省级"河长制"专项法规《浙江省河长制规定》，建立"省—市—县—乡—村"五级联动的"河长制"创新模式，并将"河长制"延伸到小微水体，实现水体全覆盖。

协同推进"四边三化"+"三改一拆"，优化城乡人居环境。浙江省将省内公路边、铁路边、河边、山边"四边区域"及旧住宅区、旧厂区、城中村、违法建筑进行洁化绿化美化和整体改造工作，与推进新型城市化和新农村建设、生态浙江和美丽浙江建设、改善城乡群众住房条件与居住环境、优化国土资源开发利用等工作紧密结合，全面改善省内整体环境面貌。

以"山海协作工程"促进区域协同发展。浙江省推动省内发达地区与欠发达地区对口协作，引导鼓励发达地区产业向欠发达地区转移辐射、促进欠发达地区劳务输出，推动海洋经济与陆域经济联动发展。

2. 明确美丽中国先行示范区建设目标和定位

2020年发布的《深化生态文明示范创建 高水平建设新时代美丽浙江规划纲要（2020—2035年）》在延续和深化浙江省生态省建设的基础上，围绕"全面建成美丽中国先行示范区，努力建设展示人与自然和谐共生、生态文明高度发达的重要窗口"，从美丽国土空间、美丽现代经济、美丽生态环境、美丽幸福城乡、美丽生态文化和美丽治理体系6个维度构建新时代美丽浙江"六面体"，明确了新时代美丽浙江建设的总体目标和重点任务。

美丽浙江建设分为三个阶段推进，近期目标突出定量约束，中期目标突出成效，远期目标突出愿景描绘。近期（到

2025年）目标为：生态文明建设和绿色发展先行示范，生态环境质量在较高水平上持续改善，基本建成美丽中国先行示范区。中期（到2030年）目标为：美丽中国先行示范区建设取得显著成效，为落实联合国可持续发展议程提供浙江样板。远期（到2035年）目标为：高质量建成美丽中国先行示范区，天蓝水澈、海清岛秀、土净田洁、绿色循环、环境友好、诗意逸居的现代化美丽浙江全面呈现。

对标国际可持续发展的先进水平，浙江省形成了突出浙江特色、立足全国、面向国际的五个战略定位：一是向世界展示习近平生态文明思想的重要窗口；二是绿色低碳循环可持续发展的国际典范；三是"绿水青山就是金山银山"转化的实践样板；四是生态环境治理能力现代化的先行标杆；五是全民生态自觉的行动榜样。

3. 突出浙江特色，推进六大美丽任务

浙江省突出时代特征，立足浙江特色，以高质量打通"两山"转化通道为切入点，从美丽国土空间、美丽现代经济、美丽生态环境、美丽幸福城乡、美丽生态文化、美丽治理体系6个方面全方位规划、系统谋划了6项美丽建设重点任务。

一是构建集约高效绿色的全省域美丽国土空间。浙江省坚持节约优先、保护优先、自然恢复为主的方针，优化国土空间开发和保护格局，统筹城乡融合、产业发展、资源利用和生态环境保护。浙江省通过科学布局"三区三线"、实施差异化的国土空间开发保护，实现现代化省域空间治理；以大湾区、大都市区、大通道、大花园建设为抓手，推动形成绿色高效的生产空间，加快建设集约紧凑的生活空间，优化绿色生产生活空间格局；加快构建以生态保护红线为核心、自然保护地为重要组成部分的省域生态安全格局，夯实生态安全基底；全面推进城市组团间绿廊建设、国土绿化行动、水域占补平衡、岸线整治和修复，完善生态保护网络，优化生态安全格局。

二是发展绿色低碳循环的全产业美丽现代经济。浙江省以数字经济"一号工程"、建设国家数字经济创新发展试验区为抓手，发挥"数字浙江"先发优势和"两山"实践先行优势，着力推动"互联网＋"、生命健康和新材料三大科创高地建设，创新发展现代生态农业、先进制造业、生态服务业，全面拓宽"两山"转化通道和实现路径。

三是建设天蓝地绿水清的全要素美丽生态环境。浙江省坚持全过程防控、全地域保护、全形态治理，全力打好升级版污染防治攻坚战，做好跨介质复合污染的协同控制，持续提升生态环境品质，满足人民群众日益增长的优美生态环境需要。

四是打造宜居宜业宜游的全系列美丽幸福城乡。浙江省抓住长三角一体化发展契机，对标国际生态城市，开展城市有机更新，从交通、建筑、绿化、智能化管理等方面全面提升城市功能品质，打造智慧绿色的未来社区；深入实施"百镇样板、千镇美丽"工程，加快建设环境美、生活美、产业美、人文美、治理美的新时代"五美"城镇，在生产生活领域双管齐下，强化城镇连城接乡纽带作用；以"标准化提升、品牌化经营、数字化融合"为新路径，全力推行升级版"千村示范、万村整治"工程，打造"一村一品""一村一韵"的新时代美丽乡村，协调推进乡村分类发展，建设诗意栖居的美丽乡村。

五是弘扬浙山浙水浙味的全社会美丽生态文化。浙江省坚持尊重自然、顺应自然、保护自然的生态价值观念，挖掘保护传统生态文化，弘扬倡导新时代"两山"文化，推进人文底蕴、自然文化和生态价值观念的全面融合，加快推动实现全民生态自觉，引领生态文化时代潮流，培养生态文化自信；挖掘保护生态文化资源，开展传统生态文化资源普查，梳理生态文化脉络，建设省级文化传承生态保护区，推动文化遗产以融入城市建设和文化产品的方式开展创造性转化与创新性发展，传承丰富生态文化价值。

六是完善科学高效完备的全领域美丽治理体系。浙江省坚持和发扬"纵向到底、横向到边"的组织管理优势，紧抓数字化转型，推动高质量发展的契机，围绕治理主体多元化、机构设置协同化、监管体系系统化、管理过程精细化、监管操作规范化、管理载体智慧化、价值实现市场化提出一系列专项和综合政策，全面构建系统完备、运行有效的浙江生态文明制度体系，把制度优势转化为治理效能，更高效地支撑美丽浙江建设。

4. 以六大工程七项保障推进美丽浙江实施

统筹部署美丽浙江 6 项重大工程，浙江省提出了一批具有基础性、引领性、示范性的重点项目。其中，美丽国土空间建设工程包括自然保护地建设、生态廊道建设、水生态安全屏障建设、国土空间绿化等内容；美丽现代经济建设工程包括新型数字基础设施建设、数字经济产业示范、农业生态绿色转型、制造业绿色改造提升、全域生态旅游建设等内容；美丽生态环境建设工程包括全面推进清新空气行动、深化"五水共治"碧水行动、土壤风险管控、全域"无废城市"建设、蓝色港湾建设、山水林田湖草生态系统保护与修复、生物多样性保护等内容；美丽幸福家园建设工程包括美丽城市建设、美丽城镇建设、美丽乡村建设等内容；生态文化弘扬工程包括浙味传统生态文化挖掘、"两山"文化弘扬和绿色低碳生活方式普及等内容；生态环境治理能力提升工程包括生态环境监管能力、生态环境风险应急预警能力、生态环境科技创新能力等内容。重大工程的设计和实施，有效保障了美丽浙江建设重点任务的切实执行。

同时，浙江省从 7 个方面为美丽浙江建设实施提供依据和保障。一是全面加强党的领导；二是强化法治保障；三是加大投入保障；四是严格评估考核；五是夯实科技支撑；六是强化宣传引导；七是加强国际交流。

（二）美丽浙江建设成效

浙江省以生态空间、生态经济、生态环境、生态社会和生态制度等领域为重点，全域推进生态文明建设，全省在地区生产总值快速增长的同时，生态环境质量持续改善，资源能源消耗大幅降低，生态环境状况综合指数稳居全国前列，生态文明制度创新领跑全国，在全国率先步入生态文明建设的快车道，经济强、生态好、百姓富的现代化发展格局初步形成，现代版"富春山居图"逐步呈现。

1. 合理协调的省域空间格局初步形成

通过优化完善分区管控，浙江省"三带四区两屏"的国土空间开发总体格局基本形成。浙江省构建了"三区一带多点"的生态保护格局。"多规合一"改革在全国率先破题，开化县获批全国首个县级"多规合一"空间规划。浙江省成为全国第一个"三线一单"省市县三级全覆盖的省份。"均衡浙江"格局初现，为共同富裕打牢基础。浙江省先后实施新型城市化、城乡一体化、山海协作、区域协调发展等战略，以四大都市区为主体、海洋经济区和生态功能区为两翼的区域发展格局基本形成，城镇化整体水平稳居全国第一方阵。

2. 绿色成为经济高质量发展的关键词之一

通过全面实施创新驱动发展战略、循环经济"991"行动计划、清洁生产行动计划以及"四换三名""三强一制造""八大万亿产业"等政策，浙江省科技含量高、资源消耗低、环境污染少的产业结构基本形成。一是绿色优质农产品供给能力显著增强。浙江省基本构建了主体小循环、园区中循环、区域大循环的生态循环农业发展格局，建设了一批"小而精、特而美"的"一村一品"示范村。二是制造业绿色化水平大幅提升。浙江省大力推进"低散乱"企业整治和"亩均论英雄"改革，节能环保产业总产值突破万亿元大关，2015—2021年，浙江省规上工业企业亩均税收由18.7万元增至32万元，提升71.1%。三是"数字浙江"建设成效显著，数字经济逐渐成为经济增长新引擎。浙江省新一代信息技术和制造业、农业生产、乡村治理深度融合，跨境电商、新零售、移动支付、互联网医疗、在线经济等新业态新模式蓬勃发展，"移动支付之省"建设走在全国前列。四是生态优势不断转化为"美丽经济"动能。全省统一打造"诗画浙江"旅游品牌，超过80%的市县将旅游业列为战略支柱产业，积极打造浙东唐诗之路、钱塘江唐诗之路、瓯江山水诗之路和大运河（浙江）文化带"四条诗路"黄金旅游带，打造景区带动型、农业观光型、民族风情型、温泉养生型、运动休闲型等各类景区村庄，推动美丽乡村建设与旅游融合发展。

3. 生态环境质量显著改善

浙江省由早期解决突出环境问题向全形态治理、全范围保护和全省域统筹转变，生态环境状况综合指数一直稳居全国前列。一是水环境不断提质升级。2017年全面消除劣Ⅴ类水质断面，2019年建成146条（个）浙江省"美丽河湖"，2020年全省地表水省控断面达到或优于Ⅲ类水质比例为94.6%，全省近岸海域一类、二类海水优良率达到历史最高水平。二是空气质量持续改善。2018年浙江省环境空气质量首次实现6项指标全部达到国家二级标准；2021年，浙江省设区市细颗粒物平均浓度为24微克/米^3，比2013年下降约40%，空气质量优良天数比率为94.4%，比2013年上升了26.4个百分点，"蓝天白云、繁星闪烁"正成为常态。三是土壤安全和固废污染防治工作稳定开展。浙江省建成由2000个监测点构成的省级永久基本农田土地质量地球化学监测网络，污染地块安全利用率达100%；在全国率先开展全域"无废城市"建设，2020年，城镇和农村生活垃圾无害化处理率均达100%，全省秸秆综合利用率达95%以上。四是好山好水生态底色不断稳固。浙江省建设"森林浙江"，国家森林城市数量位居全国第一，初步构建了湿地保护修复的良好格局；在全国率先探索建立自然岸线与生态岸线占补平衡机制，系统保护山水林田湖草海。五是积极应对气候变化，杭州市、宁波市、温州市、嘉兴市、金华市、衢州市六个城市成功入选国家低碳城市试点，丽水市获批国家气候适应型城市试点。

4. 生态文明全民共建共享格局逐渐呈现

浙江省始终坚持城乡融合，在全国率先开展全域大花园建设，城乡面貌显著改善。美丽乡村成为浙江省的靓丽金名片，城乡均衡发展水平列全国各省区首位。浙江省全面推进垃圾、污水、厕所"三大革命"大力推进美丽城镇建设，加快打造美丽乡村建设升级版。2018年9月，显著提升乡村人居环境的

"千村示范、万村整治"工程获联合国最高环保荣誉——"地球卫士奖"。绿色、低碳、循环的社会新风尚建设初见成效，生态环境保护人人参与、全民行动、共建共享成为浙江特色的生态文化重要内容。2011—2021年，浙江省共建立生态文化基地401个，打造了浙江杭州西溪国家湿地公园、浙江自然博物院、浙江雁荡山国家森林公园、中国杭州低碳科技馆4家"国字号"环保科普基地。2010年，浙江省在全国率先设立省级生态日，打造生态文化品牌。"家庭—学校—社会"的生态文明宣传教育格局逐步形成，广大村庄社区把环保行为规范写入民规民约，"环境保护公众参与"的嘉兴模式入选中国推动环境保护多元共治典范案例。

5. 生态文明制度创新引领改革潮流

浙江省以"最多跑一次"改革撬动生态文明制度建设，逐步形成了"党委统一领导、政府全面负责、部门依法履责、社会广泛参与"的制度格局。突出差异化政绩考评，对丽水、衢州、淳安等以生态功能为主的市县取消GDP考核；对党政领导班子开展生态省建设目标责任考核、自然资源资产离任审计、生态环境损害赔偿和终身责任追究等。依托"浙江环境地图"、河长制信息化平台等数字化工具系统，自动监测、信息公开、监督投诉、智慧执法、数据共享、电子化考核等功能日益完善，治理体系和治理能力现代化水平不断提高。创新实践生态保护补偿、环境权益交易、环境治理市场等环境经济政策工具，新安江跨省流域水环境补偿机制试点、省内的生态环保财力转移支付制度、全流域生态补偿等政策实施均为全国首例，排污权有偿使用和交易、用能权交易、水权交易、集体林权制度改革等制度建设走在了全国前列，通过实行财政综合奖补政策和省基础设施投资（含PPP）基金运作，支持重点领域政企合作项目，鼓励社会资本参与生态建设。通过政府专项资金持续引导绿色金融改革，2017年，湖州市、衢州市成功获批创建全国绿色金融改革创新试验区。

二、美丽福建实践和成果

福建省是习近平生态文明思想的重要孕育地和实践地。习近平总书记在福建省工作期间，亲自领导和推动了福建省改革开放和现代化建设事业，做出了一系列极具前瞻性、开创性、战略性的实践探索和理念创新。早在2000年，时任福建省省长的习近平同志就极具前瞻性地提出建设生态省的战略构想。20多年来，历届省委和省政府一任接着一任干，持续推进实施生态省战略，加快国家生态文明试验区建设，福建省生态文明指数连年位居全国前列，"清新福建"名片愈发亮眼，"机制活、产业优、百姓富、生态美"的新福建建设迈上新台阶。党的十八大以来，习近平总书记多次对福建省生态文明建设做出重要指示批示。2021年3月，习近平总书记在福建省考察期间，再次对福建省生态文明建设提出殷殷期盼，强调"绿色是福建一张亮丽名片。要接续努力，让绿水青山永远成为福建的骄傲"，为新发展阶段美丽福建建设指明了前进方

美丽中国

向，提供了根本遵循。

（一）美丽福建建设主要行动

美丽福建建设以习近平生态文明思想为指引，以坚持"生态优先、绿色发展""山海联动、优势互补""对外开放、合作共赢""生态惠民、共建共享""守正创新、改革驱动"为基本原则，围绕美丽中国示范省这一目标，提出至2035年美丽福建建设的时间表（图7.1）；以美丽城市、美丽乡村、美丽河湖、美丽海湾、美丽园区"五大美丽"为载体，提出建设路线图；从空间格局、现代经济、生态环境、生态文化、治理体系5个方面筑牢支撑，巩固生态文明福建优势，相应谋划多项建设行动并取得了一系列生态文明制度改革标志性成果，推动各项任务落地实施，确保美丽福建建设"内外兼修"，成就"清新福建、人间福地"的美丽愿景。

第一阶段（2021—2025年）
美丽中国示范省建设取得重大进展

以生态环境高水平保护促进经济高质量发展取得新成效，节能减排保持全国先进水平，生态环境质量继续稳定优良，在全方位推动高质量发展超越上迈出重要步伐。

出门见绿、推窗望绿、四周环绿的美丽风景线随处可见

第二阶段（2026—2030年）
美丽中国示范省基本建成

美丽中国建设的各项省域指标稳中有进，为中国落实联合国2030年可持续发展议程做出福建贡献。

绿意盈盈、景观优美、设施完善、宜居宜业的人居环境成为普遍形态

第三阶段（2031—2035年）
美丽中国示范省全面建成

生态文明建设在更高水平、更深层次、更宽领域融入福建省经济社会发展的各方面与全过程，绿色繁荣、和谐共生的现代化全面呈现。

空气清新、繁星闪烁、绿水长流、鱼翔浅底、鱼鸥翔集成为八闽大地的常态

▲图7.1 美丽福建建设的时间表

1. 五大美丽建设重点任务

（1）美丽城市

福建省坚持美在环境、美在山海、美在品质，立足山清水美和人文资源优势，营造宜居的生态环境，有序推动城市更新，增强城市韧性，提升城市智治水平，形成一城一韵的美丽城市格局。

一是绘就清新蓝，怡人绿的高颜值图景。福建省大力推进城市更新工程、新区组团工程、生态连绵工程、安全韧性工程，建设更多海滨城市、山水城市、公园城市，彰显城市山海特色；保护城市自然山形水势，系统设计城市重要结构性绿地、生态廊道，增强城市整体固碳能力，拓展城市绿色空间；推动运输工具装备低碳转型，优化交通运输结构，全面推行绿色施工和网格化监管，完善区域联防联控机制，守护城市蓝天白云；巩固提升福州市内河、厦门市筼筜湖等综合治理成效，因地制宜开展水体内源污染治理和修复，织密城市生态水网；探索固体废物优先源头减量、充分资源化利用、全过程无害化的良性治理模式，建设全域无废城市。

二是构建两大协同区绿色低碳幸福圈。福建省强化福州和厦漳泉两个都市圈快速通勤圈构建，优化城市道路功能和路网结构，推广以公共交通为导向的开发模式，构建绿色交通网络；推进既有建筑绿色化改造，优化建筑围护结构和空调、供水、照明等用能系统，降低建筑运行能耗、水耗，全面推广绿色建筑；统筹推进老旧小区、街区、片区精细化、连片化、低碳化更新，加强对城市空间立体性、平面协调性、风貌整体性、文脉延续性的管控，打造绿色低碳社区。

三是建设安全韧性的气候适应型城市。福建省统筹规划城市公共空间，建设源头减排、管网排放、蓄排并举、超标应急的城市排水防涝工程体系，提高城市安全韧性，增强气候变化适应能力；完善陆海空一体化气象观测体系，开展自然灾害综合风险调查评估，构建地质灾害智能化监测预警网络，提高自然灾害预警应急能力；提升信息化监管水平，全面落实土壤污染状况调查评估制度，探索"环境修复+开发建设"模式，实行建设用地全生命周期监管。

（2）美丽乡村

福建省推进乡村生态振兴，持续改善农村人居环境，优化村庄建设布局，提升乡村风貌和建设品质，打造清洁美丽田园，立足农业资源多样性和气候适宜优势，培育特色优势产业，走出乡村生态共富之路。

一是打造土净田洁的绿色家园。福建省推进农村饮用水水源保护范围划定、环境状况评估以及生态环境问题排查整治，全面保障农村供水安全；构建集污水、垃圾处理处置设施为一体的农村环境基础设施体系，推进农村厕所粪污无害化处理与资源化利用、农村生活垃圾干湿分类；健全从农田到餐桌的全链条农产品质量安全体系，推进集中连片的生态茶果园建设，发展节能低碳农业大棚，落实秸秆还田离田支持政策，推进种植业绿色发展；实施畜禽粪污资源化利用提升工程，持续开展生态健康养殖模式推广行动、养殖尾水治理模式推广行动、水产养殖用药减量行动、配合饲料替代幼杂鱼行动和水产种业质量提升行动，促进养殖绿色循环发展。

二是塑造恬静舒适的乡村新貌。福建省统筹编制"多规合一"的实用性村庄规划，综合考虑主导产业、人居环境、生态保护等因素，分类推进村庄人居环境整治提升，优化省域村庄建设布局；通过生态修复、林相改造和景观提升，持续推进森林绿化、美化、彩化、珍贵化，打造"村在林中"宜居家园；加强农村住宅建设风貌引导，植入地域特色文化，提升既有建筑风貌，活化利用老旧建筑，推动形成各具特色的村庄形态，凸显乡村地域特色风貌。

三是融合茶文农旅的富民产业。福建省推进特色农业集聚提升，培育农业知名品牌，增加农业绿色产品供给，发展现代高效生态农业；巩固脱贫攻坚成果，接续乡村振兴，加快推动乡村生态产品价值实现，拓宽生态富民渠道；开展乡村产业振兴试点工程，统筹农业文化、农业产业、农业科技，挖掘乡村文化资源，探索农业生态游，促进乡村文旅深度融合。

（3）美丽河湖

福建省加快构建现代化可持续水资源配置体系，加强河湖岸线、湿地保护和修复，增强水安全保障能力，维护河湖健康，统筹推进水资源、水生态、水环境协同治理，持续打造江河安澜、河川秀丽、人民满意的幸福河。

一是呵护水盈河畅的纵横水系。福建省制定水源涵养区村庄和茶果园退出机制,深入推进水土流失综合治理;科学开展水源涵养林建设,分类实施坡耕地退耕还林还草,提升源头水源涵养能力。建立健全河湖生态流量监测预警体系,加快平潭及闽江口水资源配置工程建设,积极推进跨流域跨区域的重大水资源配置工程,优化区域水资源配置;全面落实水资源消耗总量和强度双控制度,推进节水型城市建设,提高水资源利用效率;开展地下水取用和环境状况专项调查,以化工园区、危险废物处置场等为重点,实施地下水污染源防渗改造和风险管控,开展龙岩地下水污染防治试验区建设,保护与合理利用地下水资源。

二是畅通生生不息的碧水廊道。福建省持续完善重要河湖生态流量保障实施方案,建立智慧治水护水新模式,按照退出、整改、完善三类实施水电站分类整治,保障河湖生态流量;明确重点河湖沿线农业面源、初期雨水污染主要区域,强化河湖岸线用途管制,因地制宜推进河湖生态缓冲带建设;加快构建集外源污染控制、生态拦截、生态水位调控于一体的水生态安全防控体系,强化河湖风险防范;加强流域水库群联合调度,建设完善山洪沟所在小流域的山洪灾害防治体系,实施城区防洪治涝及水系连通工程,有效防控水灾害。

三是营造鱼跃人欢的亲水空间。福建省开展入河(湖)排污口整治,优先实施流域干流、重要支流、重点湖泊排污口"查、测、溯、治、管",持续提升河湖水环境质量;开展河湖岸线系统整治,有效维护河湖整体形态和生态功能,确保防洪安全,打造高品质亲水生态景观;做好水文化遗产的保护传承与现代治水文化的创新发展,弘扬地域特色治水文化;发挥各地水文化价值,凸显区域特色,延续历史文脉,创造更多的水文化品牌,丰富水文化产品供给。

(4)美丽海湾

福建省坚持以海定陆、协同共治,深化污染减排和生态扩容,建立从源头至末端的全链条海洋治理体系,系统推进海洋生态保护修复,加快发展海洋蓝色碳汇,拓展近海亲水空间,打造海洋生态文明标杆。

一是实施陆海统筹的一体化防治。福建省构建"流域—河口—近岸海域"污染防治联动机制,"四源齐控"强化源头减排,深化陆域污染排查整治;严格港口船舶污染控制,实施海水养殖绿色转型升级,依法实施涉海工程建设项目排污许可制度,加强海上污染分类整治;分区分类实施重点海湾河口环境污染综合治理,推进海湾环境质量改善;优化构建陆海统筹、整体保护、系统治理的海洋生态环境分区管治格局,梯次推进美丽海湾建设;开展港口码头风险源排查评估,扩充应急物资和防护装备,防控近海赤潮、海水侵蚀与咸潮上溯,建设海洋全方位综合感知一体化通信网络,统筹配置陆海一体化生态环境监测力量,防范海洋生态环境风险。

二是维护鸥鹭翔集的自然海岸线。福建省推进"蓝色海湾"综合整治工程和滨海、河口湿地修复工程,加大对红树林、珊瑚礁、海湾、入海河口等典型生态系统保护力度,加强海洋生态保护修复;加强沿海地方区域标志性关键物种及其栖息地的调查和保护监管，强化互花米草综合治理，推进重点海湾河口候鸟迁徙路径栖息地保护修复，推进人工鱼礁及海洋牧场建设，强化海洋生物资源养护；开展海水养殖增汇、湿地增汇试点，探索海洋碳汇交易试点，开展气候变化对红树林等典型生态系统保护修复的影响评估，提升海洋"蓝碳"能力。

三是打造亲海乐海的滨海风光带。福建省全面推广宁德市海上绿色养殖和厦门市海漂垃圾综合治理模式，建立完善"源头控、岸上管、流域拦、海面清"的海漂垃圾综合治理机制；加强巡河管护，严控陆源垃圾入海；以沿海城市毗邻的海湾海滩为重点，实施亲海岸滩"净滩净海"工程，增加亲水岸线和生活岸线，拓展公众亲海空间；以国道228福建省境内段为重点，打造视域景观优美、配套体系完善、沿线体验丰富的国内一流品质的滨海风景道，优化滨海生态景观；加强海洋民俗、渔家文化等海洋文明传承，塑造海洋旅游文化品牌，"一港一特色、一岛一主题"高水平建设展示渔家风情的文化长廊、生态海岸、旅游渔港。

（5）美丽园区

福建省坚持高端化、低碳化、循环化、生态化、智慧化，合理布局园区空间，完善园区环境基础设施，提高资源循环利用水平，创新智能管理模式，推动园区成为绿色低碳发展和数字化升级相融并进的经济增长引擎。

一是集聚现代产业抢占绿色先机。福建省充分考虑资源禀赋、环境容量、区位优势、产业基础和区域分工协作等因素，做好园区产业定位，做大做强优势产业，统筹园区发展定位；促进龙头企业与配套企业供需对接，推进沿海地区产业向山区梯度转移，推动闽东北、闽西南两大协同发展区内外联动；探索推进减污降碳协同增效，优化园区功能分区。

二是加快低碳变革激发绿色动能。福建省推动工业废水循环利用，构建园区内水污染物多级环境防控体系，实施污染溯源管理，推进污水处理设施分类管理和提标改造，全面建设"污水零直排区"；逐步提高活性炭吸附装置的综合利用处理率，实施挥发性有机物治理工程、超低排放改造、低碳技术示范工程等，着力打造"清新园区"；加快推进先进适用回收技术、资源综合利用技术的推广应用，加强园区循环化改造，探索建设"无废园区"；推进园区用水系统集成优化，优化园区能源结构，鼓励企业采取工艺改进、能源替代、节能提效、综合治理等措施，加快建设"集约园区"。

三是普及数字信息赋能绿色转型。福建省建立园区联动统一的数字化管理平台，建立企业碳排放和重点产品碳足迹基础数据库，完善重点工业园区挥发性有机物自动监测监控体系，优化园区水质和土壤环境监测点，全面普及园区智能监控体系；推进"智慧工厂""无人工厂"建设，实现园区企业云平台全覆盖，加快企业数字化转型；加强园区内企业间合作，整合数据资源，融合服务模块，推动智慧园区纳入"城市大脑"，创新园区可持续管理模式。

2. 五大支撑建设重点

福建省突出绿色转型，统筹谋划碳达峰碳中和，通过加快产业结构调整、优化能源结构、夯实空间绿色管控、守牢生态环境底线、焕发生态文化底蕴、深化环境治理改革，为全地域、全领域、全要素建设美丽福建提供有力支撑。

一是夯实魅力国土空间基底。福建省以资源环境承载能力和国土空间开发适宜性评价为基础，科学布局农业、生态、城镇和海洋等功能空间，统筹各类资源要素布局，建设生产空间集约高效、生活空间宜居适度、生态空间山清水秀，安全和谐、富有竞争力和可持续发展的美丽国土空间格局。

二是发展壮大绿色低碳产业。福建省加快构建现代绿色低碳能源体系，深度调整产业结构，促进产业低碳发展，立足农业资源多样性和气候适宜优势，培育特色优势产业，探索绿色转型发展的新业态新模式。

三是守牢生态环境安全底线。福建省深入推进生态环境分区管控落地实施，加强"三线一单"成果在政策制定、环境准入、园区管理、执法监管等方面的应用，加强生态保护监管，系统推进山水林田湖草沙一体化保护和修复，持续提升生态系统质量和稳定性，强化多污染物协同控制和区域协同治理，集中攻克老百姓身边的突出生态环境问题，严密防控环境风险，建成以生态系统良性循环和环境风险有效防控为重点的生态安全体系。

四是彰显生态海丝文化内涵。福建省以生态价值观念为准则,坚持尊重自然、顺应自然、保护自然,促进人与自然和谐发展,继承弘扬八闽特色生态文化,加强对外交流合作,加快建立健全以生态价值观念为准则的生态文化体系,把建设美丽福建转化为全省人民行动自觉。

五是深化现代环境治理改革。福建省在新起点上深化生态文明试验区建设,强化先行先试的责任与担当,在生态文明制度改革上继续推出一批有福建省辨识度的标志性成果,形成以治理体系和治理能力现代化为保障的生态文明制度体系。

(二)美丽福建建设成效

1. 生态优势持续转化为发展优势,经济发展与环境保护协同并进

经济持续快速高质量发展。2000年以来,福建省GDP年均增速为12.8%,增速一直高于全国平均水平,GDP在全国的排名由2000年的第10名上升到2021年的第8名,2017年福建省人均GDP为82976元,已达到了高收入国家或地区水平。福建省产业结构呈现高质量发展态势,福建省三次产业结构由2000年的16.4∶43.1∶40.5调整为2021年的5.9∶46.8∶47.3。2020年,福建省二氧化硫排放强度较2000年下降97%,化学需氧量排放强度下降83.39%。万元GDP水耗、能耗分别较2000年下降90.64%、59.48%,二氧化碳排放强度较2005年下降70.53%,在保持经济社会快

速增长的同时，经济发展与环境保护整体上呈强正脱钩状态，实现了低排放、低消耗、高产出的"同频共振"[1]。

实现天更蓝、山更绿、水更清、环境更优美。福建省全省水环境质量改善显著，2021年，全省主要流域375个评价断面总体水质为优，Ⅰ～Ⅲ类水质比例为97.3%，比全国平均水平高12.4%；大气环境质量持续提升，九市一区城市空气质量达标天数比率为99.2%，比全国平均水平高11.7%，其中福州市、厦门市在全国168个重点城市中，环境空气质量排名分别为第5位和第6位；近岸海域水质逐渐好转，总体上呈现向好趋势，全省近岸海域优良水质（一、二类水质）面积占比为85.8%；森林覆盖率66.8%，连续42年保持全国第一，生态美成为福建省发展的永续优势。

2. 国土空间开发保护格局日益优化

生态空间优美宜人。福建省坚持应保尽保，基本完成全省生态保护红线评估调整；基本形成了以武夷山国家公园为主体的自然保护地体系，武夷山脉、鹫峰山—戴云山脉—博平岭、沿海湿地和闽江流域"三纵一横"的自然保护区群网格局，全省80%以上的国家重点保护野生动植物物种、70%以上的典型生态系统和主要江河源头森林植被得到有效保护；初步实现对自然保护区"天空地"一体化监督全覆盖，自然保护地监管取得了明显成效；全省初步形成了以"五江两溪"为主要水生生态廊道，以武夷山—玳瑁山脉和鹫峰山—戴云山—博平岭两大山脉为核心的水源涵养、生物多样性维护和水土保持生态功能保护带，以及以近岸海域和海岸带为门户屏障，以限制开发的重点生态功能区为支撑点，以点状分布的禁止开发区域为重要组成的生态安全战略格局。

生产生活空间宜居适度。福建省推进沿海地区有序重点开发，人口和生产要素向沿海地带集聚，形成具有相当规模的城市群；持续推进南平市、三明市、龙岩市的重点开发工作，鼓励人口和工业向发展条件较好的地区集中，形成若干个50万～100万人规模的区域中心城市；推进部分发展基础较好的城镇进行据点式开发，承接乡村人口转移，形成了若干个人口规模达到10万人以上的中心城镇；规划建设限制开发区域中资源环境承载能力相对较强的城镇，进一步促进限制开发区域集约开发、集中建设。福建省构建了以福州大都市区和厦漳泉大都市区为中心，以快速铁路和高速公路沿线走廊、主要港口为依托，以多个区域中心城市为骨干，以国家、省级重点开发区域为主要支撑点，以一批中心城镇为基础布局合理、协调发展的城市群发展战略格局。

3. 生态文明理念逐渐深入人心

闽乡生态文化得到有效保护与传承。福建省全面推进闽南文化、客家文化（闽西）等国家级文化生态保护实验区建设，积极培育闽南文化、客家文化、妈祖文化、畲族文化、朱子文化等一批具有故事和乡愁记忆的民俗文化老街，多种途径延续文脉，筑牢生态文化根基。

生态文明理念实现全员普及。福建省发挥课堂主渠道作用，把习近平生态文明思想融入大中小学教育教学计划，有机融入大气、国土、水、海洋、粮食等生态环境保护内容，遴选建设超过60个国家级、省级中小学研学实践教育基地营地，通过知识学习和实践体验，增强师生的生态文明理念和资源节约、环境保护意识；依托"两微两号一端"等宣传平台，及时宣传国家生态文明政策和省市开展生态文明、生态环境保护重点工作情况。

4. 生态文明制度供给较为充足

实行系统严格的生态环境保护制度。福建省加快构建以国土空间规划为基础、以统一用途管制为手段的国土空间开发保护制度；与重点流域生态保护补偿、森林生态保护补偿、综合性生态保护补偿机制紧密结合的生态功能重要区域保护工作及流域环境治理工作已成为长效机制；与中央生态环保督察无缝衔接的省级督查机制、与刑事司法无缝衔接的生态环境资源保护行政执法机制基本建立。

全域建立了资源高效利用制度。福建省统一了自然资源统一确权登记方法，开展了自然资源产权制度改革探索，建立了碳排放权、排污权、用能权、土地、森林、海域海岛等环境权益和资源能源有偿使用的市场体系，有效促进资源高效利用和生态资源向经济价值转化。

建立了重要生态系统保护修复长效机制。福建省创新"六全四有"治河新机制，以九龙江为试点探索设置统一的流域环境监管和行政执法工作机制及流域生态环境保护协作机制；以武夷山国家公园为试点探索了整体优化、统一管理、跨区协同的自然保护地管理新模式；强化跨部门河口及海岸带排污口排查整治、监测预警和联动执法，初步建立了海陆联动的海洋环境治理机制，探索实行了保护修复与合理利用兼顾的海洋管理新方案。

实现了政府和企业的生态环境保护责任的细化实化。福建省全面建立绿色导向的目标责任体系，强化差别化的地区绩效管理，全面推行领导干部生态环境损害责任终身追究制度和"一体两翼"领导干部责任审计制度框架。

不断提高治理能力的现代化水平。福建省全面建成覆盖全省、布局合理、重点突出、自动化信息化智能化水平和预报预警能力突出的生态环境监测网络，建成覆盖市、县、乡、村四级的生态环境监管网格单元；覆盖省、市、县三级环保系统、汇聚整合21个部门的生态环境大数据平台开始运用；福建省多措并举夯实碳达峰碳中和制度基础，在将碳达峰碳中和目标纳入经济社会发展布局的基础上，针对减污降碳重点领域建立激励约束制度，以"量化要求＋补助奖励"的手段促进重点领域有序推进双碳工作，市县创新探索与自身双碳工作实践结合的特色制度，如创新林业碳票制度、探索海洋蓝碳交易模式、探索蓝碳司法等。

三、美丽山东实践和成果

山东省素有"孔孟之乡，礼仪之邦"之美誉，岱青海蓝、河畅泉吟、齐风鲁韵、人文荟萃、城乡普惠,作为东部沿海经济大省,经济发展始终走在全国前列,在推动美丽中国建设中发挥着重要作用。习近平总书记赋予山东省"走在前、开新局"的光荣使命,寄予"把生态文明建设放在突出地位,把"两山"理念印在脑子里、落实在行动上,统筹山水林田湖草系统治理,让祖国大地不断绿起来、美起来"的殷切期望,为高水平建设新时代美丽山东指明了努力方向、提供了行动指南。建设美丽山东是勇担使命开新局的重要举措,是事关全局的重大战略任务,是新形势下以生态环境高水平保护推动经济社会高质量发展、创造高品质生活、实施高效能治理的重要抓手[2-8]。

(一)美丽山东建设主要行动

2022年6月,山东省委办公厅、省政府办公厅在全国首次公开印发《美丽山东建设规划纲要(2021—2035年)》,确定美丽山东建设的主要目标、路线图和时间表。从"生态山东"建设到"美丽山东"建设,是山东省委省政府在新时期保持战略定力,一以贯之推进生态文明建设,不断谱写习近平生态文明思想在山东省生动实践的新篇章,是契合美丽中国建设时代发展的新方向,也是体现以人民为中心,打造现代化强省的新要求[9]。

山东省以习近平新时代中国特色社会主义思想为指导,认真践行习近平生态文明思想,全面落实习近平总书记对山东省工作的重要指示要求，以人与自然和谐共生为主题，以统筹推进生态保护和高质量发展为主线，以改革创新为动力，以满足人民日益增长的优美生态环境需要为目标，坚持生态优先、绿色发展，改革创新，激发活力，各美其美，和而不同，全民行动，共建共享，深入统筹实施秀美空间、绿色经济、和谐生态、优美环境、健康安全、美丽城乡、生态文化、现代制度"八美共建"，多措并举建设人与自然和谐共生的美丽山东，打造绿色低碳转型发展先行区、陆海统筹生态保护样板区、黄河流域生态保护和高质量发展排头兵，形成以美丽山东建设引领高质量发展的样板。到 2035 年，生态文明意识全面形成，空间开发保护格局和谐稳固，绿色低碳发展水平国内领先，城乡全面协调融合发展，生态环境质量根本好转，人与自然和谐共生的美丽山东全面建成[10]。

1. 精心打造秀美空间格局

共筑黄河流域生态发展格局。山东省充分发挥山东半岛城市群在黄河流域生态保护和高质量发展战略中的龙头作用，打造黄河流域科教创新生力军、黄河流域高质量发展增长极、黄河流域改革开放先行区、黄河流域文化"双创"大平台；统筹生态保护、自然景观和城市风貌建设，筑牢下游滩区生态屏障，打造黄河下游绿色生态大廊道、黄河长久安澜示范区，推进以黄河三角洲湿地为主的河口生态保护区建设，加快创建黄河口国家公园。

强化生产、生活、生态空间布局引领。山东省加快形成

"三核引领、多点突破、融合互动"的新旧动能转换总体布局，建设莱州湾、威海市、日照市南部三大海洋渔业集中发展区，重点保护鲁北、鲁西北、鲁西南、汶泗、湖东、沂沭、鲁东南、胶莱、淄潍九大农田集中区，优化绿色生产空间；深入推进省会、胶东、鲁南经济圈一体化发展，高标准建设省级新区，全面提升中心城市能级，持续推动县域经济高质量发展，大力培育新生中小城市，构建大中小城市有机整合、以中心城市和城市群为主要形式的生活空间，打造宜居生活空间；筑牢鲁中南山地丘陵、鲁东低山丘陵两大战略性生态屏障；保育沿海岸线、沿黄河、沿京杭运河生态带，构建马颊河、徒骇河等七条生态廊道；涵养泰山、沂山、昆嵛山等八大生态绿心，保育永续生态空间。

强化省域空间开发保护。山东省实施主体功能区战略，全面落实国土空间规划。健全国土空间开发保护制度，建立和实施常态化国土动态监测评估预警和监管机制；健全生态环境分区管控体系，严格落实"三线一单"管控约束，做好"三线一单"实施、跟踪评估、更新调整、信息共享和应用系统的建设运行工作；以生态引领省域空间管控，严格"三区三线"管理要求，探索优化海岸建筑退缩线制度，推动国土空间绿色发展。

2. 全力推进绿色低碳发展

"双碳"引领绿色发展。山东省制定了碳达峰实施方案，鼓励重点领域典型企业制定实施企业碳达峰行动方案；着力推动产业低碳发展，大力推进城镇既有建筑和市政基础设施节能改造，加强甲烷、氢氟化碳等非二氧化碳温室气体排放管理；推动能耗"双控"向碳排放总量和强度"双控"转变，严把高耗能高排放项目准入关口，开展大气污染物与温室气体排放协同控制，推动各市编制实施碳达峰和空气质量达标规划，推动减污降碳协同增效；巩固提升生态系统碳汇能力，实施"绿碳"碳汇试点建设；谋划落实碳中和任务，探索建立碳中和示范区；提升市政、水利、交通、能源等基础设施气候韧性，提高农业、林业、水资源、海洋等重点领域气候适应水平。

全面提升传统产业。山东省以绿色化、高端化为导向，做精做优传统产业；坚决遏制高耗能、高排放、低水平项目盲目发展，新建"两高"项目严格落实产能、煤耗、能耗、碳排放、污染物排放"五个减量替代"；推动石化、化工等行业优化整合，高质量建设一批高端项目深入开展企业环保和清洁生产"领跑者"行动；培育以绿色生态为特色的农产品品牌，加快建设美丽田园综合体、海洋生态牧场；发展生态旅游、生态康养、生态文化等生活型绿色服务业；深入推进山东省新旧动能转换综合试验区建设，加快济南市新旧动能转换起步区建设。

强力突破新兴产业。山东省加快发展新一代信息技术、高端装备、新能源新材料、现代海洋、医养健康等新兴产业，培育壮大新能源汽车、航空航天、绿色环保、新型生态服务等新兴产业，探索培育"生态＋数字"新模式和新业态；以绿色化工、绿色智造、绿色港口、绿色基础设施等领域为重点，培育"领航型"企业；促进生态环保产业高端化、集群化发展，建设济南市、青岛市、淄博市等生态环保产业集群。

优化升级发展方式。山东省以可再生能源、核电、入鲁外电、天然气为重点，优化能源供给结构，构建智慧能源系统，因地制宜推进清洁取暖；大力推进"公转铁""公转水"，加快形成大宗货物和集装箱中长距离运输以铁路和水路为主的格局；建立完善绿色低碳的交通运输体系，加快推进青岛港建设"中国氢港"；推进农业投入结构绿色化，形成高效、清洁的农业生产模式；严格落实水资源、能源消耗总量和强度双控制度，实施企业能效、水效"领跑者"制度，推动创建国家级、省级生态工业园区，打造高效循环利用引领区。

强化绿色低碳科技支撑。山东省加强生态环境科技人才队伍建设，完善高层次科技人才、市场人才和配套产业人才引进制度，落实高层次人才收入分配激励政策；建立完善"产、学、研、用"综合创新机制，打造省级生态环境科技成果转化综合服务平台，实施节能环保、清洁生产、生态保护与修复等重点领域绿色技术研发重点项目和示范工程。

3. 统筹生态系统保护修复

建设高质量生命共同体。山东省以泰沂山脉、鲁东低山丘陵、黄河三角洲、南四湖等为重点，加强区域生态连通性，维护好生态安全格局；推行森林河流湖泊休养生息，实施耕地休耕轮作，提升生态系统质量和稳定性；扎实开展科学绿化试点示范省建设，加强山体地质环境综合治理，持续推进绿色矿山建设工作，统筹实施黄河三角洲湿地与生物多样性、沂蒙山区域山水林田湖草沙等生态修复工程，提升生态系统的功能与品质。

推进生物多样性保护。山东省以黄河三角洲、南四湖、东平湖、昆嵛山、泰山、胶州湾、荣成大天鹅国家级自然保护区、庙岛群岛等典型区域为监测重点，开展生物多样性本底调查、综合评价与动态监测，建立完善的生物多样性监测体系；加快实施《山东省生物多样性保护战略与行动计划（2021—2030年）》；完善生物多样性保护与可持续利用法规政策体系，加快自然保护地整合优化和规范化建设，加强生物多样性就地保护，科学开展生物多样性迁地保护，健全并发展山东省生物遗传资源保存体系；严格外来物种和致灾物种管理，加强外来入侵物种治理。

健全生态保护监管体系。山东省统筹开展全省、重点区域流域、生态保护红线、自然保护地、县域重点生态功能区生态状况调查评估，提升生态保护评估应用效果；健全生态保护监管政策标准体系；建设自然保护地"天空地一体化"生态环境监测网络体系，持续开展"绿盾"自然保护地强化监督工作，建设生态保护红线监管平台，形成部门监管合力。

健全生态保护补偿机制。山东省以黄河流域、南四湖流域为重点，健全横纵结合的生态补偿机制，实现县际间流域横向生态补偿全覆盖；探索将城市水质指数及其改善率纳入各市地表水生态补偿范围；按照受益者付费的原则，通过市场化、多元化方式，有效补偿生态保护者利益。

4. 着力持续提升环境品质

协同治理恢复清新空气。山东省持续推动大气污染区域协同防治，积极落实京津冀及周边区域大气污染联防联控机制，积极参与大气污染联防联控和重污染天气应急联动；强化大气污染物与温室气体排放协同控制，持续开展以细颗粒物、臭氧"双控双减"为核心的挥发性有机物和氮氧化物区域协同控制与减排；实施噪声污染防治行动，加快解决群众关心的突出噪声问题。

三水统筹实现岸绿水清。山东省严格落实"以水定城、以水定地、以水定人、以水定产"的要求，提高水资源配置和利用水平，持续改善水环境质量，严格地表水、地下水污染协同防治；加大水源涵养力度，加强水系连通；开展重点河湖水生态健康评估和人工湿地水质净化工程建设与保护修复；依托河湖自然资源禀赋，提升打造各美其美、亲水富民的美丽河湖。

建设人海和谐美丽海洋。山东省强化陆岸海污染协同治理，加强沿海、入海河流及近岸海域生态环境目标、政策、标准和制度衔接；推进陆海生态保护修复，培育海洋生物典型生境；实施陆海联动环境风险防控，开展海洋环境风险源排查整治，共同应对环境风险及海洋自然灾害；健全"一湾一策"污染治理机制，持续改善海湾生态环境；依托滨海湿地公园、山体公园、滨海碧道等，打造城海交融的美丽海湾。

系统防控维护清洁土壤。山东省推动建立土壤污染状况调查、土壤污染风险管控和土壤修复活动全生命周期环境监管制度；加强土壤和地下水污染协同防治；建立优先保护、安全利用、严格管控的农用地安全利用模式；将建设用地土壤环境管理要求纳入国土空间规划和供地管理，依法开展风险管控与修复，探索实施"环境修复＋开发建设"模式，实施土壤污染绿色可持续治理与修复。

5. 守牢环境健康安全底线

完善环境健康风险体系。山东省完善"事前、事中、事后"全过程、多层级生态环境风险防范体系，逐步将环境健康风险纳入生态环境管理制度；强化应急监测预警体系、应急物资保障体系、应急专家服务体系以及环境应急响应与救援基地智能化监管平台建设；推进健康山东建设，探索构建生态环境健康风险监测网络，研究绘制生态环境健康风险分布地图，持续开展生态环境与健康管理试点。

推进全域"无废城市"建设。山东省不断总结"无废城市"建设试点经验，积极开展"无废城市"建设；建立固体废物产生强度低、循环利用水平高、填埋处置量少、环境风险小的长效机制；建立完善省级固体废物资源化利用政策、标准、规范、技术体系；建立完善危险废物环境重点监管单位清单，优化危险废物利用处置能力配置，推进医疗废物城乡一体化处置，强化危险废物全过程环境风险防控。

防控重点领域环境风险。山东省严抓涉重金属企业环境准入管理，以有色金属、皮革鞣制加工行业企业为重点，推进重金属污染综合治理；加强尾矿库环境风险隐患和无序堆存历史遗留废物排查整治；严格落实国家重点管控新污染物清单及其禁止、限制、限排等环境风险管控措施；建立健全有毒有害化学物质环境风险管理制度；强化核与辐射应急、辐射安全管理、辐射环境监测等能力建设，保障核技术利用安全。

提供良好环境健康保障。山东省深入推进各级水源地规范化建设，探索提出基于人体健康保护的水源水质管理目标，推进城市分质供水（管道直饮水）工程，建立高品质直饮水供水体系；完善有毒有害大气污染物名录、监测预警和应急预案体系；探索改进环境健康监测评价方法，鼓励公共场所布设新风系统，降低人群重污染天气的暴露水平和损害程度。

6. 统筹建设同美普惠城乡

共推城乡协同发展。山东省推进农业与一二三产业深度融合发展，以工补农，以城带乡，推动城乡融合发展；充分发扬齐鲁特色，深入挖掘文化内涵，结合区域城乡特色，共创城乡美丽风貌；统筹区域、城乡资源要素配置，完善基础设施布局，推动省会、胶东、鲁南三大经济圈中心城市与周边城市基础设施互联互通和资源要素有序流动；合理配置城乡教育、医疗卫生、文化体育、养老服务、社会就业、社会保险、住房保障等基本公共服务领域供给，推动公共服务设施合理布局。

建设现代魅力城市。山东省坚持精细化城市管理，系统开展城市体检，进行城市有机更新，全面推进老旧小区改造；保护好城市天际线、山际线、海（水）岸线，严格把握建筑形态，彰显城市特色，提升城市品质，塑造城市风貌；打造集约高效、经济适用、智能绿色、安全可靠的市政公用基础设施体系；强化城市山体自然风貌保护，加强城市水系连通和生态修复，积极建设海绵城市，探索建设公园城市；推进城市信息模型平台建设，推动5G、大数据、物联网、云计算、人工智能等技术应用，提高城市智慧管理水平。

打造绿色宜居城镇。山东省大力促进大中小城市和小城镇协同发展，强化中小城市和小城镇人口集聚能力；建设"智慧、绿色、均衡、双向"的新型城镇；遵循多元发展、特色突出、以产兴城、以城兴业、产城融合、功能配套、宜居宜游、生态优美的发展方向，建设一批以产业为依托的特色小镇。

塑造美丽特色乡村。山东省加强传统村落景观、农业文化遗产和乡村特色风貌的保护工作，塑造具有地方传统韵味的文化节点、村居建筑和乡村集市，守护好齐鲁乡村文化的灵魂，绘就多彩"齐鲁风情画"；持续深入开展农村人居环境整治行动，因地制宜、扎实有序推进农村清洁取暖、厕所革命、垃圾处理、污水治理、绿化美化五大攻坚行动，建立农村人居环境建设和管护长效机制，打造洁净秀美的村居环境；延伸拓展乡村生态产业链，推动山东省优势特色农业集群发展，提升"齐鲁灵秀地·品牌农产品"的影响力，以生态产业助力乡村振兴。

7. 传承弘扬优秀生态文化

传承自然和谐的传统文化。山东省深入发掘传统文化中的生态价值观念，传承"人与自然和谐共生"的生态伦理观；强化历史文化名城、名镇及名村保护与监管，保护城乡传统山水格局，推进历史文化遗产活化利用；利用山水圣人、红色文化、生态康养、仙境海岸等优势资源，打造"好客山东"品牌引领的生态文化旅游品牌体系；加强泰山、齐长城、黄河、大运河（山东段）等资源协同保护，推动中华优秀传统文化创造性转化、创新性发展。

推动形成全民自觉的生态文化观。山东省深入开展习近平生态文明思想宣传教育，引导和推动党政干部不断强化生态优先的发展观、政绩观；扎实落实《"美丽中国，我是行动者"提升公民生态文明意识行动计划（2021—2025年）》；打造黄河生态文化长廊、大运河历史文化长廊，推动建设生态道德教育基地、"两山"实践创新基地；鼓励各地开展生态文化主题场馆建设；全方位提高全社会节能、节水、节粮等节约意识，引导公众树立和实践绿色、低碳、循环的消费理念，形成绿色低碳生活新风尚。

打造享誉海外的齐鲁生态文化名片。山东省不断做好境外新媒体平台的宣传推广工作，创新设计富有山东省生态特色的对外文化交流项目；持续举办海外中国文化中心"中国山东文化年""欢乐春节"品牌系列活动，讲好新时代"美丽山东"故事；积极参与国际生态文化交流合作，拓展国际合作"朋友圈"，建立交流对接机制，学习借鉴国外先进经验，不断提升美丽山东的国际影响力。

8. 提高现代环境治理能力

强化多元共治责任。山东省不断健全生态文明领域统筹协调机制，落实生态环境保护责任清单；开展领导干部自然资源资产离任审计，实行生态环境损害责任终身追究制；推进环境信息依法披露制度改革，落实生产者责任延伸制度；开展环境治理全民行动，健全环境公益诉讼、环保设施公众开放等机制；完善环境违法行为举报奖励机制，建立有效的监控数据及信访、举报、舆情反映问题的处置后督查机制。

优化绿色发展激励机制。山东省构建了山东省生态产品总值核算技术体系，开展核算试点工作；鼓励各地因地制宜构建和实施生态产品价值实现机制；有序推进绿色信贷、绿色保险，构建完善绿色金融组织体系；落实黄河流域上中下游协同共治机制和重点区域大气污染联防联控机制，推动建立跨省域环境影响评价会商机制；积极引导各类资本参与环境治理投资、建设、运行，鼓励和引导社会资本参与生态保护修复。

完善生态环境管理制度。山东省不断加强海洋生态环境保护，通过地方立法和制定地方性法规及地方标准，及时清理与上位法不一致、不符合改革要求的地方性法规规章；推动"'三线一单'—规划环评—项目环评—排污许可—监督执法—督察问责"六位一体生态环境管理体系改革，改进总量减排核算方法，加强与排污许可、环评审批等制度衔接，建立健全环境治理政务失信记录，完善企业环境信用评价制度，落实环境信息依法披露制度改革方案。

加强生态环保智慧监管。山东省建设了要素全覆盖、天地海一体化的环境监测体系，建立污染源数字化监控体系，实现乡镇水质自动站、乡镇环境空气站监测站点应建尽建，建立资源环境承载能力监测预警体系，建立健全全省化工园区有毒有害气体环境风险预警体系。此外山东省还完善跨部门、跨区域、跨海域环境应急协调联动机制，提高常态化应对生态环境风险能力；构建全省生态环境信息资源共享数据库，建立一体化的生态环境自动监测、全程监管、协同处置体系；加快大数据、云计算、人工智能、区块链、物联网等新一代数字技术的集成应用，持续提升实时感知、智能预警、精准溯源、协同管理的生态环境智慧治理能力。

（二）美丽山东建设成效

经过十年的探索实践，山东省美丽建设的谋划部署更加系统科学、体制机制更加完善高效、思想根基更加坚实牢固，经济发展与生态环保的协同效应显著提升，人民群众对良好生态环境的获得感显著增强，以自然为本的生态安全屏障稳定性显著提升，形成了一批走在前列和可供借鉴推广的经验模式。

1. 绿色发展理念深入人心

山东省把生态文明建设摆在全局工作突出位置，强化顶层设计、系统谋划，注重精准施策、持续用力，有效促进了责任落实和观念转变，越来越多的企业主动承担环保责任，广大群众关注和参与环保的热情高涨。

2. 生态环境质量显著改善

山东省将生态环境治理作为重要民心工程,围绕蓝天、碧水、净土,实施聚力攻坚,一仗接着一仗打,生态环境质量连创有监测记录以来最优。2021年,全省细颗粒物平均浓度控制到39微克/米^3,较大气污染防治规划启动的2013年改善60.2%;重污染天数从2013年的60.8天下降至2021年的3.6天,降幅达94%。2021年,全省地表水国考断面历史性消除了Ⅴ类及Ⅴ类以下水体,优良水体比例跃升至77.8%,黄河干流国考断面水质全部达到Ⅱ类标准,近岸海域水质始终以一、二类海水为主。山东省全域推进"无废城市"建设,"洋垃圾"实现"零进口",受污染耕地和重点建设用地安全利用率达到"双100%"。

3. 绿色低碳转型取得突破

山东省大力调整产业、能源、交通运输、农业投入和用地结构,新旧动能转换"五年取得突破"主要指标基本完成。"十三五"期间,全省单位GDP二氧化碳排放下降24%。山东省关停治理"散乱污"企业超过11万家,高新技术产业产值占规模以上工业产值比重达到46.8%;全面完成燃煤电厂超低排放改造,光伏和生物质发电装机均居全国首位;公转水、公转铁、公转管道、多式联运迈出坚实步伐,推进农药化肥减量、有机肥替代化肥,促进农业绿色可持续发展。2020年全省二氧化硫、氮氧化物、化学需氧量、氨氮4项主要污染物排放总量分别比2011年下降43%、44%、24%、26%，实现了增项目增生产、不增排放不增污染。

4. 生态承载能力有效提升

山东省划定并严守生态保护红线，一体治理山水林田湖草，厚植绿水青山、转化金山银山。全省生态系统格局持续优化，生态系统质量有效改善，山青、水绿、林郁、田沃、湖美、海阔的齐鲁大生态带正焕发出新的生机；构建形成了"两屏三带四区"生态安全战略格局，划定了陆域、海域生态保护红线。截至2019年年底，山东省已建立各级各类自然保护地488个，占国土面积的10.31%。山东省深入实施山水林田湖草生态治理，泰山区域入选国家第二批山水林田湖草生态保护修复工程试点范围。全省森林覆盖率逐年提高，达到20.91%，森林碳汇以每年240多万吨的速度递增。

5. 生态文化日益深入人心

截至2020年10月，山东省共创建国家生态文明建设示范市县9个、国家"两山"实践创新基地5个，"两山"实践创新基地总数跃居全国第二。山东省不断推进生态文化博物馆建设、强化生态文化宣传教育载体建设，多层次、多领域深化生态绿色示范建设、生态文明"细胞工程"建设，增强生态文化活力。

6. 绿色生活方式得到推广

山东省济宁市、青岛市、泰安市3个重点城市垃圾分类覆盖率均超过95%。山东省实行"公交优先、绿色出行"发展战略，菏泽曹县等地区实行公车免费政策，积极带动绿色出行；积极推动绿色办公，扎实推进公共机构制止餐饮浪费，发起"带头制止餐饮浪费 切实弘扬节俭风尚"倡议活动、"厉行节约 反对浪费 山东在行动"主题活动；开展全省节约型机关创建，截至2020年年底，全省县级及以上党政机关共创成节约型机关3582家；健全环境治理全民行动体系，将生态文明纳入干部教育培训内容，创建了一批国家生态环境科普基地、省级生态环境科普基地和环境教育基地。

7.环境治理体系逐步完善

山东省用最严格制度、最严密法治保护生态环境，深入推进生态文明体制改革，省市县全部成立生态环境委员会，河（湖）长制、湾长制、林长制等落地见效；系统制修订生态环境领域法规政策标准，开展生态文明建设目标评价考核，建立生态环境保护责任清单，实行自然资源资产离任审计、生态环境损害责任终身追究，压实"党政同责""一岗双责"；建立"1+8"生态文明建设财政奖补政策体系，实现了县际流域横向生态补偿全覆盖，生态文明"四梁八柱"性质的制度体系基本形成。

四、美丽四川实践和成果

四川省地处长江、黄河上游，战略地位突出，生态位置重要，素有"天府之国"的美誉。习近平总书记十分关心、重视四川省的生态文明建设，2018年到四川省视察时指出，四川省自古就是山清水秀的好地方，生态环境地位独特，生态环境保护任务艰巨，一定要把生态文明建设这篇大文章写好，要求把建设长江上游生态屏障、维护国家生态安全放在生态文明建设的首要位置，让四川省天更蓝、地更绿、水更清，奋力谱写美丽中国四川篇章[11]。这为四川省坚决扛起筑牢长江、黄河上游生态屏障的政治责任，加快美丽四川建设提供了根本遵循，指明了前进方向。

（一）美丽四川建设主要行动

美丽四川建设在指导思想上，坚持以习近平新时代中国特色社会主义思想为指导，深入学习贯彻落实习近平生态文明思想，全面贯彻落实习近平总书记对四川省工作的系列重要指示精神，立足新发展阶段，贯彻新发展理念，融入新发展格局[12]。

在时间进度上，到2025年，美丽四川建设取得初步成效。大美空间初步形成，长江、黄河上游生态安全屏障进一步筑牢，生态环境质量明显提升，绿色低碳经济持续壮大，宜居城乡环境基本实现，多彩人文之韵充分彰显。到2035年，美丽四川建设基本实现。长江、黄河上游生态安全屏障更加牢固，现代产业体系全面建成，自然生态生机勃发、碧水蓝天美景常在、城乡形态优美多姿、文化艺术竞相绽放的美丽画卷全面呈现，基本建成美丽四川。

在重点任务上，四川省紧扣碳达峰目标和碳达峰愿景，切实筑牢长江、黄河上游生态安全屏障，建设高品质生活宜居地，依托四川省独特的生态之美和多彩的人文之韵，分阶段、分层次有序推进美丽四川建设，形成一批有美丽特质的重点区域和领域，奋力谱写美丽中国的四川篇章。四川省提出构建功能清晰多姿多彩的美丽空间、建设特色鲜明各美其美的锦绣家园、发展清洁高效低碳循环的绿色经济、打造天蓝水碧健康舒适的宜人环境、保护丰富多样和谐共生的自然生态、繁荣底蕴厚重的巴蜀文化和建立多元共治科学高效的现代治理体系等主要行动。

1. 构建功能清晰多姿多彩的美丽空间

"窗含西岭千秋雪，门泊东吴万里船"，杜甫于成都所作的这首七言绝句最能体现"山、水、人"的和谐统一，空间即视感极强。美丽四川建设的空间美景塑造正是以山为基、以水为脉、以人为本遥相呼应的共融相生格局。因此，美丽四川建设应围绕四川省特色，统筹保护与发展，紧扣长江、黄河上游生态安全屏障建设和区域协调发展战略要求，构建功能清晰、舒适宜居的空间格局[13]。

以山为基，守护全域魅力空间。四川省提出，要全面保护以高山草甸、雪山冰川为主的高寒生态系统，加快推进若尔盖高原湿地重点生态功能区、长沙贡玛国际重要湿地建设；在阳光攀西高原方面，推进大小凉山水土保持和生物多样性重点生态功能区建设；在壮丽盆周峻岭方面，推进横断山区生物多样性、大巴山区生物多样性重点生态功能区建设；为建设美丽天府之国提出以成都平原、川中方山丘陵、川东平行岭谷区等为重点，以成都公园城市示范区建设为引领，开展森林城市建设，实施增绿添景、生态绿隔走廊、城市生态带建设，全面提升城市生态产品供给能力，打造望山依水的简约现代田园风光。以水为脉，打造多彩美丽河湖。四川省提出构建"九廊四带"美丽江河格局，建设江河岸线防护林体系和沿江绿色生态廊道，突出九大流域特色，塑造多彩江河带。以人为本，塑造舒适生活宜居地。川西北高原、川东南山地丘陵、四川盆地差异悬殊，四川省提出，构建"一圈一轴两翼三带"美丽城镇格局。

2. 建设特色鲜明各美其美的锦绣家园

自古以来，四川省人民逐水而居、依山筑城，现代都市车水马龙、田园乡野绕河栖居。城乡建设是推动绿色发展，贯彻落实新发展理念，建设美丽中国的重要载体和战场。近年来，四川省在公园城市建设、城市更新、特色小镇建设等方面取得了一定成绩，城乡形态各具特色，但仍存在城乡人居环境亟待改善、全省城乡环境基础设施建设欠账较多、城镇生活污水集中收集率低等问题。四川省提出构建以城市群为载体、国家中心城市为极核、区域中心城市和重要节点城市为支撑、县城和中心镇为基础的现代美丽城市体系。分类构建实现美丽城市路径。四川省积极推动成都市建设践行新发展理念的公园城市，强化绵阳市、乐山市、宜宾市、泸州市、南充市、达州市等区域中心城市的引领作用，有序推动其他城市开展各具特色的美丽城市建设；打造美丽宜居城镇，持续推进以县城为重要载体的新型城镇化建设，持续提升县城功能品质、释放发展活力；

将城镇建设与山水美景、自然生态结合起来，充分保护与修复具有民族特色、文化内涵的建筑物，积极开发具有少数民族文化特色的生态产品；优化乡村发展布局，加强规划对乡村风貌的引导，系统保护历史文化名村、传统村落、田园景观、历史文化资源、古树名木等；持续改善乡村人居环境[14]，结合乡镇行政区划和村级建制调整改革"后半篇"文章，持续推进"美丽四川·宜居乡村"建设。

3. 发展清洁高效低碳循环的绿色经济

发展循环经济是推进生态优先、节约集约、发展方式绿色转型的必要途径，也是推进美丽中国建设的必然要求[15]。四川省经济总量居全国第六、西部第一，经济基础充满活力，但同时，四川省也面临绿色低碳转型任务艰巨等问题。四川省提出，以实现碳达峰碳中和为目标，推动能源、交通产业结构优化、低碳发展，形成资源消耗少、环境影响小、科技含量高、产出效益好、发展可持续的绿色低碳经济体系。实施二氧化碳排放强度和总量双控制度，四川省加强近零碳排放区试点示范，鼓励生态文明先行示范区城市积极开展低碳城市建设，鼓励达州经济技术开发区等国家低碳工业园区探索建设零碳园区。建设世界级优质清洁能源基地，四川省推进水风光互补开发，以金沙江上下游、雅砻江、大渡河中上游等为重点，规划建设水风光一体化可再生能源综合开发基地。发展壮大绿色低碳优势产业，四川省建设世界级晶硅光伏产业基地，推动成（都）乐（山）眉（山）晶硅光伏产业一体化发展。大力发展"美丽经济"，四川省利用康巴雪域、攀西裂谷、川西林盘、光雾红叶等独特景致，发展全域生态旅游，将自然生态优势转化为经济发展优势。推动制造业绿色化转型，四川省加快制造业数字赋能，推动互联网、大数据、5G等新一代信息技术与制造业深度融合，促进攀西钢铁、川南酿造、川东北建材等传统产业清洁化、低碳化、循环化发展[16]。

4. 打造天蓝水碧健康舒适的宜人环境

环境优良是美丽中国建设的关键标志，持续提升的环境质量为美丽四川建设奠定了良好的环境基础，但仍面临局部环境污染问题[17]，空气质量与福建省、广东省等沿海省份相比还有较大差距，岷江、沱江、嘉陵江部分支流和川渝跨界流域水污染防治任务仍然艰巨。四川省提出，实施推窗见雪山蓝天行动，着力构建"源头严防、过程严管、末端严治"的大气污染闭环治理体系，协同开展细颗粒物和臭氧防治，深化重点区域大气污染联防联控；以春夏季臭氧和秋冬季细颗粒物污染为控制重点，以成都平原、川南和川东北地区为重点控制区域，夏季以钢铁、水泥、玻璃、化工、工业涂装等行业领域为主，加强氮氧化物、挥发性有机物等细颗粒物和臭氧前体物排放监管[18]；持续加强水污染治理，扎实推进城镇污水垃圾处理和工业、农业面源、船舶、尾矿库等污染治理工程，有效控制入河污染物排放；保护提升优良水体，实施好长江流域水生态考核，维护流域水生态系统健康[19]。有效恢复重点流域水生生物多样性，加强赤水河珍稀特有鱼类资源保护，实施典型栖息地修复试点；强化土壤污染源头治理，实施土壤污染家底"精准掌控"行动，全面排查全省土壤环境风险隐患，建立土壤污染风险源清单，在什邡、会东、汉源、筠连、隆昌等受污染耕地集中的县级行政区开展污染溯源和成因分析，整治农用地涉镉等重金属行业企业[20]；分类管控土壤污染风险，实施长江黄河上游土壤污染"分区管控"行动，开展四川省长江黄河上游土壤风险管控区建设；持续改善生态环境质量，展现天朗气清、水秀山明、沃野千里的天府之国美丽画卷[21]。

5. 保护丰富多样和谐共生的自然生态

生态良好是美丽中国建设的鲜明底色，四川省独特的地理位置、多样的地貌条件、复杂的气候等因素，为孕育多类型的自然生态系统提供了得天独厚的优势[22]。"美本乎天者也，本乎天自有之美也"，山水林田湖草沙冰的生态原真之美在这里交融汇聚。四川省提出筑牢"四区八带多点"生态安全格局，开展长江—金沙江、黄河、嘉陵江、岷江—大渡河、沱江、雅砻江、涪江、渠江等重要江河生态带系统保护和综合治理；强化自然保护地建设，推进以国家公园为主体的自然保护地体系建设，全面建设大熊猫国家公园，推进若尔盖国家公园创建工作；严守生态保护红线，维护"四轴九核"生态保护红线格局；强化森林生态系统保护，全面推行林长制，提升森林生态系统功能；强化草原生态系统保护，严格保护川西北高原天然草原，以甘孜、阿坝为重点区域，对严重退化、沙化草原实施禁牧封育。加强湿地保护修复，建设仁寿黑龙滩、遂宁观音湖、绵阳三江湖等一批湿地公园；持续开展珍稀濒危物种保护，保护修复大熊猫、川金丝猴、雪豹、四川山鹧鸪、白唇鹿等珍稀濒危野生动植物栖息地、原生境保护区（点），开展珍稀濒危种植物、旗舰物种和指示物种的针对性保护，保护长江黄河流域中华鲟、胭脂鱼等珍稀水生生物；提升生物安全管理水平，加强紫茎泽兰、福寿螺、水花生等外来入侵物种防控[23]。

6. 繁荣底蕴厚重的巴蜀文化

多姿多彩的历史文化亦为美丽四川建设提供了独有而丰厚的文化土壤。四川古蜀神话与未来科幻交相辉映，既有三星堆青铜面具般熠熠生辉的文化遗产，也有如"文翁治蜀文教敷，爰产扬雄与相如"的教育熏陶。四川省提出，结合宝墩文化、金沙文化，深化三星堆文化学术研究，高质量建设三星堆国家文物保护利用示范区。在传承红色文化记忆方面，四川省提出推介长征、伟人故里、灾区新貌等旅游资源。在强化民族文化保护方面，四川省提出挖掘民族文化特色，探寻生态保护价值，挖掘藏族、彝族、羌族等少数民族文化中敬畏、依赖和感恩自然的生态文化价值。在加强文化艺术平台建设方面，四川省提出加强文艺阵地建设，加强剧场、美术馆、电影院等艺术场地建设，强化公共图书馆、文化馆建设，建设开放、智慧、共享的现代图书馆；强化国际国内交流，积极参与"感知中国""文化中国""美丽中国"等国家级对外交流平台，策划组织交流展演活动，鼓励引进海外高端人才、特色音乐项目和先进商业模式[24-25]。

7. 建立多元共治科学高效的现代治理体系

四川省提出，健全领导责任体系，深化落实生态环境保护"党政同责、一岗双责"；落实企业主体责任，全面落实排污许可证制度，推动企业环境信用评价和环境信息公开，健全生产者责任延伸制度，督促企业落实污染治理、损害赔偿和生态修复；全面鼓励公众参与，健全重大政策、重大项目环保论证公众参与机制，推进生态环境公益诉讼，完善公众监督和举报反馈机制；建立美丽四川建设法规标准体系，研究建立美丽市（州）、美丽县（市、区）、美丽镇（乡）建设标准体系；创新生态产品价值实现机制，在生态种养、生态产品产业链、环境敏感型产业、生态旅游开发、城市开发模式等方面，打造一批特色鲜明的生态产品价值实现机制示范基地；提升监测预警能力，统一规划生态环境要素感知系统，拓展温室气体、河湖生态流量、农业面源监测能力，提升细颗粒物和臭氧协同监测、重点流域自动监测及预警能力，开展噪声感知网络示范建设，完善污染源自动监测监控体系，加强自然生态监测站点建设[26]；加强监管执法能力，逐步建立网格化监管体系，实现"有计划、全覆盖、规范化"执法；加快配置无人机、无人船、走航车、便携式等高科技装备，推行视频监控和环保设施用水、用电监控等物联网监管手段，建立健全以移动执法系统为核心的执法信息化管理体系；完善风险应急能力，加强生态环境风险防控常态化管理，构建全过程、多层级生态环境风险防范体系。

（二）美丽四川建设成效

四川省在全面推进美丽四川建设中，形成了一套具有四川省特色的实施体系和有效经验。尤其是在推动各市（州）加快编制出台本地区推进美丽四川建设规划，推动各市（州）立足自身资源禀赋、生态本底和经济社会发展实际，探索各美其美的建设路径方面形成了一批重要成果。此外，按照以点带面、分区分类、多层推进的模式，四川省制定了建设管理规程和评价体系，2023年推进先行市（州）、先行县（市、区）试点，确保美丽四川建设起步见效。具体来说，包括以下几个方面。

1. 坚持高点定位，强化组织

四川省委、省政府高度重视美丽四川建设，强化组织领导和系统部署。2022年，以四川省委、省政府名义印发《美丽四川建设战略规划纲要（2022—2035年）》，确定美丽四川建设的主要目标、路线图和时间表。2023年2月，四川省召开省生态环境保护委员会第四次全体会议，审议美丽四川建设战略规划纲要责任分工方案和实施方案，进一步压实各方责任，动员各方力量，加快推进美丽四川建设起步见效。四川省生态环境厅切实发挥生态环境系统牵头抓总和统筹协调作用，全面指导美丽四川建设工作开展。

2. 坚持分类推进，打造样本

四川省发布9个省级美丽河湖优秀案例，邛海成功入选国家首批美丽河湖优秀案例。与此同时，深化生态文明建设示范创建与美丽四川建设地方实践协同推进。截至2023年12月，四川省已成功创建国家生态文明建设示范区39个、"两山"实践创新基地10个、省级生态县30个，以及国家乡村振兴示范县6个、国家园林城市17个、国家森林城市12个、四川省生态园林城市18个，进一步丰富了美丽四川建设的内涵和外延。

3. 坚持实践创新，示范引领

四川省委十二届二次全会决定和省委常委会工作要点、省政府工作报告均明确提出要"开展美丽四川建设试点"。四川省按照以点带面、分区分类、多层推进的模式，推进美丽四川建设地方实践。21个市（州）积极开展规划编制，截至2023年2月，已有半数市（州）启动规划的编制工作。2023年10月，四川省生态环境保护委员会办公室发布《关于确定2023年美丽四川建设先行试点县（市）的通知》，确定崇州市、蒲江县、米易县、古蔺县、绵竹市、梓潼县、苍溪县、射洪市、峨眉山市、阆中市、长宁县、宣汉县、南江县、荥经县、西昌市15个县（市）为2023年美丽四川建设先行试点县（市），富顺县、威远县、武胜县、青神县、乐至县、红原县、稻城县7个县为2023年美丽四川建设先行试点培育县（市）。研究制定美丽四川建设先行市（州）、先行县建设管理规程、建设指标，以及示范镇村建设的指导意见等。

4. 坚持多方参与，凝智聚力

四川省高标准召开美丽四川战略规划纲要新闻发布会；高规格举办"美丽四川建设专题研讨班"，培训对象均为市（州）党委或政府和省直有关部门分管负责同志等厅局级领导干部，推动各地各部门准确把握美丽四川建设工作重点；高质量举办"美丽中国建设之美丽四川研讨会"，成立美丽四川建设智库联盟，为美丽四川建设凝聚更强大的智慧力量；定期举办学术沙龙，围绕美丽四川建设不同领域设置交流主题。

展望未来，四川省坚持以筑牢长江、黄河上游重要生态安全屏障为统领，以满足巴蜀儿女对优美生态环境需要为目的，以推进绿色低碳经济发展为支撑，分阶段、分层次推进美丽四川建设，探索一条生态好、生活富、经济优、文化兴的发展道路，奋力绘就"各美其美、美美与共"的天府画卷，谱写美丽中国的四川篇章。

五、美丽江西实践和成果

（一）美丽江西建设主要行动

美丽江西建设既需要紧紧围绕习近平总书记关于打造美丽中国"江西样板"的重要要求进行谋篇布局，又需要全面落实党的十八大以来党中央关于美丽中国和生态文明建设的决策部署，特别是党的二十大新要求，还需要结合省情彰显江西特色[27]。党的十八大以来，江西省在美丽建设道路上持续探索，立足绿色生态是江西省最大财富、最大优势、最大品牌。江西省正处于厚积薄发、爬坡过坎、转型升级的发展关键阶段，通过突出生态环境保质增值、推动绿色低碳发展、畅通"两山"双向转化通道等路径，激发美丽建设内生动力，持续巩固提升江西省生态环境质量，将生态优势转变为经济优势，并形成了系统的整体推进行动方案，为全面建设人与自然和谐共生的现代化江西提供生态环境支撑[28]。

1. 构建起全面建设美丽江西的"1+1+N"任务体系

江西省统筹近期、中期、远期目标，结合省情做好总体设计、系统谋划部署，强化全生命周期美丽中国"江西样板"实施，明确了"1+1+N"的中长期美丽江西建设的时间表、路线图、任务书。第一个"1"，是《美丽江西建设规划纲要（2022—2035年）》，聚焦中长期美丽江西建设总体要求、重点任务、重大工程和政策措施，打造中长期美丽建设战略路线图；第二个"1"，是《全面建设美丽江西实施方案》，聚焦江西省第十五次党代会确定的目标任务，强化实施行动、近期任务、工程清单、责任分工，打造近期美丽建设任务施工图，谋划今后五年美丽江西建设行动计划；"N"是抓住重点领域和关键环节，研究提出一批美丽江西建设重大任务并逐年细化，推动美丽江西建设落准落细落实[29-30]。

2. 明确美丽建设的三个阶段目标愿景

紧紧围绕"2035年高标准建成美丽中国'江西样板'"总体目标和江西省委、省政府决策部署，衔接国家重大规划和联合国可持续发展目标等时间节点，江西省确定了三个美丽江西建设目标节点，并展望了2050年愿景[31-32]，具体如下。

到2025年，美丽中国"江西样板"建设纵深推进。绿色创新内生动能进一步增强，生态产品价值实现机制建设走在全国前列，绿色低碳循环的经济运行机制初步形成；环境质量稳步提升，生态安全屏障更加牢固，生态系统和生物多样性得到有效保护；中心城市功能品质全面提升，农村人居环境显著改善，绿色生活方式广泛推行，生态环境治理效能进一步提升，生态文明制度不断完善。

到 2030 年，美丽中国"江西样板"建设全面提升。江西省绿色发展水平显著提高，生态系统实现良性循环，环境风险得到全面管控，生态文明制度建设持续深化，生态产业化与产业生态化水平大幅提升，碳达峰目标顺利实现。

到 2035 年，美丽中国"江西样板"建设高标准完成。江西省形成与高质量发展相适应的绿色生产生活方式，碳排放达峰后稳中有降，生态环境得到高水平保护，生态文化繁荣兴盛，成为大湖流域综合治理、中部地区绿色转型发展、绿色生态共同富裕模式构建、生态文明制度改革创新等方面的样板模范。

展望本世纪中叶，江西省正向着碳中和愿景稳步迈进，人与自然实现和谐共生，自然－经济－社会复合系统实现良性循环，绿色低碳、和谐包容、繁荣文明、高效智慧的品质充分彰显，秋水长天、沃土安宁、林繁湖碧、城景交融的景象全面呈现，为全国生态文明建设提供江西经验。

3. 打造美丽中国"江西样板"之人与自然和谐空间样板

高效合理的省域空间是美丽建设的基础和依托，也是美丽江西建设布局的总盘，对美丽江西建设具有重要的指引意义。从自然地理格局上看，江西省处于一个独立完整的鄱阳湖流域，赣西、赣南、赣东多丘陵，将位于中部偏北的鄱阳湖地区紧紧环抱，三大空间的联动效应比其他省份更加凸显。目前，江西省国土空间面临着局部生态环境敏感脆弱、城镇体系和都市圈发展不充分不协调以及资源利用方式粗放等问题，更需要强化核心、明确分区建设重点。人与自然和谐空间样板建设，以人与自然和谐共生为最高目标，通过强化生态保护格局的核心区域、跨省域联合生态共保来保障生态空间和谐稳定；通过优化农产品供应布局、拓展特色资源发展空间和落实耕地"三位一体"保护来提升农业空间特色品质；通过明确以强省会战略为核心的"一圈两轴多群"城镇格局、建立科学合理的开发建设模式来促进城镇空间高效发展；通过实施主体功能区战略、国土空间规划和生态环境分区管控来建立基于空间的精细化开发保护体系。空间样板最终将推动建立生态环境共保、产业文化共兴、生态引导和底线约束并重的和谐空间。

4. 打造美丽中国"江西样板"之绿色低碳经济崛起样板

建立健全绿色低碳循环发展经济体系，是美丽江西的内在动力，也是破解资源环境约束，实现可持续发展，推进江西省绿色崛起的基础之策。经长期努力，江西省生态产业化、产业生态化取得了明显成效。但面对碳达峰碳中和的目标要求，产业能源结构不优、水资源利用效率低下，绿色科技创新明显不足，绿色低碳发展任重而道远。绿色低碳经济崛起样板建设，要以实现减污降碳协同增效作为促进经济社会发展全面绿色转型的总抓手，有力有序推进碳达峰碳中和；深化区域绿色发展合作，全面参与长江经济带高质量发展，协同长三角一体化发展，加强与粤港澳大湾区合作，推进共建"一带一路"绿色发展；围绕构建先进制造业体系、建设现代绿色农业强省、赋能赋活绿色生态服务业、打造新一代低碳环保产业，培育绿色低碳发展动能；优化能源供给和消费结构，推进循环高效发展和交通、建筑、农业等重点领域绿色发展，构建绿色崛起支撑体系。经济样板最终将通过综合建设，打造供给丰富、路径多元、低碳高效的江西特色绿色经济体系。

5. 打造美丽中国"江西样板"之环境品质综合提升样板

良好生态环境是实现中华民族永续发展的内在要求，是增加民生福祉的优先领域，是建设美丽江西的重要基础。近年来，江西省大气、水、土壤、噪声等环境质量持续改善，但与美丽江西建设品质环境要求以及人民群众的美好期待仍有差距。环境品质综合提升样板建设，以环境质量改善为核心、深入打好污染防治攻坚战为抓手，聚焦气、水、土、声各环境要素深化治理。在大气环境领域，通过江西省大气污染全域全境全面治理，实现"常现江右繁星闪烁"的愿景目标；在水环境领域，通过"三水统筹"，打造人水和谐的江西"美丽河湖"样板，呈现"一江一湖五河百库"水清水美、人水和谐景象；在土壤环境领域，通过健全土壤全生命周期的管理体系，让人民吃得放心，住得安心；在噪声环境领域，通过提升声环境综合管理水平来营造安宁无喧和谐生活。环境样板最终将以补短板、促改善、惠民生为导向的环境品质综合提升新方案，打造

"秋水长天、沃土安宁"的优美环境[33]。

6. 打造美丽中国"江西样板"之自然生态保护增值样板

江西省林繁湖碧，基础优良，生态产品价值实现探索走在全国前列。但近年来，存在鄱阳湖水位下降、面积缩小，湿地生态系统受到威胁，森林质量不高，重要河流上游地区水土流失，部分采矿破坏山体尚未复绿等问题，生态质量尚有提升空间。自然生态保护增值样板建设，应牢固树立生态资本、生态价值理念，一方面强化鄱阳湖大湖流域整体保护意识，以大湖流域山水林田湖草沙综合治理来推进自然生态系统修复，重点解决江西省生态修复中的水土流失防治与废弃矿山治理两大痛点难点问题，强化生态系统监测、保护修复成效评估和强化生态保护监管，通过整体保护、系统修复、全面监管增强生态系统整体服务价值和碳汇能力，增进自然生态资本积累；另一方面，样板通过健全生态产品价值实现机制、健全丰富生态保护补偿机制和模式、做强生态产业优势领域等具体任务，畅通"两山"转化路径，深化生态产品价值实现。生态样板最终将以整体保护、系统修复、全面监管增进自然生态资本积累，形成山江披绿、林湖生金的自然生态保护增值新模式。

7. 打造美丽中国"江西样板"之生态环境安全保障样板

生态环境安全作为国家安全的重要组成部分，关系人民群众福祉、经济社会可持续发展和社会长久稳定，是国家安全体系的重要基石。近 10 年来，江西省生态环境安全整体稳定。

但目前生态环境风险问题仍时有发生，结构性、布局性生态环境风险隐患将长期存在。生态环境安全保障样板建设，以保障人民身体健康和生态环境安全为出发点，践行总体国家安全观，统筹污染治理、质量改善和风险防范，提升危险废物监管和处置能力，加强重金属和尾矿库综合治理，加强新污染物和化学品治理，提升生物多样性安全保障能力，加强生物安全管理，构筑自然灾害风险防御屏障，强化核与辐射安全监管，健全生态环境应急体系，深化环境健康管理，加快形成经济社会安全与环境安全、生态安全、生物安全和核安全综合保障新样板。安全样板最终将筑牢生态环境安全防线，为建设美丽江西创造风险可控、清洁健康的安全环境。

8. 打造美丽中国"江西样板"之景美居乐城乡共融样板

良好的人居环境是人民群众的深切期盼，城乡人居环境建设是实施新型城镇化战略和乡村振兴战略的重要组成部分。近年来，江西省在城市更新、特色小镇、传统村落保护以及宜居试点示范创建等方面取得一定成绩，但仍存在城乡建设需求和生态保护冲突、城乡公共服务设施和基础设施分布不均衡等短板问题。景美居乐城乡共融样板建设，须坚持城乡统筹，以"景美居乐"为出发点，建设有颜值、有内涵、有活力的赣韵城乡，逐步提升城乡一体化发展水平，推动城乡要素双向流动和全面融合，全方位提升城乡人居环境品质。通过"共促经济、共塑风貌、共享服务"，重点推进以县城为重要载体的城镇化建设，系统共筑全域万里城乡绿道，不断完善社区、镇村生活服务圈，打开城乡融合发展的新局面。深入推进"智慧城市、海绵城市"建设，全面提升城市智慧化精细管理水平和城市安全韧性，塑造城景交融的现代城市精致景观。通过"补短板、激活力、促融合"，高质量推进新型城镇化建设，分类打造生态宜居美丽乡镇。通过"人居环境整治、乡村分类引导"，全面改善农村人居环境，高品质塑造一批独具韵味的美丽乡村。城乡样板最终将分别用五年左右的时间，逐步建设成"宜居城乡、活力城乡、魅力城乡"。

9. 打造美丽中国"江西样板"之赣鄱生态文化赓续样板

文化建设为美丽江西积淀了深刻的人民生态意识和主观能动性基础，是美丽江西建设的精神主线。江西省作为革命老区、节义之邦、心学之源，文化色彩浓烈鲜明，文化底蕴与美丽江西文化建设之间具有深厚的逻辑联系和情感联系。目前江西省尚有大量优秀传统文化未得到充分宣传，以生态价值观念为准则的生态文化体系建设还不系统、不完善，生态文化传承的群众基础、思想基础、行动基础还不牢固，生态文化产业还需要持续大力培育、全面广泛支持、高质优质发展。赣鄱生态文化赓续样板建设，传承发扬"红绿古"文化特色，坚持文化多彩齐放、融会贯通，继承江西省红色精神文化品格，融入赣鄱文人"天地万物一体"的生态思想，用红绿精神传承发展和古绿文脉交织相融扣紧古今文化传承纽带，通过保护利用文化载体、培育优秀文化产业、建设文化宣传阵地来全方位提升文化软实力，以"致良知"的阳明心学思想推动生态文明意识与文明习惯养成相融合。文化样板最终将构建由传承到发展、由理论到实践、由外美到内化的赣鄱生态文化体系，建设美丽江西的精神文明家园。

10. 打造美丽中国"江西样板"之生态文明制度创新样板

推进生态环境领域治理体系和治理能力现代化是国家治理体系现代化的重要内容，是建设人与自然和谐共生的美丽中国、实现生态环境根本好转的基础支撑。党的十八大以来，江西省生态文明制度"四梁八柱"全面构建，深化改革创新成果丰硕，走在全国前列。面对生态环境治理体系现代化建设需求，江西省生态环境保护体制、机制、政策等还不够健全，生态文明体制机制改革的制度优势尚未全面有效转化，现代环境治理体系和治理能力亟须加强。生态文明制度创新样板建设在突出重点领域、擦亮美丽江西鲜明底色基础上，要从依靠党委政府和行政手段为主的传统治理方式，转变为党委领导、政府主导、企业主体、社会公众多元参与的现代环境治理多元共建责任体系；要充分发挥制度、市场、科技和社会作用，健全生态环境管理制度，加强法治建设和体制机制改革，加强投入保障、要素支持、市场激励，强化美丽江西建设科技支撑、数字化应用和能力建设，促进制度优势向治理效能转化，不断推进江西省生态环境治理体系和治理能力现代化，为推动美丽江西建设提供内生动力和制度保障。制度样板最终将以改革创新、系统集成、智慧协同为路径，全面提高美丽江西建设和治理效能，构建具有江西特色的生态文明制度体系[34]。

11. 美丽江西建设八大战略行动

美丽江西建设八大战略行动是：完善空间开发保护战略行动，包括自然保护地建设工程和美丽江西推进格局；推进绿色低碳经济崛起战略行动，包括绿色试点示范推进行动、重点行业绿色化升级工程、清洁低碳高效能源体系建设工程和"无废城市"建设工程；提升环境综合品质战略行动，包括大气环境精细化管控工程、水环境质量改善工程、土壤与地下水污染风险防控工程和声环境质量改善工程；促进生态系统保护增值战略行动，包括山水林田湖草沙一体化保护修复工程、生态产品价值实现实践探索行动和生态产品价值实现创建行动；保障生态环境安全战略行动，包括污染物清单化防控行动、危险和医疗废物处置能力提升工程、自然生态安全维护工程、环境应急能力提升工程和试点建设工程；建设魅力城乡战略行动，包括城乡人居活力提升工程、城乡人居魅力塑造工程和绿道建设工程；生态文化赓续传扬战略行动，包括"红绿古"文化保护传承工程和生态文化教育行动；美丽江西制度改革创新推进行动，包括落实美丽江西全民共建行动、创新生态环保区域合作机制和生态环境治理效能提升工程。

（二）美丽江西建设成效

党的十八大以来，江西省委、省政府始终牢记习近平总书记"绿色生态是江西最大财富、最大优势、最大品牌"的嘱托，坚定不移走生态优先、绿色发展之路，纵深推进国家生态文明试验区建设，深入打好污染防治攻坚战，全省生态文明建设和生态环境保护取得了历史性成就，美丽中国"江西样板"呈现出新的气象。

1. 狠抓污染防治攻坚，持续改善环境质量，打造高标准环境

党的十八大以来，特别是2018年以来，江西省以两轮"8大标志性战役、30个专项行动"为抓手，推动污染防治攻坚战从"坚决打好"转向"深入打好"，以"蓝天、碧水、净土"保卫战的扎实成效，推动江西省生态环境质量持续大幅改善。2012—2022年，江西省空气优良天数比率提高了8.8%，细颗粒物浓度下降了34.1%，国考断面水质优良比例提高了16.8%，地表水水质优良比例提高了12.9%。2021年赣江干流33个断面首次全部达到Ⅱ类，实现赣江干流水质类别突破。

2. 加强生态示范创建，持续推进保护修复，创建高颜值生态

江西省深入实施生态示范创建和一体化保护修复，不断巩固全省生态系统的质量和稳定性、提升江西省"风景这边独好"的形象。截至2024年7月，江西省已创建国家"两山"实践创新基地10个、生态文明建设示范区28个，有世界地质公园4处、国际重要湿地2处、国家级风景名胜区18处。目前，江西省森林覆盖率达63.35%，国家森林城市、园林城市实现设区市全覆盖，生态质量指数全国领先，自然保护地类别齐全，生物物种资源丰富，是公认的"珍禽王国"和"候鸟天堂"。

3. 开展全面绿色转型，持续促进降碳扩绿，推动高质量发展

江西省持续深化环评领域"放管服"改革和重大项目帮

扶，严控"两高"项目盲目发展，协同推进降碳、减污、扩绿、增长。10年来，江西省累计创建国家级绿色工业园区13个，绿色发展指数连续9年居中部地区第1位，在全国率先实施覆盖全境全流域的生态补偿机制，累计下达流域补偿资金210.9亿元。"生态鄱阳湖·绿色农产品"等品牌在全国全面打响，战略性新兴产业、高新技术产业快速发展。

4. 坚持深化改革创新，持续健全制度体系，实现高效能治理

江西省始终牢记习近平总书记"提高生态环境领域治理体系和治理能力现代化水平"的谆谆教诲，2016年6月，江西省全省纳入首批国家生态文明试验区。多年来，江西省肩负起为全国生态文明体制改革探索典型经验和成熟模式的重任，国家生态文明试验区38项重点改革任务全部完成，35项生态文明体制机制改革经验和制度成果落地推广，赣江新区绿色金融改革获得国务院表彰，赣州生态文明体制改革获国务院督查激励，山水林田湖草沙保护修复、全流域生态补偿、河湖林长制等改革走在全国前列，在全国率先开展生态产品价值实现机制试点，着力打通"绿水青山"和"金山银山"双向转化通道，为美丽江西建设打下了坚实的制度基础。江西省在全国首次成立由省委书记和省长为"双主任"的省生态环境保护委员会，出台生态环境保护工作责任规定，全面落实"党政同责、一岗双责""管发展必须管环保、管行业必须管环保、管生产必须管环保"责任制，全省齐抓共管、联防联治的生态环境保护大格局基本形成。

5. 牢记环境就是民生，持续加强生态惠民，创造高品质生活

江西省认真做好生态环境民生实事，市县两级饮用水水源地水质达标率均为100%，消灭了Ⅴ类及劣Ⅴ类水。截至2022年8月，江西省建成建制镇生活污水处理设施547座、农村污水处理设施6285座、城镇污水管网2.3万多千米，107个省级以上开发区均建成一体化监控平台和集中式污水处理设施，建成生活垃圾焚烧处理设施38座，危险废物、医疗废物年处置能力分别提高到65万吨、5.6万吨。人民群众的生态获得感、幸福感、安全感持续提升，全省公众生态环境满意度上升到90%以上。

6. 坚持文化保护赓续，持续繁荣生态文化，实现厚底蕴人文

坚持生态惠民、生态利民、生态为民，绿色生态与历史文化浑然一体，始终赓续井冈山精神、苏区精神和长征精神，十大文化独具特色，物质文化遗产和非物质文化遗产绚烂多彩，"天地万物一体"的生态理念、生态信仰、生态文化在民俗民风中延续至今。截至2024年4月，江西省有中国历史文化名城6座、国家历史文化名镇名村50个、历史文化街区82片，赣州、吉安被评为全国"最具生态竞争力城市"。

参考文献

[1] 中华人民共和国国家统计局. 中国统计年鉴[M]. 北京：中国统计出版社，2022.

[2] 中共山东省委,山东省人民政府. 关于建设生态山东的决定[EB/OL]. [2012-01-10]. http://www.sdein.gov.cn/ztbd/lszt/stsdjs/201201/t20120111_780891.html.

[3] 徐光平. 美丽山东建设的核心任务与实施路径研究[J]. 开发研究.2014(6):16-19.

[4] 山东省人民政府. 关于开展"绿满齐普·美丽山东"国工绿化行动的实施意见[EB/OL]. [2017-12-19]. http://m.sd.gov.cn/art/2017/12/19/art_100623_28268.html.

[5] 王安德. 深入学习贯彻党的十九大精神加快生态山东美丽山东建设[J]. 环境保护. 2017,45(22):40-43.

[6] 许云飞. 山东省全面推进美丽山东建设[J]. 国土绿化. 2018(7):54.

[7] 毕建康. 全力打造美丽中国、美丽山东的"威海样板"[J]. 环境保护. 2019,47(23):69-71.

[8] 王际振. 山东省持续推进"绿满齐鲁美丽山东"大规模国土绿化行动[J]. 国土绿化. 2020(5):28-29.

[9] 山东省人民政府. 山东省"十四五"生态环境保护规划[EB/OL]. [2022-12-09]. http://m.sd.gov.cn/art/2022/12/29/art_z307620_10331505.html.

[10] 山东省委办公厅,山东省政府办公厅. 美丽山东建设规划纲要(2021—2035年)[EB/OL]. [2022-06-21]. http://www.shandong.gov.cn/art/2022/6/21/art_307620_10330612.html.

[11] 中共四川省委关于深入学习贯彻习近平总书记对四川工作系列重要指示精神的决定[N]. 四川日报,2018-07-02(1).

[12] 中共四川省委关于全面推动高质量发展的决定[J]. 四川党的建设,2018(13):22-31.

[13] 单鑫，杨韬，余晨. 省级国土空间生态保护修复"一盘棋"规划和实施：以四川省为例［J］. 中国土地，2022（12）：41-44.

[14] 四川省人民政府办公厅关于转发省发展改革委住房城乡建设厅四川省生活垃圾分类制度实施方案的通知［J］. 绵阳市人民政府公报，2018（6）：18-22.

[15] 温宗国，唐岩岩，王俊博，等. 新时代循环经济发展助力美丽中国建设的路径与方向［J］. 中国环境管理，2022，14（6）：33-41.

[16] 邓小东，荣廷俊，陈绍军. 四川省绿色发展产业体系与对策分析［J］. 四川农业科技，2018（9）：66-68.

[17] 关于全面加强生态环境保护坚决打好污染防治攻坚战的实施意见［N］. 四川日报，2018-11-26（1）.

[18] 龙启超，何敏，陈军辉，等. 四川省产业发展现状及大气环境效应分析［C］// 中国环境科学学会. 2020中国环境科学学会科学技术年会论文集（第一卷）.《中国学术期刊（光盘版）》电子杂志社有限公司出版，2020：686-692.

[19] 蒋吉发，王正勇. 四川省地表水资源量变化趋势分析［J］. 四川水利，2022，43（1）：47-52.

[20] 曹玉婷. 建设用地土壤污染风险管控制度完善研究［D］. 中南财经政法大学，2021.

[21] 徐小双. 四川省水资源强监管实施情况浅析［J］. 四川水利，2021（S1）：29-31.

[22] 肖欢，孙小飞，吴开杰，等. 四川省典型地貌类型区土地利用信息提取研究［J］. 地理空间信息，2016，14（4）：81-83，12.

[23] 胡君，李丽，杜燕，等. 四川植被研究的回顾与展望［J］ 中国科学：生命科学，2021，51（3）：264-274.

[24] 李想. 四川省脱贫地区产业扶贫转型升级的区域实现研究［D］. 四

川大学，2021.

[25] 黄连云. 成都历史文化遗产传承与旅游经济协调发展研究[D]. 西南民族大学，2019.

[26] 董战峰，周佳，毕粉粉，等. 应对气候变化与生态环境保护协同政策研究[J]. 中国环境管理，2021，13（1）：25-34.

[27] 中共江西省委，江西省人民政府. 关于江西在新时代推动中部地区高质量发展中加快崛起的实施意见[EB/OL]. http://www.jiangxi.gov.cn/art/2021/9/16/art_396_3589580.html.

[28] 万军，王金南，李新，等. 2035年美丽中国建设目标及路径机制研究[J]. 中国环境管理，2021，13（5）：29-36.

[29] 全文实录 |"江西这十年"系列主题新闻发布会（打造美丽中国"江西样板"专题）[C/OL]. [2022-08-24]. http://sthjt.jiangxi.gov.cn/art/2022/8/24/art_42462_4119661.html.

[30] 中共江西省委，江西省人民政府. 美丽江西建设规划纲要（2022-2035年）[EB/OL]. [2023-02-14]. http://www.jiangxi.gov.cn/art/2023/2/14/art_396_4356591.html.

[31] 关于《江西省推进生态鄱阳湖流域建设行动计划的实施意见》的解读[EB/OL]. http://mrl.drc.jiangxi.gov.cn/art/2022/4/5/art_24600_3909016.html.

[32] 开创中部地区高质量发展新局面江西：找准定位、发挥优势、集成政策[EB/OL]. https://baijiahao.baidu.com/s?id=1708397088298767545.

[33] 中共中央 国务院关于新时代推动中部地区高质量发展的意见[EB/OL]. [2021-07-22]. https://www.gov.cn/zhengce/2021-07/22/content_5626642.htm.

[34] 俞可平. 推进国家治理体系和治理能力现代化[J]. 前线，2014（1）：5-8，13.

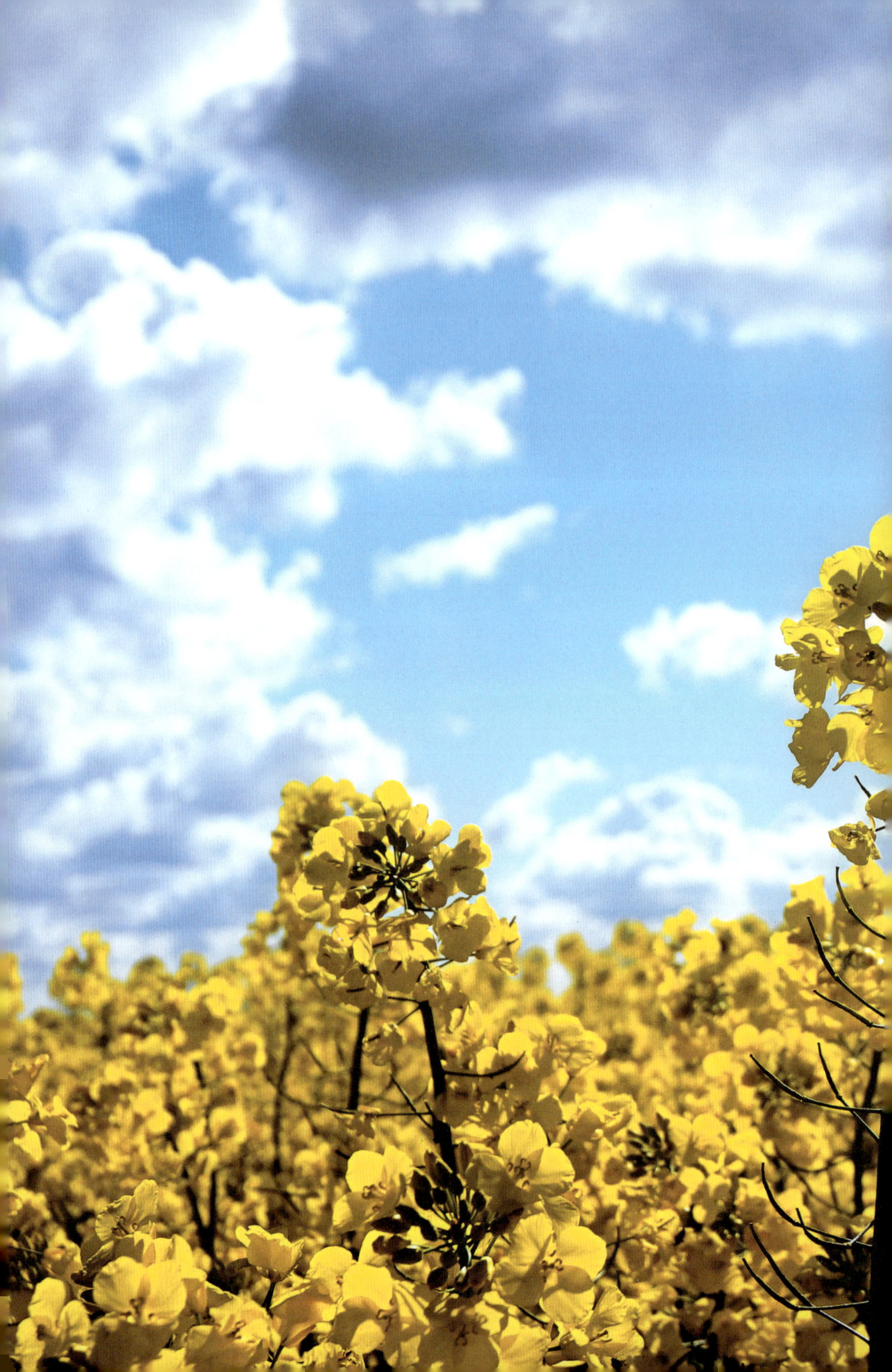

第八章
实施美丽典范引领
打造美丽宜居城乡

美丽中国

城市是我国人口最密集、社会经济活动最集中的区域，也是资源能源开发利用强度大、污染排放集中、生态环境问题集中的区域，是统筹经济社会发展和生态环境保护的重要单元[1-2]。乡村是具有自然、社会、经济特征的地域综合体，兼具生产、生活、生态、文化等多重功能，与城镇互促互进、共生共存，共同构成人类活动的主要空间。美丽城市、美丽乡村建设既是美丽中国建设的基础和前提，也是推进生态文明建设的重大工程[3-4]。

一、美丽城市建设典型案例

各城市根据习近平总书记重要讲话和指示精神，积极开展美丽城市建设实践[5-6]。杭州市于2020年制定《新时代美丽杭州建设实施纲要（2020—2035年）》，深圳市于2021年印发《深圳率先打造美丽中国典范规划纲要（2020—2035年）及行动方案（2020—2025年）》。浙江省、江苏省、福建省等省份推进全域美丽城市建设，上海市、青岛市、烟台市等城市积极推进相关规划编制，东部地区美丽城市建设探索蔚然成风，形成了一系列典型案例和经验。

（一）美丽杭州

杭州市拥有山水人文的先天优势和率先发展的后天成效，在长期的城市经营管理和生态环境建设中，积累了丰富的经验，具有美丽城市建设的先行优势[7]。为深入贯彻落实习近平生态文明思想，扎实落实好习近平总书记对杭州市努力建设成为美丽杭州的样本、生态文明之都、建设人与自然和谐相处、共生共荣宜居城市的殷切期望与战略定位，杭州市委、市政府统一部署，编制印发《新时代美丽杭州建设实施纲要（2020—2035年）》《新时代美丽杭州建设三年行动计划（2020—2022年）》，成为面向新时代美丽杭州建设的战略路线图与施工路线图[8]。

1. 美丽杭州建设背景

杭州市高度重视生态文明和美丽杭州建设。2013年年初，习近平总书记在视察杭州市时提出了"杭州山川秀美，生态建设基础不错，要加强保护，尤其是水环境的保护，使绿水青山常在。希望你们更加扎实地推进生态文明建设，努力使杭州成为美丽中国建设的样本"的殷切希望。同年8月，杭州市印发实施《"美丽杭州"建设实施纲要（2013—2020年）》，设立了杭州市委、市政府主要领导任组长的美丽杭州建设领导小组，把美丽杭州建设关键指标和任务纳入各级政府、部门目标责任和考核体系，明确了美丽杭州建设的战略定位、"六美"目标指标体系以及中长期战略任务，推动杭州市各领域、全方位美丽建设提质、提速，成为党的十八大提出"美丽中国"建设目标之后，在全国城市层面率先探索开展美丽建设的先行示范城市。

新时代新征程，美丽杭州建设扬帆再出发，继续在美丽中国建设实践中发挥示范带头作用。2020年3月，习近平总书记考察浙江省时，对杭州市做出了"统筹好生产、生活、生态三大空间布局，在建设人与自然和谐相处、共生共荣的宜居城市方面创造更多经验"的新指示。2020年6月，杭州市召开新时代美丽杭州建设推进会，发布《新时代美丽杭州建设实施纲要（2020—2035年）》，提出要深入推进美丽中国样本建设，奋力打造闻名世界、引领时代、最忆江南的"湿地水城"，厚植生态文明之都特色优势，努力成为全国宜居城市建设的"重要窗口"。

2. 美丽杭州建设思路

在美丽杭州建设的实践探索中，杭州市坚定走生产发展、生活富裕、生态良好的文明发展道路，外在颜值、内在气质显著提升，"生态文明之都"的绿色底色和成色更加浓郁，杭州市既保持了经济高质量发展，又保持了良好的自然本底，同时环境质量持续改善，在协调推进经济高质量发展和生态环境高水平保护方面起到了很好的综合引领、示范标杆作用，成为城市中的"美丽中国样本"。

一是系统评估总结美丽杭州建设样本经验。杭州市系统评价美丽杭州建设实施的目标指标、重点任务完成情况，梳理六大标志性建设成效以及样本模式、经验，为打造新时代美丽杭州建设升级版提供基础。

二是明确新时代美丽杭州建设"一都三区"战略定位。杭州市以"生态文明之都"建设为统领，以"七美七城"建设为抓手，将美丽杭州作为"建设人与自然和谐相处、共生共荣宜居城市"的诗画写照,做精"建设美丽中国的样本",努力将杭州市打造成为美丽中国建设的先行示范区、人与自然和谐共生现代化综合引领区、习近平生态文明思想窗口展示区。

三是部署新时代美丽建设七大战略任务。以建设美丽杭州为生态文明建设和生态环境保护主线,杭州市统筹部署"七美七城"建设,筑牢生态美,打造和谐共生之城;建设环境美,打造清新健康之城;培育经济美,打造绿色发展之城;深化城乡美,打造美好宜居之城;营造人文美,打造生态文化之城;编织生活美,打造幸福和谐之城;完善制度美,打造现代治理之城。

四是强化建设战略落地实施。基于扎实的战略研究成果基础,杭州市编制印发《新时代美丽杭州建设三年行动计划(2023—2025年)》,研究制定《新时代美丽杭州建设指标体系》,将顶层战略设计图转化时间表、施工图,扎实推进新时代美丽杭州建设。

3. 美丽杭州建设重点任务

美丽杭州建设的重点任务是:深入贯彻习近平生态文明思想,坚定践行"两山"理念,围绕建设美丽中国样本总要求,把保护好西湖和西溪湿地作为杭州城市发展和治理的鲜明导向,以生态美、生产美、生活美为主要内容,以美丽"提质"和"两山"转化为重点,在"一带一路"、长三角一体化、美丽浙江、"四大建设"战略实施进程和加快建设"一城一窗"实践中,不断厚植生态文明之都特色优势,全面提升生态环境治理体系和治理能力现代化水平,加快建设人与自然和谐相处、共生共荣的宜居城市,努力打造新时代全面展示习近平生态文明思想的重要窗口。

(1)着力加强国土空间用途管制

优化"三生空间"格局。杭州市构建以"三区三线"为基础、"三线一单"为支撑、统一用途管制为手段的国土空间开发保护新格局;完善绿色生产空间,推动钱塘新区、杭州城西科创大走廊、杭州高新区(滨江)富阳特别合作区等重大产业平台高质量发展,集中连片发展绿色生态农业,梯度发展科创和先进制造业,集聚发展现代服务业;打造宜居生活空间,全面形成拥江发展格局;构建"三圈三带一湖"全域生态空间,完善生态安全架构。

(2)创新推动绿色发展

构建智慧产业体系。杭州市接轨长三角生态绿色一体化发展示范区建设,加快形成高质量发展的区域增长极;深化创新驱动,做强数字经济与制造业高质量发展"双引擎";加快形成新一代信息技术及应用万亿级产业集群、高端装备等千亿级主导产业集群、人工智能等百亿级产业集群。

进一步促进"两山"转化。杭州市依托良好生态环境优势,大力招引高端人才和高新产业,推动经济高质量发展;培育"两山"转化新业态,发展"生态+""互联网+"产业,做精大旅游、大健康等深绿产业;拓展生态经济化路径,探索建立"两山银行",深化生态产品价值实现机制,推动生态效益更好转化为经济效益、社会效益。

加速传统产业转型提升。杭州市坚持"腾笼换鸟""凤凰涅槃",淘汰低端产能,改造提升化工、化纤、橡胶、纺织(印染)、建材等传统制造业,完成富阳造纸、钱塘新区外六工段化工行业转型升级;推进清洁化生产,鼓励企业以数字化、网络化、智能化为主线实施重大技术改造;加快开发区和特色产业园区生态化改造,打造"美丽园区"。

(3)优化提升自然生态品质

加强西湖、西溪湿地和千岛湖保护。杭州市以西湖、西溪湿地和千岛湖为重点,全面提升保护、管理、经营、研究水平;实施西湖全域综合提升行动,强化自然生态景观保护,进一步提升西湖水生态品质;实施西溪湿地原生态保护提升行动,打造世界湿地保护与利用的典范;加强千岛湖综合保护,推动新安江流域水生态环境共保,建成淳安特别生态功能区[9]。

系统实施生态保护与修复。杭州市坚持山水林田湖草生命共同体理念,实施重点生态敏感地区生态系统保护修复重大工程;统筹湘湖、南湖、大江东江海湿地等湿地群建设,创建国际湿地城市,打造"万顷湿地、万里碧水"的"湿地水城";强化"三江两湖"水源涵养和水质保护,加强西部山区水土流失重点区和废弃矿山生态修复。

加强生物多样性保护。杭州市以天目山、清凉峰国家级自然保护区为重点,建立杭州特色自然保护地体系;建立生物多样性保护调查、监测、评估、宣传等机制，对珍稀动植物实现应保尽保；严控外来物种引入，完善生物安全应急管理体系。

（4）持续改善环境质量

深化大气环境系统治理。杭州市优化产业、能源、交通、用地结构，深化"五气共治"，持续开展以细颗粒物、臭氧"双控双减"为核心的挥发性有机物和氮氧化物区域协同减排；严控煤炭消费总量，提高清洁能源和可再生能源占一次能源消费的比重；加强"车、油、路"统筹，打造"绿色物流区"，实现全市域车辆和非道路移动机械清洁化；加强城市扬尘精细化管控；深化餐饮油烟、露天焚烧等城乡废气治理。

统筹流域水生态环境综合治理。杭州市建立了以流域水生态环境控制单元为核心的管控体系；持续深化"五水共治"，推进"污水零直排"建设；统筹陆海、城乡、地上地下等协同治理，高标准推进河湖生态缓冲带试点建设，实施重要河湖污染总量控制；加强饮用水源地保护，防范环境风险，完善千岛湖配水供水配套工程，建成钱塘江流域工业用水厂；深化河（湖）长制，构建全域幸福河，打造现代版"清明上河图"。

强化土壤和固废环境监管。杭州市建立建设用地土壤污染风险管控和修复名录制度，完成耕地土壤质量类别划定，突出农用地和建设用地土壤治理修复和安全利用，健全土壤污染防控体系，保障粮食与食用农产品安全；持续推进固废源头减量和资源化利用,全面实施生活垃圾高质量分类;完善固废处置基础设施,确保固废处置环境安全,建成全域"无废城市"。

(5)精心打造宜居城乡

匠心描绘韵味都市。杭州市深入实施大花园建设工程,延续"诗画江南、灵秀精致、山水城相依"的历史风貌,彰显"拥江而立、疏朗开放、城景文交融"的大山水城市特色;完善重要廊道、核心区域城市设计,增强运河、钱塘江、湘湖等核心景观风貌区重点保护和管控,努力展现"未来城市"的现代版"富春山居图"[10]。

提升美丽城镇品质。杭州市持续深化美丽城镇建设,充分发挥梅城、塘栖、龙门古镇等示范作用,持续完善城镇环境基础设施,全面提升"百镇样板、千镇美丽"建设水平,形成宜居宜业的镇村生活圈。

深化风情乡村建设。杭州市充分发挥"大下姜"乡村振兴联合体等示范作用,持续深化"百千工程",全面实现乡村振兴;持续提升农村环境整治水平,推进村庄布点规划全覆盖,形成融田野、村落、文化为一体的特色乡村景观;完善农村公共服务体系,实现城乡同质供水。

精细雕琢未来社区。杭州市深入实施老旧小区改造,系统规划城市公共空间,不断提升生活环境;提升改造慢行系统,率先实现"建成区 5 分钟步行可达绿道网";创新街道治理方式,建设一批以和睦共治、绿色集约、智慧共享为理念的未来社区。

(6) 传承发展美丽人文

培育创新生态文化。杭州市打造"世界遗产群落",深入挖掘良渚文化、南宋文化、西湖文化、运河文化中的生态元素,打造钱塘江唐诗之路,打响"诗画江南"品牌;实施"城市记忆"工程,加强文物保护和非遗传承;构建生态文化现代传播体系,建立完善一批高水平生态文明教育基地,增强全民生态文明意识[11]。

打造绿色健康社会环境。杭州市深化"六位一体"低碳城市建设,着力打造低碳建筑、低碳交通;发挥"绿色亚运"效应,倡导绿色办公、绿色出行、绿色消费等社会新风尚;传播健康理念,完善重大疫情防控体制机制,健全公共卫生管理应急体系,打造全球健康城市建设典范。

(7) 建立健全生态文明制度体系

严明生态环保责任制度。杭州市坚持党政同责、一岗双责,优化生态文明建设考核制度,完善生态环保工作责任规定,严格落实企业污染治理主体责任;全面开展领导干部自然资源资产离任审计;完善生态环保督察迎检和整改机制;健全生态环境监测和评价制度;落实生态环境损害赔偿制度,实行生态环境损害责任终身追究制。

实行最严格的生态环境保护制度。杭州市实施最严格的执法监管机制,构建以排污许可制为核心的固定污染源监管制度和主要污染物减排约束制度体系,完善区域环境共保联治机制；落实国土空间规划和用途统筹协调管控制度；健全生态保护和修复制度，设立自然保护区生态警务室、淳安县人民法院千岛湖环境资源法庭；完善生态环保地方法规和标准体系，探索建立二氧化碳总量控制制度。

健全资源高效利用制度。杭州市实施最严格的资源管理制度；建立自然资源调查、确权、监测、评价和信息共享制度；深化多元化、市场化生态补偿机制；落实资源有偿使用制度，实行资源总量管理和全面节约制度。

建立现代化环境治理体系。杭州市强化数字赋能城市治理，建设数字环保第一城；建立"环境医院"等生态环境咨询服务网络体系；健全环境治理信用体系，建立企业环境健康码管理制度；健全环境治理市场体系；建立健全生态环境问题发现机制，完善社会监督和整改督办机制，落实公益诉讼制度；加强基层生态环境保护能力建设。

（二）美丽青岛

青岛市深刻把握习近平生态文明思想精髓，积极践行"两山"理念，坚持生态优先、绿色低碳发展，坚决打好污染防治攻坚战，加快建设山海城共融的美丽城市，以生态环境高水平保护推动经济高质量发展，开展全面、系统、长周期的美丽省（市）建设。青岛市委、市政府统一部署，编制印发《美丽青岛建设规划纲要（2022—2035年）》。这也成为新征程下美丽青岛建设的战略路线图与施工路线图。

1. 美丽青岛建设背景

青岛市陆海辽阔、山海相映、城海相依、环境宜人、底蕴深厚、中西交融，绿色低碳高质量发展走在全国前列，是国家沿海重要中心城市、国际性港口城市、国家历史文化名城和滨海度假旅游城市，具有"红瓦绿树、碧海蓝天"的独特风貌，被誉为"东方瑞士"[12]。

青岛市深入推进"蓝天、碧水、净土"攻坚战，生态环境质量显著改善，蓝天白云、绿水青山成为常态。2022年，青岛市空气质量优良天数达到323天，连续三年稳定达到国家二级标准。国、省控断面水质全部达标，全面消除城市建成区黑臭水体，水环境质量改善度排名全国前列。近岸海域水质优良面积比例达到99%，海洋生态环境质量稳中有升。土壤和地下水环境质量总体稳定，农用地安全得到保障，污染地块安全利用率保持100%，出台"无废城市"建设实施方案，加快推进"无废城市"建设。

2. 美丽青岛建设总体思路

青岛市以建设美丽中国样板区为目标，以"活力海洋之都、精彩宜人之城"为愿景，最终确定以和谐生态、品质环境、健康韧性、宜居典范、低碳先行、出彩文化、现代制度、绿色窗口"八美之城"为建设重点，打造山海一体、城湾相融、环境优美、生态宜人的美丽青岛建设框架[13]。

一是充分发挥"国际客厅"效应，将青岛市打造成为生态文明国际合作开放创新高地，建设山东省面向世界开放发展的桥头堡，打造国家纵深开放新的重要战略支点，努力成为向世界展示习近平生态文明思想的"重要窗口"。

二是发挥新旧动能转化核心城市引领作用，青岛市以形成绿色低碳生产生活方式为主攻方向，以减污降碳协同增效作为总抓手，深化新旧动能转换，推进国家低碳城市试点，争创全国碳中和先行示范区，努力在绿色低碳高质量发展先行区建设中体现龙头担当。

三是围绕优质生态产品供给，青岛市统筹气、水、土、海等要素，健全陆海统筹污染治理体系，促进"河—陆—湾—海"生态系统良性循环，不断提高生物多样性，加快建设绿色可持续的海洋生态环境，努力实现人与自然和谐共生。

四是牢牢把握人民群众对美好生活的向往，青岛市聚力提升城市品质，持续改善人居环境质量，优化城乡公共服务供给，推动形成共同富裕体制机制和政策体系，建设生态环境良好、人文底蕴深厚、城乡高水平融合、人民安居乐业的滨海宜居典范之城。

3. 美丽青岛建设重点任务

（1）蓝绿交织，打造共享自然生态和谐之城

青岛市实施"从山顶到海洋"的"陆海一盘棋"策略，保护山海相依生态空间，筑牢通山达海的生态基底，推进重点区域生态保护修复，强化陆海一体生态监管，建立覆盖全面的生态监管体系，建设生物多样性友好城市，建设高质量"山海湾岛林田河"生命共同体；编制重点生物遗传资源目录，及时更

新生物多样性优先保护名单；建立青岛市野生中国特有动植物信息数据库，推进国家特殊及珍稀林木培育和良种选育攻关；健全生物多样性损害鉴定评估方法和工作机制，严格生物技术研发应用监管与生物实验室管理；营建生物友好城市氛围，扩展野生动植物生存空间[14]。

（2）协同共治，打造碧海蓝天环境品质之城

以环境品质提升为核心，坚持区域联动、陆海统筹、水土共治，建立陆海一体化的污染综合防治机制，加大大气、水、海洋、土壤污染的协同防控力度，统筹推进"青岛蓝"清新空气示范区、高质量北方美丽河湖样板、全域美丽海湾和国家土壤污染防治先行区建设，让"碧海蓝天、水清土净"成为美丽青岛的生动写照。

（3）多维联动，打造环境健康安全韧性之城

以保障人民群众健康和安全为根本出发点，青岛市统筹传统安全与非传统安全，守护生态环境安全底线，加强气候韧性能力建设，提升城市全生命周期生态环境安全和多维韧性，构筑城市精细化、常态化的风险管控和应急保障体系，为美丽青岛建设提供安全健康韧性的环境；健全城市应急管理体系；加大高品质饮用水工程设施投入、管理和维护，不断提升并维持饮用水水源地水质，建立从"源头到龙头"的全过程饮用水安全保障体系；深化声环境管理，推进生产、生活噪声污染防治，落实噪声主体责任；加强食品全链追溯、全程监管，确保人民群众"舌尖上的安全"。

（4）城乡统筹，打造同美普惠宜居典范之城

立足城海相依、古今相映、城乡相融的地域特征，青岛市以魅力、普惠、宜居为目标，完善城乡服务功能，推动城乡建设融合发展，全面建设美丽宜居公园城市，塑造具有鲜明特色的美丽宜居特色城镇，打造乡村振兴齐鲁样板先行区，为青岛市城乡人居环境"赋能、赋美、赋魂"，满足人民群众对美好城乡生活的期待[15-16]。

（5）产城共兴，打造绿色低碳发展先行之城

青岛市以碳中和为目标愿景，深化新旧动能转换，先行示范碳达峰碳中和，推动产业基础高级化、产业链条现代化，引领产业迈向全球价值链中高端，持续激发海洋蓝色动能，着力打造绿色低碳发展先锋，健全绿色发展支撑体系，努力在先行区建设中体现龙头担当；建立绿色多元的能源体系，加快推动能耗"双控"向碳排放总量和强度"双控"转变；构建绿色低碳的交通体系，加快推进青岛港建设"中国氢港"；建设国家级和省级绿色工厂、绿色园区、农业循环经济园区。

（6）多元包容，打造生态文化魅力出彩之城

青岛市以"人与自然和谐共生"为指引，将齐鲁传统文化底蕴、胶东海洋文化特质、近现代欧陆风情特色有机融合，厚植自然和谐文化底蕴，强化生态文化服务供给，彰显城市绿色人文品格，创建文明典范城市，以美丽文化赋能城市软实力；深入开展习近平生态文明思想宣传教育，把生态文明教育纳入国民教育体系、职业教育体系和党政领导干部培训体系；倡导

简约适度、绿色低碳的生活方式，广泛开展节约型机关、绿色家庭、绿色学校、绿色出行等创建活动。

（7）改革创新，打造现代生态环境善治样板之城

构建多元主体共建责任体系，青岛市落实各类主体责任，畅通多元共治的渠道，深化拓展生态产品价值实现路径，实现治理能力现代化，打造智慧城市和"数字中国"城市典范，成为国内领先生态环境治理样板城市；加快"一网统管"数字化转型。构建青岛市生态环境数据资源中心，整合生态环境数据资源，建立健全大数据辅助决策长效机制，持续提升生态环境智慧治理能力。

（8）开放共赢，打造全球生态文明窗口之城

青岛市坚持高水平共建陆海新通道，突出龙头引领，发挥对外开放和绿色发展综合优势，推进绿色发展合作共赢，构建全方位、多领域、高层次的深度融合绿色开放新格局，开拓绿色开放创新优势，共建生态文明展示窗口，为全球可持续发展提供青岛经验。

（三）美丽深圳

深圳市作为国内改革发展的先锋城市，40多年来，在保持经济社会高速发展的同时，不断探索将生态文明建设融入经济建设、政治建设、文化建设和社会建设，系统全面开展污染治理、宜居环境建设和生态环境保护等工作，在地方法规标准、管理制度、市场机制、区域协作等方面干在实处，开

拓创新，生态环境主要指标均位居全国大中城市前列，"深圳蓝""深圳绿"成为城市名片，为美丽中国典范建设打下了良好的基础[17-18]。

1. 美丽深圳建设背景

2019年8月，中共中央、国务院发布《关于支持深圳建设中国特色社会主义先行示范区的意见》，明确了深圳市"可持续发展先锋"的战略定位，赋予深圳市"率先打造人与自然和谐共生的美丽中国典范"的重大历史使命，为深圳市开展生态文明建设提供了方向指引，并提出"完善生态文明制度""构建城市绿色发展新格局"等具体要求。

为深入贯彻落实党中央、国务院的决策部署，高标准、高质量推进生态文明示范建设，探索打造城市层面的美丽中国样本，2021年，深圳市推进中国特色社会主义先行示范区建设领导小组印发《深圳率先打造美丽中国典范规划纲要（2020—2035年）及行动方案（2020—2025年）》，提出了美丽中国典范建设的总体战略，明确了未来15年深圳市建设美丽中国典范的重点领域和主要任务。这是党的十九届五中全会提出2035年基本实现美丽中国远景目标后，全国第一个正式发布的推进美丽中国典范建设的纲领性文件，充分体现了深圳市继续担负新时代美丽中国建设先行者和拓荒牛的使命担当，为国家开展美丽中国建设提供了深圳经验。

2. 美丽深圳建设总体战略

（1）战略定位

打造美丽中国建设典范区。深圳市以建设生态环境国际一流城市为目标，实现生态环境舒适的外在美、高质量发展的内在美、生态环境治理体系和能力现代化的制度美，率先打造人与自然和谐共生的美丽中国典范。

打造可持续发展先锋区。深圳市牢固树立和践行"两山"理念，打造安全高效的生产空间、舒适宜居的生活空间、碧水蓝天的生态空间，在美丽湾区建设中走在全国前列，为落实联合国2030年可持续发展议程提供中国经验。

打造现代治理体系建设先行区。深圳市转变环境治理理念，创新完善环境治理方式，加快推进环境治理体系重点区域、重点领域建设，建立健全环境治理体系制度政策，率先完成生态环境治理体系和治理能力现代化建设。

打造生态文明建设国际合作窗口区。深圳市立足大湾区、辐射东南亚，以敢于担当的精神积极参与海洋生态环境、生物多样性保护、应对气候变化、环保产业合作等领域的全球生态文明建设，打造国际生态文明建设交流平台。

（2）总体思路

对照美丽中国典范建设要求，以习近平新时代中国特色社会主义思想为指导，全面贯彻落实党中央、国务院关于美丽中国建设的决策部署，深入贯彻落实习近平生态文明思想，准确把握新发展阶段，坚决贯彻新发展理念，服务构建新发展格局，坚持稳中求进工作总基调，以推动高质量发展为主题，面向建设中国特色社会主义先行示范区目标，落实粤港澳大湾区战略部署，深圳市勇担可持续发展先锋重任，实现高水平建设都市生态、高标准改善环境质量、高要求防控环境风险、高质量推进绿色发展、高品质打造人居环境、高效能推动政策创新、高站位参与全球治理，在美丽湾区建设中走在前列，为落实联合国2030年可持续发展议程提供中国经验，在全国率先树立人与自然和谐共生的美丽中国典范[19]。

3. 美丽深圳建设重点任务

美丽深圳从高水平建设都市生态、高标准改善环境质量、高要求防控环境风险、高质量推进绿色发展、高品质打造人居环境、高效能推动政策创新和高站位参与全球治理"七大领域"，实施"六个标杆+一个窗口"的战略任务。

（1）引领都市生态保护，打造优美生态城市标杆

深圳市以实现生态资源保护与城市发展相协调为目标，以"优格局、重修复、强监管"为原则，确定了优化国土空间格局、系统实施生态保护修复、强化城市生态监管3个方面任务；着重创新高度城市化地区自然资源保护利用新模式，实施生态空间精细化管理，建立城市生态系统定期调查评估制度，开展生态系统保护成效监测评估，实行城市生态常态化监管，将生物安全纳入全市安全保障体系。

（2）引领环境质量改善，打造清新环境城市标杆

深圳市以生态环境质量达到国际一流水平为目标，确定

了打造清新空气城市、营造人水和谐城市、建设美丽海湾城市3个方面的任务；重点强化挥发性有机物和氮氧化物协同减排，构建"全收集、全处理、全回用"治污体系，打造生态美丽河湖，推进水生生物多样性恢复，健全河口海域管理机制。

（3）引领环境健康管控，打造健康安全城市标杆

深圳市以人居环境健康安全为出发点，设置了严守土壤环境安全底线、深化"无废城市"建设、防范重点领域环境风险、提供高品质环境健康保障4个方面的任务；重点强化土地流转全生命周期监管，率先实现自来水全城直饮，建立空气质量健康指数体系，创建安静典范区，打造健康样板城市，打造健康城市"代谢系统"，建立环境应急现场指挥官制度，加强环境激素、抗生素、微塑料等新污染物治理。

（4）引领绿色先导发展，打造绿色低碳城市标杆

深圳市牢固树立和践行"两山"理念，从推动转变发展方式入手，明确了创新"两山"转化路径、加速绿色产业发展、推进能源资源高效利用、提升绿色创新能力、积极应对气候变化5个方面任务；重点提出建立生态产品市场定价、信用、转化和交易体系，深化"节能环保产业+新基建"融合发展，建立绿色产业认定规则体系，完善本地清洁能源供应机制，实施生态环境导向的城市开发模式，推进能源、建筑、规划、交通等领域绿色技术应用，率先实现碳排放总量达峰。

（5）引领人居环境建设，打造宜居生活城市标杆

深圳市以提高市民生活品质、打造幸福宜居的标杆城市为目标，设置了营造舒适生活环境、提升幸福生活品质、弘扬创新生态文化3个方面任务；重点实施城市生态修复，加快绿道、碧道和森林步道互联互通，形成可达、亲民的绿色开敞空间，将公众健康与生活体验纳入城市规划，建设美丽街道，建立以生态价值观念为准则的生态文化体系[20]。

（6）引领现代环境治理，打造改革创新城市标杆

深圳市持续推进生态环境治理体系和治理能力现代化，提出建立最完善的法规标准体系、构建最严明的责任体系、打造最严格的监管执法体系、完善最高效的市场体系、建立现代化的能力体系5个方面的任务。

（7）参与全球环境治理，打造国际交流合作窗口

深圳市立足粤港澳大湾区，设置推进湾区同保共享、搭建高质量合作平台、深化多领域交流合作3个方面的任务；重点推动建立区域统一的生态环境标准和评价体系，打造国际生态环境合作和研究平台集聚区，加强绿色产业技术"走出去""引进来"等内容，深度融入全球环境治理，积极参与全球生态环境治理规则与行动，讲好美丽深圳故事，为全球生态环境治理提供深圳经验和模式。

二、美丽城市建设成效与经验

党的十八大以来，"绿水青山就是金山银山"成为全党全

社会的行动共识，美丽中国迈向新时代，美丽城市建设取得积极成效，为在城市层面开展美丽中国建设实践提供经验。

（一）美丽城市建设成效

一是城市绿色低碳发展水平有效提升。绿色低碳产业稳健发展，2022年，我国规模以上高技术制造业增加值比上年增长7.4%，打造绿色工厂874家、绿色设计产品643个、绿色工业园区47家、绿色供应链管理企业112家；新建绿色建筑面积占新建建筑的比例已经超过90%；绿色出行水平不断提升，全国新能源公交车占比超过70%；以公交、地铁为主的城市公共交通日出行量超过2亿人次；超过80个城市在能源、工业、建筑、交通、金融等领域开展了丰富的低碳试点示范工作。

二是城市生态环境品质不断提升。2022年，全国地级及以上城市细颗粒物平均浓度为29微克/米^3，首次降至30微克/米^{3}以下，实现近10年来连续下降；全国74.6%的城市细颗粒物平均浓度达标，重度及以上污染天数比率为0.9%，首次降低到1%以下；295个地级及以上城市（不含州、盟）建成区黑臭水体基本消除；持续开展城市生态修复和功能修补，城市建成区绿地率38.7%，人均公园绿地面积14.87米^2。通过持续推进各类自然保护地、城市绿地的建设，城市生物多样性保护成效进一步显著改善，成都市、昆明市、深圳市等6个城市入选首届全球生物多样性魅力城市。

三是城市生态环境治理体系不断完善。各城市深入推进生活垃圾分类，截至 2022 年 9 月，297 个地级以上城市实行垃圾分类，覆盖 1.5 亿户居民。"十三五"期间，地级及以上城市新建污水管网达到 9.9 万千米，新增污水处理能力 4088 万吨 / 日；约 100 个地级及以上城市推进"无废城市"建设，城市人居环境大幅改善。杭州市、广州市、深圳市等城市积极推动智慧环保融入智慧城市建设，生态环境管理信息化、智慧化水平不断提升，生态环境执法、监管效能有效提升。北京市、上海市等城市依托网格化管理，充分释放生态环境基层治理、全民治理的活力和创造力。深圳市充分释放"志愿者之城"的活力，搭建多样化志愿服务平台，激发热心公益市民积极参与，环保志愿者成为城市生态环境管理的重要力量。

四是掀起了一波先行先试、示范引领的美丽城市建设热潮，为美丽中国建设贡献积极作用。部分城市率先在全国、本省开展美丽城市建设，为带动引领全国、全省美丽建设探索路径、打造样板。深圳市印发《深圳率先打造美丽中国典范规划纲要（2020—2035 年）及行动方案（2020—2025 年）》，明确提出了提前 15 年为社会主义现代化强国打造美丽中国典范城市的目标，为全省乃至国家开展美丽中国城市建设提供了深圳经验。山东省烟台市、青岛市等城市积极推进美丽城市建设规划编制，力求在全省美丽城市建设中占得先机、成为样本。赣州市落实江西省委全面建设美丽江西决策部署，系统谋划美丽赣州建设路径，研究制定美丽赣州建设规划纲要和行动方案，积极争取推动省级层面出台开展美丽赣州建设先行先试的若干政策措施。

（二）各地推进美丽城市建设的经验

一是以美丽城市建设为总抓手，推动城市生态环境一体化、高质量保护。面向美丽中国建设要求，统筹落实碳达峰碳中和目标和新型城镇化战略，坚持以人民为中心，以不断提升人民群众生态环境幸福感为标尺，聚焦城市建成区人居环境问题与生态环境品质，加强生态环境美丽城市顶层设计，统筹污染治理、生态保护、应对气候变化，统筹发展和安全，强化全过程、全生命周期管理要求，系统谋划生态环境美丽城市建设。杭州市成立生态文明建设（美丽杭州建设）委员会，并构建了"美丽杭州建设中长期纲要—滚动编制三年行动计划—年度工作责任书—年度考核"的实施体系，制定纲领性支撑保障文件和法律法规，实现了美丽建设顶层引领的具体化，有力地促进了经济高质量发展、生态环境高水平保护与城乡居民高品质生活三者之间互融互生，人民群众对美丽建设的获得感、幸福感显著增强，城市美誉度持续提升。

二是突出改革创新、示范引领，充分体现美丽城市建设的时代性、引领性。城市是创新生态环境治理模式的试验田，激活城市自主创新活力，充分发挥城市开拓创新、敢闯敢试的基因优势，加快推进重点领域、关键环节改革，积极探索美丽中国建设的治理体系、治理能力。深圳市坚持改革创新，树立世界眼光、对标国际先进，在总体思路、发展目标、基本原则、战略任务等方面都体现了对标国际国内最高最好最优、先行示范的决心和勇气，力争创造出更多可复制、可推广的经验模式，从都市生态建设、环境质量改善、环境健康管控、绿色低碳发展、人居环境建设、现代环境治理、全球交流合作等方面重点布局，优化体制机制，强化政策供给，为加快推进深圳市生态环境治理体系与治理能力现代化提供有力支撑。

三是加强组织领导，推动全市上下一盘棋推进美丽城市建设工作。杭州市设立市委、市政府主要领导任"双组长"的美丽杭州建设领导小组，下设市生态办、治水办、大气办、固废办，实行实体化运作；定期召开工作例会，协调解决美丽杭州建设工作中的重难点问题；建立通报、督查机制，坚持问题导向抓落实；实施生态考核，在全省率先实施生态环境目标责任制考核；将美丽杭州建设工作任务和生态环境质量目标纳入对各区、县（市）党委政府和市直部门的综合考评，体现地方政府对环境质量负总责的宗旨。深圳市成立由市委、市政府领导为组长的美丽中国典范建设工作领导小组，加大重大事项综合决策，并提出落实分工、调度、考核、奖励等制度，形成部门横向协作、市区上下联动的工作机制。

三、美丽乡村建设典型案例

近年来，全国各地积极探索美丽乡村建设范例和实践路径，为美丽中国建设提供了实践样本，为推动美丽中国建设发挥了积极引领作用[21-24]。

（一）美丽安吉

安吉县，地处浙西北，县域面积 1886 千米^2，素有"中国竹乡""中国转椅之乡""中国白茶之乡"之称。2008 年，安吉县出台《安吉县建设"中国美丽乡村"行动纲要》，在全国率先开展"中国美丽乡村"建设，围绕"村村优美、家家创业、处处和谐、人人幸福"的目标，实施了环境提升、产业提升、服务提升、素质提升"四大工程"，从规划、建设、管理、经营 4 个方面持续推进美丽乡村建设，创新体制机制，激发建设内在动力。经过十余年努力，安吉县实现了生态保护和经济发展的双赢，获得"联合国人居奖"，成为中国美丽乡村建设的成功样板[25]。

1. 美丽安吉建设背景

在选择发展道路时，安吉县曾走过弯路。20 世纪末，作为浙江省贫困县之一的安吉，为脱贫致富走上了"工业强县"之路，造纸、化工、建材、印染等企业相继崛起，尽管 GDP 一路高速增长，但对生态环境造成了巨大破坏。2001 年，安吉县确立了"生态立县"的发展战略，下决心改变先破坏后修复的传统发展模式，开始对新的发展方式进行探索和实践，并开展了村庄环境整治活动。通过有效整治，安吉县的生态环境有了极大改善，但经济发展速度还是明显落后于周边地区，依然是浙江省贫困县和欠发达县之一。部分干部群众对于保护环境还是发展经济产生了疑惑与争论。习近平同志在担任浙江省委书记期间，先后两次来到安吉县调研。2003 年

4月，习近平同志到安吉县调研生态建设工作。在听到安吉县实施"生态立县"战略时，他指出"对安吉来说，'生态立县'是找到了一条正确的发展道路"。2005年8月，习近平同志到余村调研民主法治村建设。当听到村党支部书记汇报余村通过民主决策关停了污染环境的矿山时，他表扬了余村的做法，认为这是"高明之举"，并提出"绿水青山就是金山银山"。习近平同志的两次调研讲话，为安吉县走"生态立县"的道路坚定了信心，指明了前进的方向。

自2008年以来，安吉县积极践行"两山"理念，以"中国美丽乡村"建设为总抓手，劲往一处使，一届接着一届干，一张蓝图绘到底，走出了一条"生态美、产业兴、百姓富"的可持续发展之路。

2. 美丽安吉建设思路

践实"两山"理念。"两山"理念体现了发展实质、发展方式的深刻变化，体现了发展观、生态观、价值观、政绩观的转变提升，是新常态下发展的一种更高境界。安吉县的美丽乡村建设之路，就是践行"两山"理念之路。

坚持以人民为中心，夯实民生福祉。安吉县美丽乡村建设坚持民生优先，共享发展成果，大力推进城镇公共服务不断向农村基础延伸的同时，加快推进公共服务供给由"扩大覆盖保基本"向"提升内涵谋发展"转变，在美丽乡村基础配套、精品建设中不断夯实民生福祉，增强群众获得感，提升幸福指数。

坚持标准化建设，确保建设品质。通过构建框架完整、有机配套、动态灵活、社会参与的标准体系，安吉县将标准的理念、标准的方法、标准的要求和标准的技术应用于新农村建设的各个领域，并总结提炼出美丽乡村建设的通用要求和细化标准，即《美丽乡村建设指南》，增强了美丽乡村建设的可操作性、科学性和社会参与性。

坚持"一届接着一届干"，久久为功。从2001年确立"生态立县"，到2008年开展"中国美丽乡村"建设，再到党的十八大后打造美丽乡村升级版，安吉县始终把环境保护与经济发展紧密地联结在一起，始终把资源生态化、生态经济化、经济生态化作为发展的主轴。美丽没有终点，2017年，安吉县又提出了建设"中国最美县域"的发展目标，把美丽乡村上升为美丽县域战略，继续为美丽中国的实践添砖加瓦。

3. 美丽安吉建设重点任务

（1）坚持规划引领，精心绘制美丽乡村蓝图

一是突出规划引领。安吉县结合县域实际、产业规划、土地规划和建设规划，统一整合，坚持不规划不设计、不设计不施工的原则，始终把高标准、全覆盖的建设理念融入规划中，以规划设计提升建设水平。

二是注重彰显特色。安吉县十分注重对特色建筑的保护和地方特色文化内涵的挖掘，将全县15个乡镇和187个行政村按照宜工则工、宜农则农、宜游则游、宜居则居、宜文则文的发展功能，划分为"一中心五重镇两大特色区块"和40个工业特色村、98个高效农业村、20个休闲产业村、11个综合

发展村和 18 个城市化建设村，明确发展目标和创建任务。

三是实行立体打造。安吉县着眼城乡一体、融合发展的新格局，以中心城区为核心，以乡镇为链接，以村为节点，统筹打造优雅竹城—风情小镇—美丽乡村，三级联动、互促共进，推进城、镇、村深度融合发展，全面形成众星捧月、日月交辉的整体态势。

（2）实施标准化建设，持续提升美丽乡村品质

一是构建标准。在美丽乡村建设中，安吉县努力做到"建有规范、评有标准、管有办法"，确保整个建设过程协调有序，科学有效，形成以"一中心、四个面、三十六个点"为元素的"中国美丽乡村"标准体系。

二是均衡推进。安吉县整合涉农资金，加大公共基础设施建设向农村倾斜的力度，从根本上改善全县农村的基础设施条件。通过美丽乡村建设，安吉县实现了农村生活污水治理设施、实施垃圾分类、农村社区综合服务中心建设等行政村全覆盖。

三是个性打造。尊重自然美，充分彰显生态环境特色，抓自然布局、融自然特色，不搞大拆大建；注重个性美，因地制宜，根据产业、村容村貌、生态特色、人本文化等进行分类打造，全面彰显一村一品、一村一景、一村一业、一村一韵。

四是多元投入。安吉县整合各部门涉农资金及项目，优先支持美丽乡村建设。截至目前，安吉县直接用于美丽乡村建设的财政奖补资金已超 20 亿元；同时引导村集体通过向上争取、盘活资源等方式加大项目投入，引导农户通过投工投劳的方式

改善居住条件和优化周边环境；吸引工商资本、民间资本投入效益农业、休闲产业等生态绿色产业，参与美丽乡村建设，共撬动各类金融工商资本投入200亿元以上。

（3）推进长效管理，持续保持美丽乡村美丽度

一是健全规章制度。安吉县出台《中国美丽乡村长效管理办法》，通过扩大考核范围、完善考核机制、加大奖惩力度、创新管理方法等途径，巩固扩大美丽乡村建设成果；制定美丽乡村物业管理办法，设立"美丽乡村长效物业管理基金"，建立"乡镇物业中心"，强化监督考核；将环卫保洁整体打包交由专业物业公司管理，或将部分区块保洁、绿化养护等项目外包给专业物业公司进行管理。

二是加强部门协作。安吉县多个职能部门联合成立督查考核办公室，实行月检查、月巡视、月轮换、月通报和年考核5项工作机制，对全县各乡镇（街道）和行政村（农村社区）实行分片督查，考核涵盖卫生保洁、公共设施维护、园林绿化养护、生活污水设施管理等方面设定评价标准，考核结果纳入对行政村的年度长效管理综合考核。

三是强化考核奖惩。安吉县实行美丽乡村警告、降级、摘牌制度，取消美丽乡村终身制，建立动态评价机制，强化过程监管；开通美丽乡村长效管理网络投诉举报平台，开设"美丽安吉找不足"媒体曝光平台，引导全民参与。

（4）探索村庄经营，积极推进美丽乡村生态价值转化

一是大力推进休闲旅游产业发展。通过美丽乡村建设，安

吉县涌现出以高家堂村、鲁家村等为代表的一大批美丽乡村经营典范，如横山坞村的工业物业模式、鲁家村的田园综合体模式、尚书干村的文化旅游模式、高家堂村的生态旅游模式。

二是大力发展生态农业和生态工业。安吉县积极发展生态循环农业和观光休闲农业，按照"一乡一张图、全县一幅画"的总体格局，加快农业"两区"（现代农业园区、粮食生产功能区）建设，成为当时浙江省唯一的"国家林下经济示范县"，形成林下培植、林下养殖、林下休闲三大模式，竹林生态化经营、合作化经营、全产业链经营取得发展成效，竹产业年产值达近200亿元。

三是吸引优秀企业和人才入驻。天使小镇——凯蒂猫家园、亚洲最大的水上乐园欢乐风暴、田园加勒比、中南百草园等优质亲子旅游项目，君澜、阿丽拉等品牌酒店相继建成营业。同时安吉县发挥良好的生态环境和区位交通优势，吸引了一批优秀人士来安吉县投资兴业。全县首个省级重点实验室——中德智能冷链物流技术研究室成立。省科技进步一等奖、省专利金奖、省"万人计划"全面实现零突破。

（5）创新体制机制，激发美丽乡村创建活力

一是构建全民共建共享创建机制。安吉县加大创建力量的整合，调动各方积极性参与美丽乡村升级版建设。坚持政府主导，美丽乡村建设县、乡镇、村三级全部落实一把手责任制，将建设目标任务逐项分解到人、到点，实行县领导联系创建村制度，并不定期组织人大代表和政协委员进行专项视察。突出

农民主体，按照"专家设计、公开征询、群众讨论"的办法，安吉县确保村庄规划设计科学合理、群众满意。

二是健全完善要素保障机制。安吉县积极探索新农村建设投融资体系创新，成立"中国美丽乡村"建设发展总公司，设立县财政以奖励资金担保、信用社专项贷款，实施拟奖资金担保融资"镇贷村用"模式，构建起商业性金融、合作性金融、政策性金融相结合的现代农村金融服务体系。

三是建立健全考评机制。安吉县加大生态资本保值增值力度，探索把资源消耗、环境损害、生态效益纳入经济社会发展评价体系，将"绿色GDP"指标纳入干部政绩考核重要内容；根据功能定位，将乡镇按工业经济、休闲经济和综合三类，设置个性化指标进行考核。

（二）美丽镇坪

陕西省镇坪县在"山上砍树卖棒棒、地下挖矿卖煤炭、河道建坝卖水电"的艰难探索中，一直面临着既要解决政绩考核、历史问题、项目建设、群众陋习等重重矛盾，又要突破绿色空间、绿色招商、绿色产业互动发展的难解之局。2013年以来，镇坪县在践行"两山"理念的基础上，初步探索走出了一条以生态立县为根本的美丽经济之路。镇坪县坚定绿色决策，将"靠山吃山、靠水吃水"变为"养山吃山、养水吃水"；优化绿色空间，把"山水风光好，家园美如画"作为发展第一品牌，森林覆盖率保持在88.6%以上、南江河水质常年保持在Ⅱ类以上、年空气优良天数保持在350天以上；实施绿色招商，建立生态准入负面清单，以优异的生态环境、良好的营商环境吸引绿色投资。发展绿色产业，以生态旅游引入绿色消费，靠绿色市场开发特色产品、升级全域产业，通过多渠道实现生态强县、绿色富民。2018年，镇坪县成为陕西省安康市第一个整县脱贫摘帽县。

1. 美丽镇坪建设背景

镇坪县地处陕西省最南部，总面积约1503千米^2。这里山好、水好、空气好，绿水青山赋予了这方土地丰富的生态资源。与绿水青山、丰富资源形成强烈反差的，是镇坪县的贫困，直到2013年，镇坪县仍然是国家扶贫重点县。为了改变"坐拥绿水青山，深陷贫困泥淖"的窘境，20世纪80年代后期，县域发展"棒棒经济"，财政用钱靠木头、群众挣钱靠砍树，生态急剧恶化。20世纪90年代后期洪灾频繁。镇坪县从生态宜居之地变成"十年九灾"之地。20世纪90年代后期，退耕还林、封山育林之后，小水电开发、煤矿经济相继成为镇坪县经济发展的主要支柱。然而水电开发"财政税收少、群众就业低"，煤矿开发对生态的破坏、对环境的污染日益凸显，煤矿就业安全隐患大、职业病症多，又成为农村特困群体的重要根源之一。结束"木头经济"，镇坪县选择以药、畜为主导产业。然而中药材发展，局限于"种"，受制于"销"，最终在市场风险下导致天麻无处卖、贷款还不了、经营普遍亏，规模化种植落入低谷。2007年，镇坪县主攻生猪"一县一业"，"镇坪模式"养猪产业迅速崛起，然而猪肉价格周期波动，交通不便导致成本过高，形成小场淘汰、大场集约，规模化养猪转为以企业为主，农户淡出，养殖粪污处理也逐渐成为农村突出矛盾。

为彻底改变"靠山吃山不养山，靠水吃水不护水"的发展方式，党的十八大以来，镇坪县确立生态立县、旅游兴县的发展路径，探索美丽经济富民强县之路，2014年县委县政府出台《关于坚持生态立县推进美丽镇坪建设的意见》，县人大通过《关于加强资源保护实施生态立县的决定》，镇坪县有序根治生态问题，厚积生态基础，走上了生态立县的新路。2018年，镇坪县成为安康市第一个整县脱贫摘帽县，2014年以来成功创建国家卫生县城、国家义务教育均衡县、中国长寿文化之乡、省级平安建设示范县、省级园林县城、省级生态县、全省绿化模范县、省级诗词之乡等。

2. 美丽镇坪建设思路

一是坚持保护优先。镇坪县要正确处理发展与保护的关系，以生态为代价的发展道路，不能脱贫、只能致贫，美好生态与脱贫攻坚要实现互益互补、实现双赢。镇坪县经济发展的探索过程，充分体现了以生态环境换来的经济发展只是一时的，生态被破坏后修复的代价远远超过其带来的经济价值。贫困山区摆脱贫困要从绿水青山中找发展出路，就要守护好绿水青山这个根基。

二是建立生态自信。生态即资本，保护生态不是阻碍发展，更不是脱贫攻坚的绊脚石，而是吸引优质资本的重要砝码。镇坪县能引进优质资本投入生态旅游，引进中国药科大学投入中药制造，吸引外出创业的本土人才带着先进理念、创业资金和热爱家乡的情怀投入镇坪县的经济发展，最大的依托就是镇坪县的好山好水好风光，就是生态自信。

三是找准结合点。将绿水青山转化成金山银山，镇坪县要摸清家底，看准市场需求，找准结合点。镇坪县发展历程中的林下种养、生态旅游就是绿水青山与金山银山的结合点，既让群众增收致富，又变单方面"啃生态"为互补互益，实现共利。

四是建立群众增收体系。有以政府为主导的绿色空间、以企业为核心的美丽经济、以群众为基石的绿色乡风，贫困地区脱贫致富才能持续健康发展。镇坪县委、县政府以生态立县创下绿色空间，以生态旅游、特色产业和飞地工业为核心，以群众增收致富为目标，环环相扣，互相反哺，互动发展，最终使全县经济活起来、群众钱袋子鼓起来，率先在安康市完成脱贫摘帽。

3. 美丽镇坪建设重点任务

（1）坚定绿色决策，守护绿水青山

一是坚持主要领导干部带头。在落实绿色守护的决策中，镇坪县坚持"领导抓、抓领导"的办法。县委书记主导建立农村环保基金，为绿色发展奠定制度基础、经费保障；指挥最突出的生态执法，解决全县最尖锐的生态违建拆除。县长主抓生态经济招商，在大资本等招商工作中提供全程服务；主抓生态经济脱贫攻坚，督导到镇、到村、到户、到人；主抓最突出的生态问题，坚定地为执法部门、执法人员撑腰站台，在河道生态管理、森林保护执法、重点问题整治上达到了明显效果。

二是调整目标责任考核体系。水电投资一直在全县GDP增长中占据重要地位，矿产开发一直是工业增加值的核心指标、财政收入的重要支柱。按照过去的考核指标体系，新的思路调整与旧的考核体系矛盾尖锐。2014年，省市将考核分为循环经济发展区和重点生态保护区，镇坪县申报列入重点生态保护区的考核，由主导考核GDP变为主导考核生态环境和生态经济指标，加大相关考核指标权重。镇坪县委、县政府迅速调整目标责任考核体系，将生态文明建设比重由10%调整为20%，加入生态经济考核指标，用考核的杠杆推动生态立县政策的落地。同时，建立干部"实绩档案"，用"帽子"推动县域经济绿色转型发展。

三是坚决推进涉污企业关停整改。水电开发、重点煤矿和大型生猪养殖企业，都是镇坪县曾经的招商成果，在特定发展阶段是在"边批、边建、边改"的宽松环境中建成的，骤然收紧政策，该关的要关、该停的要停、该改的要改，企业、部门、乡镇顾虑重重。在错综复杂的矛盾中，镇坪县坚定地开展生态修复，以壮士断腕的决心推进工作：为保护县城水源，关停小电站；为保障禁养区划定，整体拆迁禁养区内的乌鸡繁育基地、农业产业园区、生猪养殖基地等大型畜禽养殖场。

（2）优化绿色空间，厚积发展基础

一是划定政策红线，优化自然空间。镇坪县将化龙山国家级自然保护区、各级水源地保护区、生态脆弱地区划入生态红线，严格加强保护。为解决部分县区生态环境保护问题和土地资源问题，安康市打破了行政区划限制，在安康市高新区划了一块"飞地"，为生态县区和土地资源稀缺山区发展工业，形成"安康飞地园区建工厂、县内林下田间建基地"的发展格局，不仅解决了生态环境问题，而且提高了"山货""土货"的附加值。

二是完善基础设施，优化人居空间。突出身边增绿，截至2019年9月，镇坪县累计造林绿化6万亩，建成公路绿色长廊120千米，生态镇创建达到100%。县城污水集中处理率和生活垃圾无害化处理率分别达到90%和99%以上，实现全县农村生活垃圾集中处理全覆盖。实施生态移民，镇坪县把群众从危险地段和生态脆弱地区搬出来，摆脱长期以来"受灾—重建—再受灾—再重建"的恶性循环。良好的绿色空间，为镇坪县发展生态经济创造了更富竞争力的基础条件。

三是倡导绿色乡风，营造人文空间。镇坪县深入挖掘自身的长寿文化、盐道文化和药乡文化，让绿色乡风成为重要的客源引力。镇坪县以新民风建设为抓手，推广"红黑榜"宣传，改革生态陋习，倡导生态新风：不燃放烟花爆竹，降低空气、噪声与垃圾污染；不大操大办酒席，降低人情负担、减少厨余垃圾；不滥渔滥猎、乱采乱挖，加速生态恢复，提升山乡体验。

（3）发展绿色产业，兑现生态红利

一是用生态旅游拉动绿色消费。发展美丽经济的路径宽广多样，镇坪县立足自身条件，选择了全域旅游。镇坪县坚持市场先行，以长寿文化、药乡传承和中国药科大学联县扶贫的优势，打造中药康旅高地。

二是依托绿色消费搞活全域经济。镇坪县的农林产业虽然品种多、品质好，但规模小、成本高、运距远，常常面对"货到地头死"的市场风险。绿色旅游的崛起，把"县内抓产业、县外找市场"，逐步转变为"客源市场进县内、旅游消费找产品"，用市场消费的力量引领经济发展、产品开发绿色转型。坚持科学认证，镇坪县以龙头企业主导，镇坪黄连、土豆、乌鸡认证为国家地理标志产品。引领产业转型，崛起了一批林下种养的生态园区。

（三）美丽花溪

花溪村，位于湖南省娄底市北部，距娄底市中心城区8千米，紧邻长芷高速，S209线、西恩铁路专线穿境而过。2021年8月，湖南省委统战部、省乡村振兴局联合印发《全省统一战线深化同心美丽乡村建设助力乡村振兴战略实施行动计划（2021—2025年）》，确立了5年打造1000个同心美丽乡村示范点和一批省级同心美丽乡村示范片区的目标。在此政策部署下，许多乡村积极开展美丽乡村建设，娄底市娄星区杉山镇花溪村为创建同心美丽乡村采取了一系列措施，取得明显成效，以花溪村为例探讨在乡村振兴视域下如何通过美丽乡村建设推进生态文明建设及美丽中国建设具有重要意义[26]。

1. 美丽花溪建设背景

杉山镇花溪村由原塘坪村、花溪村合并而成，村域面积4.18千米^2。2020年，该村集体经济收入达19.2万元，村民年人均可支配收入约3万元。近年来，花溪村发挥党建引领作用，广泛凝聚新乡贤人士等力量，开展一系列行之有效的工作，全村经济实力持续增强，质量效益稳步提升，社会事业全面进步，获评"湖南省卫生村""湖南省先进基层党组织""娄底市美丽乡村建设示范村"。

2. 美丽花溪建设思路

一是因地制宜，发展特色乡村旅游业。花溪村结合实际情况，发展特色旅游业；挖掘地方特色，注入文化内涵，致力于农文旅融合发展，以非遗为主题，以农业为元素，增加旅游吸引力，提升旅游综合收入。

二是深化改革，促进产业多元化发展。花溪村利用当地资源，发展新兴产业，打造新的经济增长点，形成多样化的产业结构，大力发展乡村旅游业，增加研学、团建等项目，助推产业多元化发展。

三是加大投入力度，提高农村基础设施和公共服务。花溪村完善基础设施，提高居住满意度，加大对交通的投入力度，拓宽道路，缓解道路狭窄引发的交通不畅等问题，完善水利、电力等基础设施，更好地服务群众。

四是改善环境，实现绿色农业蓬勃发展。生态振兴是花溪村乡村振兴的重要组成部分，生态环境的改善是美丽乡村建设的关键。花溪村通过宣传教育提高居民生态环境保护意识；进行综合整治，加大监管力度，严格控制农业生产、生活污染。

3. 美丽花溪建设重点任务

（1）党建引领，夯实基层治理

花溪村坚持党建引领处理村级事务，创新推行党员与群众密切联系的"12345"工作法，实现花溪村家家户户与党员密切联系；深入推进每家每户纳入网格化管理，及时掌握村情民意；全面推动"互联网＋监督＋村级小微权力工作"，引导群众参与美丽乡村建设；率先试点基本单元为"屋场"的基层治理模式，形成"屋场事，屋场办"的新格局。

（2）凝聚乡贤，突出统战元素

花溪村以党建引领为前提、乡贤驿站为载体，凝聚新乡贤力量，争取民营经济人士等统一战线的资源。一方面，创造经济建设新发展。花溪村打造以"合作社＋公司"经营模式运营的花溪谷农俗文化产业园，解决村民就业问题。另一方面，推进美丽屋场的建设。花溪谷农俗文化产业园常年举办主题活动，开发特色产品，以实干打造好旅游品牌。

（3）科学规划，擘画发展蓝图

花溪村开展道路白改黑工程，进行道路改扩建，实现交通便利，为旅游业打下良好基础；开发旅游工程，拓展花溪谷文化旅游产业，利用本村红色资源发展红色旅游；打造村庄绿化工程，因地制宜做好环境优化工作，为旅游休闲和产业发展服务；开展环境整治及亮化工程，完善垃圾收集系统，推行垃圾分类新模式，做到人人参与，户户整洁。

（4）倡导文明，物质精神齐管

花溪村坚持物质文明与精神文明共同发展，村党支部战斗堡垒作用明显增强。村支两委一班人会管理、善决策，完善党建平台，促进党支部全面升级，提升各支部的战斗力。花溪村积极开展文体类活动，丰富村民文化生活，提升村民文化素养，促进乡风文明转变，精神文明建设成果显著。

四、美丽乡村建设成效与经验

党的十八大以来，"绿水青山就是金山银山"成为全党全社会的行动共识，美丽中国迈向新时代，美丽乡村建设取得积极成效，为乡村层面开展美丽中国建设实践提供经验。

（一）美丽乡村建设的积极成效

一是生态环境得到改善，宜居宜业生活显现。乡村要发展，环境是底色，保护生态环境是构建美丽乡村的基础。各地牢固树立和践行"两山"理念，坚持尊重自然、顺应自然、保护自然，统筹山水林田湖草系统治理，通过开展乡村生态保护与修复行动，完善重要生态系统保护制度，促进乡村生产生活环境稳步改善，自然生态系统功能和稳定性全面提升，生态产品供给能力进一步增强。同时，以建设美丽宜居村庄为导向，以农村垃圾、污水治理和村容村貌提升为主攻方向，开展农村人居环境整治行动，扭转了农村脏乱差局面，村庄环境基本实现干净整洁有序，农民群众环境卫生观念发生可喜变化、生活质量普遍提高，群众的幸福感和满意度不断提升。此外，拓展人居环境整治成果，持续提升农民生活品质。乡村住房、道路、通讯、物流等设施服务不断完善，带动新产业新业态快速发展，推动"美丽生态"向"美丽经济"跃升。

二是绿色产业得到发展，村民持续稳定增收。我国坚持生态优先、绿色发展，以生态环境友好和资源永续利用为导向，各地依托区域生态、资源、文化等优势，统筹推进生态旅游、生态农业等产业发展。部分地区推动形成农业绿色生产方式，推进有机食品和绿色食品生产基地建设，重视农产品品牌效应，培育经营龙头企业，加快农业信息化服务体系建设，推进"生态+"经营模式，加强农业废弃物资源化利用，促进农林业向标准化、现代化、规模化方向发展，促进特色农产品向绿色化、无公害化、有机化方向发展。部分地区依托自然环境、田园景观、特色乡村等资源，不断挖掘区位、人文、环境优势，推动具有地方及民族特色的观光休闲设施农业发展，推进并合理规划高科技生态农业观光园、生态农业公园、生态观光村建设发展。部分地区在打造美丽民居、美丽院落、美丽街区、美丽河湖和美丽田园的同时，构建了以观光旅游为基础，休闲度假为主导，专项旅游为特色的集观赏、民俗、体验、购物、休闲等为一体的生态旅游发展模式。各地通过美丽乡村建设，在保护生态的前提下积极培育和发展绿色经济，通过生态农业、生态旅游业、林下经济等打通了"两山"转换通道，使生态治理与增收致富同举。

三是治理体系得到健全，乡村治理能力提升。美丽乡村建设开展以来，相关法律法规政策体系得到健全，不断推进治理制度的法制化、规范化、标准化。湖州市、海东市、临沂市等地区结合当地实际，出台美丽乡村建设法规，强化立法支撑。《美丽乡村建设指南》《美丽乡村建设评价》《村庄整治技术标准》《美丽乡村创建规范》《特色田园乡村建设指南》等标准规范的出台，促进美丽乡村建设更加规范化、科学化、特色化。同时，各地不断创新体制机制，初步建立起农村环保工作制度体系，并因地制宜积极探索环境治理设施运维的长效管理机制。此外，村民在美丽乡村建设中也扮演着非常重要的角色，各地坚持自治为基、法治为本、德治为先，健全和创新村党组织领导的充满活力的村民自治机制，提升村民生态环境保护意识，乡村治理效能也随之不断彰显。

（二）推进美丽乡村建设的主要经验

一是提高美丽乡村建设水准，合理规划建设方案。我国基于接续全面推进乡村振兴战略背景，坚持把美丽乡村建设纳入经济社会发展总体规划，通盘谋划、统筹推进，提高规划水准；注重统筹兼顾，综合考虑农村生态环境状况、发展现状、人文历史和旅游开发等因素，结合城乡总体规划、产业发展规划、土地利用规划、基础设施规划和环境保护规划等，做到"城乡一套图、整体一盘棋"；坚持因地制宜，按照宜工则工、宜农则农、宜游则游、宜居则居、宜文则文的原则，不大拆大建，最大限度保留村庄原有风貌，在此基础上进行科学规划和设计，突出地方特色，完善基础设施。尊重群众意愿，坚持专家设计、公开征询、群众讨论，多层次、多角度征求意见建议，确保村庄规划设计科学合理，达到群众满意。

二是重视人居环境整治工作，美化农村生活环境。我国以改善农村环境质量为核心，深入持续开展农村人居环境整治提升，聚焦农村生活污水、农村生活垃圾、村容村貌等方面，提升农村环境质量及生态文明水平；推进农村生活污水治理，将农村生活污水治理融入到农村生态系统的"大格局"之中，以污水减量化、分类就地处理、循环利用为导向，创新农村生活污水处理设计范式，充分利用坑塘沟渠、农田等自然处理系统，统筹加强与农田灌溉回用、生态修复、景观绿化等的有机衔接；开展农村生活垃圾分类收集处理，加快建立农村生活垃圾"分类投放、分类收集、分类运输、分类处理"的处理模式，建立农村垃圾分类收集处置体系，开展垃圾分类政策宣传，强化垃圾分类和资源化利用；开展村容村貌综合提升行动，美化乡村生态环境；以村庄街道硬化、村庄绿化、村庄亮化、村庄美化等为重点，开展植绿补绿行动，建设村庄游园绿地，建立村庄亮化管护长效机制，整治乱堆乱放、乱倒乱扔、私搭乱建行为等，美化村庄环境。

三是探索多元资金筹措模式，发挥村民主体作用。我国健全投入保障制度，完善政府投资体制，充分激发社会投资的动力和活力，加快形成财政优先保障、社会积极参与的多元投入格局；健全适合农业农村特点的农村金融体系，把更多金融资源配置到农村经济社会发展的重点领域和薄弱环节，更好满足乡村建设多样化金融需求；加大投入力度，各地积极争取上级资金，谋划包装项目，加强与相关部门沟通对接，争取更多政策倾斜，同时用好土地出让收益等相关政策等，统筹农村水、电、路和科教、文体、旅游等涉农专项资金，集中用于美丽乡村建设；拓宽资金渠道，建立完善多元化融资渠道，筹集社会资金，积极探索市场化多元投入的路子，制定并完善各种经济政策，鼓励和引导企业和公众参与美丽乡村建设；完善资金管理体制，建立有效的资金使用和监管制度；充分发挥村民主体作用，加强宣传和引导，通过发放宣传手册，制作文化墙、视频等多种途径，宣传相关政策、播放美丽乡村建设宣传片，扩大影响力。

四是建立健全管理考核机制，激活多方内生动力。我国不断深化生态环境领域改革创新，完善美丽乡村建设推进工作机制，健全考核评价制度，提高生态环境监管能力和长效监督机制，加快推进生态环境治理体系和治理能力现代化建设，为美丽乡村建设保驾护航；健全生态法治保障，进行乡村生态法治建设，建立健全横向、纵向两个维度协同的生态治理体系，加快制定和完善乡村生态保护法，强化乡村法治的执行效度，最大限度地激发村民的法律意识，走法治、自治、德治融合道路，以法治为生态治理提供正当性和效率上的保障。健全监管体系，按照"行业监管、分类监测、购买服务、村民监督"的基本思路，建立农村生活污水、农村生活垃圾等监管制度，建立村民和社会监督机制，畅通群众反映问题渠道，动员社会力量参与监督；完善考核制度，明确各级政府及各部门职责，明确监管责任主体，设立专职领导部门，构建市、镇、村三级考核体系，明确考核标准、细则以及奖惩规定，实行"日、周、月、季"长效考核机制；引进高层次专业人才，利用"双创""双招双引"等优惠政策和活动，吸引更多人才参与美丽乡村建设，加强农民能力培养，健全奖补机制，吸引人才留在农村。

参考文献

[1] 李冠群. 科学处理垃圾建设美丽城市：国外城市精细化管理系列研究之一 [J]. 当代世界，2018（8）：76-78.

[2] 俞孔坚. 生态文明理念下美丽城市的规划设计与建设 [J]. 人民论坛·学术前沿，2020（4）：18-36.

[3] 郑晓霞，金云峰. 新加坡建设花园城市对美丽中国的启示 [J]. 广东园林，2013，35（3）：4-7.

[4] 孙喆. 从"美丽中国"建设到"园林绿化"建设的随想：对城市园

林绿化美丽生长基因的若干思考[J]. 中国园林, 2014, 30 (2): 54-55.

[5] 甘露, 蔡尚伟, 程励. "美丽中国"视野下的中国城市建设水平评价: 基于省会和副省级城市的比较研究[J]. 思想战线, 2013, 39 (4): 143-148.

[6] 吴文盛. 美丽中国理论研究综述: 内涵解析、思想渊源与评价理论[J]. 当代经济管理, 2019, 41 (12): 1-6.

[7] 蔡书凯, 胡应得. 美丽中国视阈下的生态城市建设研究[J]. 当代经济管理, 2014, 36 (3): 77-82.

[8] 杭州市生态环境局. 推进美丽杭州建设打造生态宜居城市[J]. 杭州, 2020 (11): 38-41.

[9] 孟海南. 杭州西湖区"美丽河湖"建设的实践与思考[J]. 浙江水利水电学院学报, 2019, 31 (2): 40-42.

[10] 张楠楠, 彭震伟. "美丽发展"新语境下城市规划的政策路径转型: 基于杭州实践的思考[J]. 城市规划, 2018, 42 (4): 28-32.

[11] 余君, 杨毅栋, 王雅琳, 等. 差异化和可持续: 新时代美丽杭州建设的实践思考: 以杭州西溪湿地为例[J]. 杭州, 2020 (11): 50-53.

[12] 于坤. 生态文明建设探析: 以青岛市为例[J]. 济宁学院学报, 2018, 39 (3): 94-98.

[13] 宋杰鲲, 张凯新, 宋卿. 青岛市美丽城市评价研究[J]. 经济与管理评论, 2015, 31 (6): 155-160, 167.

[14] 任思远, 阎晶, 历珂, 等. 风景名胜区乡村振兴思路与方法探索: 以青岛美丽乡村建设规划为例[J]. 城市住宅, 2019, 26 (3): 31-37.

[15] 仝闻一, 徐文君, 袁方浩. 美丽乡村规划技术方法探索: 以青岛市崂山湾国际生态健康城村庄改造为例 [J]. 规划师, 2018, 34 (11): 75-80.

[16] 韩文玉, 张海伦. 青岛美丽乡村建设面临的挑战及路径探析 [J]. 中共青岛市委党校. 青岛行政学院学报, 2014 (4): 125-129.

[17] 陈卫国. 以生态文明为导向建设美丽深圳深圳市园林建设35周年 [J]. 风景园林, 2015 (8): 9-10.

[18] 张军. 打造生态文明之都建设美丽宜居深圳 [J]. 特区实践与理论, 2013 (2): 14-16, 48.

[19] 黄益田. 浅谈深圳打造世界著名花城创建"美丽中国"新典范 [J]. 花卉, 2018 (6): 46-47.

[20] 李怡婉. 寻找城市公共空间规划实施的另类途径: 解读《深圳美丽都市计划》的实践 [C]// 中国城市规划学会. 多元与包容: 2012中国城市规划年会论文集 (04.城市设计). 深圳市规划国土发展研究中心, 2012: 8.

[21] 郑杭生, 张本效. "绿色家园、富丽山村"的深刻内涵: 浙江临安"美丽乡村"农村生态建设实践的社会学研究 [J]. 学习与实践, 2013 (6): 79-84.

[22] 房旭平, 郑浩, 白雪冰, 等. 民族地区"美丽乡村"建设: 内涵提出、指标构建和对策分析 [J]. 中国商论, 2018 (3): 50-52.

[23] 周业铮. 扎实推进宜居宜业和美乡村建设 [J]. 农村工作通讯, 2023 (5): 19.

[24] 关锐捷. 美丽乡村建设应注重"五生"实现"五美" [J]. 毛泽东邓小平理论研究, 2016 (4): 22-28, 92.

[25] 王旭烽，任重. 美丽乡村建设的深生态内涵：以安吉县报福镇为范例［J］. 浙江学刊，2013（1）：220-224.

[26] 熊燮钰，刘加林. 乡村振兴视域下美丽乡村建设优化路径探析：以娄底市娄星区杉山镇花溪村为例［J］. 山西农经，2023（21）：33-36.

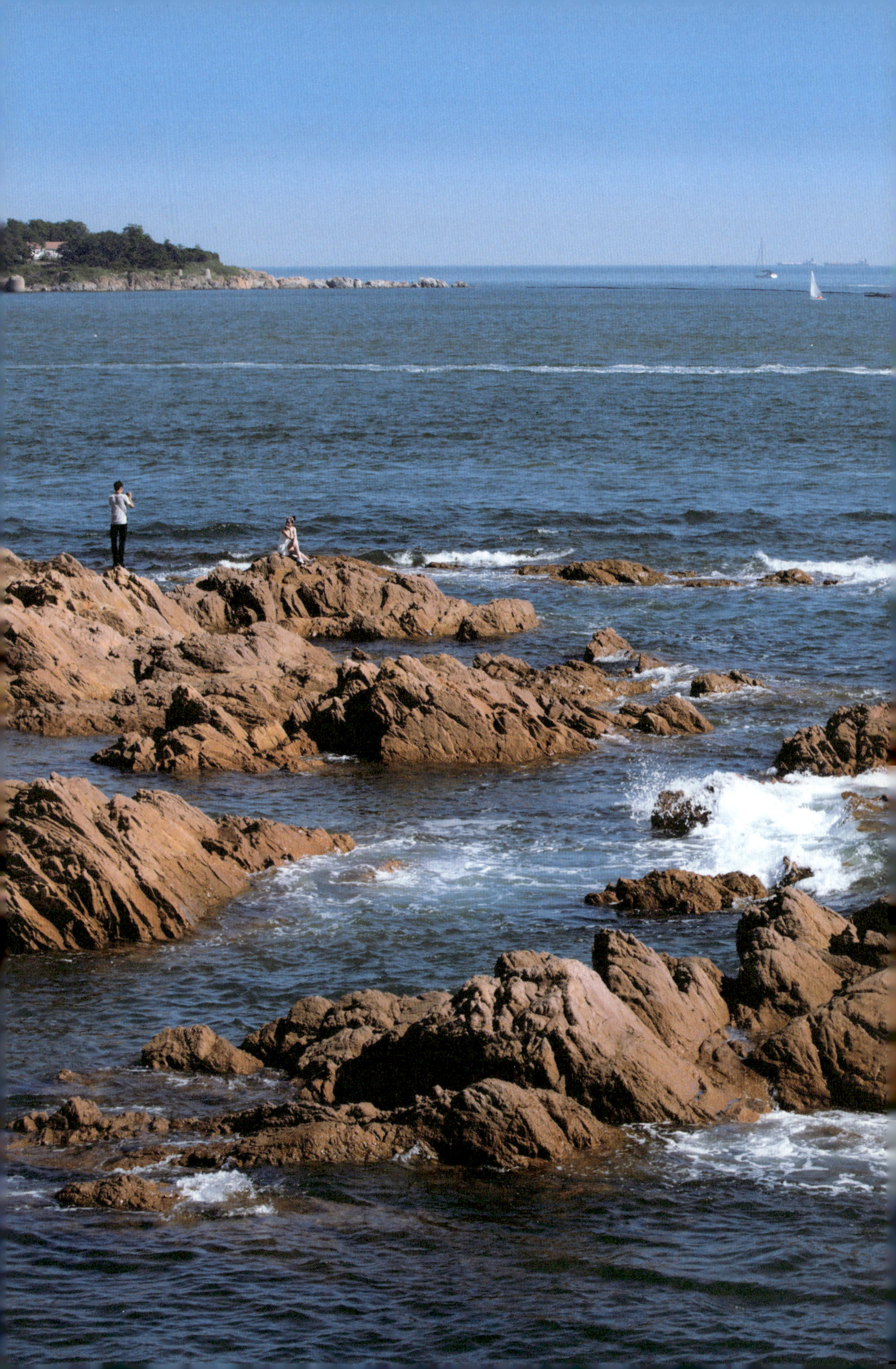

第九章
人水和谐美丽河湖
人海和谐美丽海湾

美丽河湖、美丽海湾是美丽中国在水和海洋生态环境领域的集中体现和重要载体。美丽河湖、美丽海湾优秀案例指地方政府遵循山水林田湖草沙系统治理理念，通过采取有效措施系统解决当地河湖、海湾水生态环境或海洋生态环境问题，或维持当地优良生态环境不退化，使河湖保持或恢复"清水绿岸、鱼翔浅底"的美丽景象，使海湾实现"水清滩净、鱼鸥翔集、人海和谐"的美丽景象，让老百姓获得感、幸福感明显提升的成功经验和做法[1]。"十四五"以来，生态环境部持续开展美丽河湖、美丽海湾优秀案例征集活动，注重挖掘并宣传推广各地在美丽河湖、美丽海湾保护与建设工作中涌现的好经验、好做法[2-6]。

一、美丽河湖建设典型案例

（一）山东马踏湖

1. 建设背景

马踏湖位于山东省淄博市桓台县东北部，历史上，马踏湖的水源补给主要依靠地表径流。20世纪50年代以来，由于绿色发展理念缺位，流域内工业化、城镇化快速推进，入湖河流受到严重污染，入湖水量减少和大面积围湖造田、不合理使用农药化肥及畜禽养殖等面源污染问题突出，同时，入湖河流上游区域人口密集、工业发达，大量劣V类工业及生活污水排入河流，使马踏湖不堪重负，水质明显恶化，湖水中化学需氧量

（COD）最高时达到约1000毫克/升，超过地表水Ⅴ类标准25倍，流域水资源形势紧张。马踏湖所在的区域，正处于山东省最大的地下水超采区——淄博—潍坊地下水漏斗区，地下水超采严重，尤其是20世纪70年代后，桓台县地下水位普遍下降10米左右，成为严重缺水地区，无法在水源补给上与马踏湖实现互动，湖区水源严重不足，湖区面积逐步萎缩[7]。

2. 主要做法

面对日益严峻的水环境危机，淄博市标本兼治，遵循山水林田湖草沙系统治理理念，围绕马踏湖这个"地理低点、生态高点"，不断优化落实"治理+修复"工作体系，打响了马踏湖流域生态治理修复攻坚战。自2008年开始，对马踏湖流域实施了持续10余年的综合治理修复，应用"治保用"策略，探索全领域治理、全流域修复、全方位管控的淄博水环境治理模式，在桓台县逐步构建起"三横五纵两湖六湿地"生态水系，形成了"河湖连通、水清岸绿、水润城乡"的生态格局。

（1）以"治"控源，提升流域污染防治水平

为推动马踏湖流域综合治理，桓台县开展全过程污染防治，以逐步加严的水环境质量标准倒逼企业提升直排标准，从排放标准COD≤100毫克/升、氨氮≤15毫克/升逐步提升到现在的COD≤40毫克/升、氨氮≤2毫克/升。同时，根据区域环境容量确定提标标准，率先开展城镇污水处理厂外排水深度治理。为治理好马踏湖流域的生态环境，截至2022年8月，桓台县先后关停取缔各类涉水企业35家，实施了52

家企业60项污水深度治理再提高工程；桓台县累计封堵入河排污口150余处，大力实施污水处理厂"新、改、扩"工程及清污、雨污分流改造工程，在建成区、城郊镇及重点镇实现污水收集处理全覆盖，完成城区雨污分流改造，在沿河农村集中居住区建设40余处小型生活污水集中处理设施，全面实现"河河清"。

（2）以"保"促净，建设人工湿地和生态河道

桓台县认真借鉴南四湖等流域治污的成功经验，大力建设人工湿地水质净化工程，打造"污水处理厂+湿地"治污综合体，同时在孝妇河、猪龙河和乌河河道周边适宜区域建设人工湿地，在重要河流入湖口、支流入干流处、重要点源排放口处因地制宜建设人工湿地，构建了沿河环湖大生态带，提升了流域环境承载力；以生态治河、还清水质为重点，实施城乡河流水系综合治理工程，并在沿河两侧打造水清岸绿的生态廊道，有力保障县域内所有河流出境断面COD、氨氮指标均达到省控要求；实施马踏湖生态修复蓄水、植被修复等工程，持续开展底泥疏浚、环境监测，退养复植超16千米^2，湖区蓄水能力增加2200万米^3。

（3）以"用"减排，构建中水循环利用体系

一边是水资源的严重短缺，一边是处理后的中水白白流掉，把素有"第二水源"之称的中水"用"起来，对马踏湖流域有着重要意义。淄博市在综合治理中，大力做活"用"的文章，使有限的水资源发挥出了更大的价值。

一是加强资源节约和循环利用。2017年9月,山东汇丰石化集团有限公司率先建成了行业内首套含盐废水资源化利用项目,2018年6月对中水回用设施升级改造,每年可回收120万吨优质水,增加了水循环利用力度,减少废水排放。2019年,桓台县污水处理厂再生水规模达10000米^3/天。二是坚持规划引领。桓台县按照"三横五纵两湖六湿地"总体规划布局,构建区域水资源循环利用体系;投资16.68亿元实施小清河干流及分洪道、孝妇河下游分洪河道等在内的重点水利工程,有效提升了河道行洪能力和蓄水能力。三是加强制度保障。为将再生水、雨水、微咸水、矿坑水等纳入水资源统一配置,淄博市2017年出台再生水利用支持政策,明确规定使用再生水免缴水资源费;2018修订《淄博市节约用水办法》,大力建设再生水设施。

经过治理,2018年马踏湖流域水环境质量明显好转,恢复了往日明晃晃的大水面,COD由1000毫克/升下降到20毫克/升,湖泊蓄水能力从300万米^{3}增加到2500万米^3,正常蓄水量1100万米^3。2010年,马踏湖实现了常见鱼类稳定生存;2014年,入湖河流乌河、东猪龙河出现多年未见的苫草;2016年,马踏湖顺利通过验收,成为淄博市首个国家湿地公园。目前,湖区水质常年达到地表水Ⅲ类标准,震旦鸦雀、野大豆等珍稀动植物常现湖区,基本恢复了"草长莺飞、碧水连天"的自然风貌。

（二）安徽新安江（黄山段）

1. 建设背景

新安江发源于安徽省黄山市休宁县六股尖，是长三角重要的生态屏障和下游地区重要的战略水源地。21世纪初，黄山市进入工业化、城镇化加速发展阶段，大量污水和垃圾通过新安江进入千岛湖，2010年前后水质富营养化趋势明显，千岛湖部分湖面出现蓝藻异常增殖现象。随着污染物排放量及水中污染负荷的增加，新安江水质呈下降趋势，河流断面主要污染物浓度均值缓慢升高。新安江下游千岛湖综合营养状态由贫营养转为中营养，水质变化状况不容乐观，千岛湖是深水湖泊，湖体流速分布梯度不明显，自净能力弱，一旦富营养化加剧将很难治理，流域生态安全面临严峻挑战。

2. 主要做法

黄山市不断统一思想、深化认识，以生态保护补偿机制为抓手，把保护流域生态环境作为首要任务，以绿色发展为路径，以互利共赢为目标，以体制机制建设为保障，坚定不移走生态优先、绿色发展的路子。

一是建立权责清晰的流域横向补偿机制框架。为确保试点顺利开展，财政部、原环境保护部统筹协调，制定并出台了《新安江流域水环境补偿试点实施方案》《关于加快建立流域上下游横向生态保护补偿机制的指导意见》等政策文件，统一思想理念，明确细化责任，为试点的高效实施和整体推进提供了政策保障。试点实施方案突出新安江水质改善结果导向，实施以由高锰酸盐指数、氨氮、总磷、总氮四项污染物指标和水质稳定系数、指标权重系数组成为主要内容的补偿标准体系，通过协议方式明确流域上下游省份各自职责和义务，积极推动流域上下游省份搭建流域合作共治的平台，实施水环境补偿，促进流域水质改善。

二是加强流域上下游共建共享，打造合作共治平台。按照"保护优先、河湖统筹、互利共赢"的原则，浙皖两省积极沟通协商，联合编制了《千岛湖及新安江上游流域水资源与生态环境保护综合规划》，进一步强化流域的共保共享；为实现交界断面水质监测的长期性和科学性，在浙皖交界口断面共同布设了9个环境监测点位；采用统一的监测方法、统一的监测标准和统一的质控要求，获取上下游双方都认可的跨界断面水质监测数据，并定期对双方上报国家的数据进行交换，真正做到监测数据共享。

三是实施新安江流域山水林田湖草系统保护治理。黄山市深入实施千万亩森林增长工程和林业增绿增效行动，截至2022年1月，累计建成生态公益林535万亩，退耕还林107万亩，森林覆盖率由77.4%提高到82.9%，森林面积达1200万亩，被授予"国家森林城市"称号，建设总投资30亿元的国家重大水利工程月潭水库，新安江滨江湿地生态系统建成65千米生态护岸。试点以来，黄山市湿地、草地等生态系统面积逐年增加，自然生态景观在流域占比达85%以上，获评"2021年中国最具生态竞争力城市"。

四是创新流域保护治理体制机制。安徽省把新安江综合治理作为生态强省建设的"一号工程",建立了由省委、省政府领导主抓、各有关部门参与的工作机制,加强同浙江省的会商对接,统筹协调和推进试点工作;对黄山的考核指标调整至侧重于生态保护,引导地方党委政府科学发展。安徽省成立了省新安江流域生态保护补偿机制领导小组,黄山市成立了由市委书记和市长担任组长的新安江流域综合治理领导小组和生态保护补偿机制试点工作领导小组,专门在市、县两级财政设立新安江流域生态建设保护中心,负责新安江流域水环境保护的日常工作,建立并完善与环保、水利、农业等部门相互协调的运行机制,累计出台《黄山市党政领导干部生态环境损害责任追究实施办法(试行)》《河湖长制规定》《黄山市林长制规定》《农药使用管理条例》《餐厨垃圾管理办法》等80多项政策文件。

五是深入推动新安江流域绿色发展。坚持把科学规划作为高水平推进治理的重要支撑,上游地区深入贯彻落实《安徽省新安江流域水资源与生态环境保护综合实施方案》,编制《黄山市新安江生态经济示范区规划》,支撑省级层面的《安徽省新安江生态经济示范区规划》,积极对接杭州都市圈,进一步形成优势互补、互利共赢格局,推进流域上下游的一体化保护和发展。黄山市为发挥试点资金的放大效益,与社会资本共同设立新安江绿色发展基金,并争取1亿美元亚行贷款项目支持,努力把生态、资源优势转化为经济、产业优势。

二、美丽河湖建设成效与经验

（一）美丽河湖建设成效

一是通过美丽河湖保护与建设，水生态环境质量显著改善。2022年，全国地表水Ⅰ～Ⅲ类水质断面比例为87.9%，劣Ⅴ类水质断面比例为0.7%。与2015年相比，Ⅰ～Ⅲ类水质断面比例提高了21.9%，劣Ⅴ类水质断面比例降低了9%。马踏湖、茅洲河、浦阳江（浦江段）、下渚湖等水体水质明显改善。新安江（黄山段）、密云水库等水生态环境质量不断向好。

二是通过美丽河湖保护与建设，打通了"两山"转化通道。美丽河湖不只是一种"绿水青山"，更是"金山银山"，美丽河湖建设立足产业、区域定位，自然资源禀赋，坚持以节约优先、保护优先、自然恢复为主，推进工业企业绿色升级，发展生态农业等生态产业，实施生态环境导向的开发模式，形成节约资源和保护环境的产业结构、生产方式、生活方式，带动有机茶、泉水鱼、生态旅游等一系列生态产业蓬勃发展，产生了诸多"网红打卡地"，以美丽河湖生态优势获取了发展活力与社会效益，同时以"金山银山"反哺"绿水青山"，实现美丽河湖保护与建设和"金山银山"相互支撑，促进了流域绿色发展。

三是通过美丽河湖保护与建设优秀案例的示范引领，创新示范的社会氛围逐渐浓厚，创新活力不断增强。生态环境部自2021年起每年组织开展美丽河湖优秀案例征集活动，并通过集中展示、现场调研、研讨会等形式开展优秀案例的宣传推广，不断为各流域、各地区提供具有示范价值的好经验好做法，基层创新活力不断提升。各地积极探索、创新方式，美丽河湖保护与建设在各地蔚然成风。部分地区将美丽河湖保护与建设融入美丽系列的顶层设计。福建省《深化生态省建设　打造美丽福建行动纲要（2021—2035年）》"打造水清岸绿的美丽河湖　美在景秀文兴有生力"专章提出美丽河湖建设十大行动。《美丽四川建设战略规划纲要（2022—2035年）》提出以水为脉打造多彩河湖。《美丽山东建设规划纲要（2021—2035年）》提出要打造各美其美、亲水富民的美丽河湖。山东省、河南省、湖北省等省份明确对入选国家级、省级美丽河湖优秀案例的地市，在政策、项目和资金上给予倾斜支持。江苏省明确优先推荐以美丽河湖为载体申报"两山"实践创新基地；同时规定将美丽河湖建设工作成效与相关考核评估挂钩。

（二）推进美丽河湖建设的主要经验

一是具有完善的顶层设计。水环境与经济社会发展有着密切的联系，美丽河湖保护与建设要与国民经济和社会发展以及相关领域、行业发展等充分衔接，从目标指标、措施任务、保障措施等方面进行统筹谋划，引领经济社会发展。如四川省西昌市编制《邛海流域环境规划》《邛海国家湿地公园总体规划》，云南省出台《云南泸沽湖保护治理规划》《丽江市宁蒗县泸沽湖流域控制性环境总体规划》等保护性规划，形成了科学完整的保护、建设、利用规划体系。

二是形成系统的治理思路，形成了一批美丽河湖优秀案例典型经验做法（表9.1）。美丽河湖保护与建设涉及水资源、水环境和水生态等流域要素，涉及生态环境、水利、自然资源等部门，需要用系统思维和全局观念谋划河湖保护与建设。美丽河湖保护与建设中要统筹水资源保障、水污染治理和水生态保护修复，结合黑臭水体治理、排污口监管，形成以美丽河湖保护与建设为统领，以河湖水生态系统保护为核心的管理体系；要形成部门合力。如马踏湖、下渚湖和浦阳江（浦江段）等案例，通过实施流域"治保用"系统治理、五水共治等措施，实现水生态环境质量显著改善。

表9.1 2021年度美丽河湖优秀案例典型经验做法

序号	河湖名称	河湖类型	典型经验做法
1	山东省马踏湖	治理类	1. 系统治理：流域"治保用"系统治理 2. 其他：企业和污水处理厂在排污口均设置"生物指示池"，确保出口排水达到"常见鱼类稳定生长"的标准
2	安徽省新安江（黄山段）	保护类	1. 流域协作与生态补偿：流域上下游共建共享，打造合作共治平台；建立权责清晰的流域横向补偿机制框架 2. 生态产品价值实现：建立特色鲜明的绿色产业体系，着力做好"茶"文章，做活"水"文章

续表

序号	河湖名称	河湖类型	典型经验做法
3	北京市密云水库	保护类	1. 空间管控：推行网格化管理，密云水库一级保护区273千米^{2}划分为160个保水网格 2. 流域协作："两市三区"建立了跨界水体联合监测、联合执法、工作会商交流和应急联动等8个方面的协作机制 3. 生态补偿：北京市、河北省建立密云水库上游潮白河流域横向生态保护补偿机制 4. 生态产品价值实现：形成"特色蜜、水库鱼、环湖粮、山区果、平原菜"的产业布局
4	内蒙古自治区哈拉哈河（阿尔山段）	保护类	1. 系统治理：将各林场村纳入阿尔山市经济发展统筹规划，逐步实现了伐木工到护林员的转型 2. 生态产品价值实现：建立以旅游业为主体、以环保型工业和特色农牧业为两翼的绿色低碳产业发展格局
5	四川省邛海	治理类	1. 立法保障：颁布实施少数民族地区第一部生态环境保护的地方性法规《凉山州邛海保护条例》 2. 生态产品价值实现：通过政策支持引导拆迁群众从事邛海生态保护，推动精品民宿、特色餐饮等产业发展
6	浙江省下渚湖	治理类	1. 系统治理：以"五水共治"倒逼经济社会转型发展，实施"截、清、治、修、管"五大组合拳措施 2. 生态补偿：建立湿地生态补偿机制，每年落实700余万元对湿地行政村进行奖补 3. 其他：构建"水下森林"模式的水生态修复技术；建立生态绿币、河湖健康体检等机制
7	泸沽湖（云南部分）	保护类	1. 立法保障：出台《丽江市泸沽湖保护条例》及实施细则、《云南泸沽湖保护治理规划》 2. 流域协作：滇川联动共治共管，建立联席会议制度

续表

序号	河湖名称	河湖类型	典型经验做法
8	福建省霍童溪（蕉城段）	保护类	1.立法保障：制定实施地方性法规《宁德市霍童溪流域保护条例》；公检法机关分别设立"生态警务""生态公益保护联系点"、驻河长制办公室法官联络室 2.生态产品价值实现："水韵+文化""水韵+景观""水韵+产业"多元化融合破题协同发展
9	浙江省浦阳江（浦江段）	治理类	1.系统治理：实施五水共治，由水及岸，开展"全域美丽"系列行动 2.其他：实施"一厂一湿地、一村一湿地、一库一湿地"模式；以"1+2+X"模式成立督导组，构建督查督办机制

三是探索有效的转化路径。美丽河湖不只是一种"绿水青山"，更是"金山银山"，美丽河湖要实现"绿水青山"和"金山银山"共赢，实现生态效益、经济效益和社会效益的有机统一。首先要提升绿色发展水平，以美丽河湖生态优势获取发展活力与社会效益。其次要建立长效管理机制，以"金山银山"反哺"绿水青山"。综合运用联防联控、生态补偿等行政、经济手段，创新生态产品价值实现的体制机制，建立绿色生产和绿色消费的政策导向，实现美丽河湖保护与建设和"金山银山"相互支撑、螺旋式上升。如福建省霍童溪（蕉城段）、内蒙古自治区哈拉哈河（阿尔山段）等通过"水韵+文化""水韵+景观""水韵+产业"多元化融合，形成旅游业为主体、环保型工业和特色农牧业为两翼的绿色低碳产业发展格局等方式实现生态产品价值，确保河湖持续

"美丽"。

四是实施差异的治理措施。对于保护类河湖，应优先清理整治与水源涵养区、水域、河湖缓冲带等重要生态空间主导功能不相符的生产、生活活动；按照保护优先、自然恢复为主的原则，结合水生态受损情况和现实条件，开展水源涵养区建设、生态缓冲带建设、"水下森林"恢复等。对于治理类河湖，应优先考虑控源减污，结合黑臭水体治理等，统筹实施排污口整治、农业面源污染治理、区域再生水循环利用等，补齐污染治理短板。如下渚湖、密云水库等实施"截、清、治、修、管"五大组合拳和网格化管理措施，促进水生态环境质量不断改善。

三、美丽海湾建设典型案例

（一）青岛市灵山湾

1. 建设背景

灵山湾，位于青岛市西海岸新区，西海岸新区以近岸海域污染防治攻坚战实施为抓手，加强政策引领及制度建设，扎实推进灵山湾全区域综合整治提升。历经多年精雕细琢，灵山湾蜕变为"水清、滩净、湾美、岛秀"的美丽海湾，实现生态、经济、社会效益"三赢"。2019年5月，《新闻联播》专题播放《青岛西海岸新区打造最美海湾》[8]。

2. 主要做法

（1）全区域实施海湾整治提升，实现水清滩净、鱼鸥翔集

一是让黄金岸线回归自然。灵山湾投资11.5亿元实施蓝湾整治，拆迁征地1000余亩，清理拆除养殖设施，海湾自然风貌重现，金色沙滩熠熠生辉。二是让海湾水质清澈流淌。灵山湾坚持河海共治，投资9亿元，对7条入湾河流40余千米河道进行治理，水质全部达标，沿湾污水收集处理率100%，完成入海排污口整治，海域优良水质面积连续三年100%。三是让海湾生态返璞归真。每年增殖放流超1000万尾，海藻种类逐年增多，海湾碳汇能力显著提升。四是让灵秀海岛风情凸显。灵山湾环抱的灵山岛，森林覆盖率达80%，有300多种候鸟经此迁徙，其中不乏濒危物种栗鹀。

（2）全方位开展湾区系统治理，实现陆海协同、多元共治

一是强化湾长制。青岛市在全国率先试点实施"湾长制"，实现市、区、镇街三级湾长无缝衔接，设置湾管员和监督员，建立会议、通报等工作制度。二是加强近岸海域污染防治。青岛市坚持陆海统筹，扎实推进海上环卫、"湾长+检察长"等工作机制，实施"河长制"与"湾长制"有效衔接。开展"碧海"专项执法，青岛市采用"沙滩机+人工"方式维护沙滩，清理海漂垃圾，实施"片区+网格"管理。三是社会化参与。青岛市成立全国首个由渔民自发组成的民间海洋环保组织，人人争做"海卫士"，爱海护海蔚然成风。四是智慧化监管。灵山湾建成全国首个智慧海洋管理平台和海洋大数据中心,形成沿湾综合管控"蓝色天网"。

(3)全要素雕琢湾区人文风貌,实现近海亲海、人海和谐

一是扮靓亲海空间。灵山湾打造"车行观海、骑行慢道、亲水步道、观景平台、休憩驿站、视觉通廊"等要素,截至2022年8月,新改建道路22.4万米^2,新增亲海广场2.85万米^2,完善公共服务设施1.17万米^2,建成灵山湾慢行系统,成功入选山东省最美绿道;投资10亿元,打造占地1075亩的城市阳台和海水浴场,日容纳客流量达10万人次。二是绽放时尚魅力。青岛市成功举办东亚海洋合作平台青岛论坛、上合组织国家电影节等重大活动,每年接待游客200多万人次。三是带动产业繁荣。生态经济结构初见雏形,影视产业蓬勃发展,世界博览城等百亿级项目入驻,成为落实经略海洋战略的新支点。

(二)盐城市大丰川东港

1. 建设背景

盐城市大丰川东港位于江苏省东南部沿海,海湾内自然生态禀赋良好,滨海湿地资源多样,拥有江苏大丰麋鹿国家级自然保护区和国家级珍禽自然保护区,是"中国麋鹿之乡"、中国黄(渤)海候鸟栖息地核心区、鸟类在东亚—澳大利西亚迁徙路线上最重要的中转站之一,也是我国东部唯一的暗夜星空保护地和授时观测站。

2. 主要做法

（1）陆海统筹推动水质改善，常态化清洁维护岸滩整洁

盐城市治理入河入海污染源，实施入河入海排污口的排查、溯源和整治，系统推进入海河流水质提升工作。2022年国考川东闸断面稳定达Ⅲ类，总氮浓度较2020年下降8.98%，邻近海域两个国控点位海水水质优良比例达100%。开展常态化海滩垃圾清理，实现全时段"无积存"目标，湾区内垃圾盖度常年小于0.5‰。

（2）全力推进湾区内生物多样性保护，严格落实黄海湿地资源保护

盐城市在南建川1620亩退养区域创新推行"生态+农业""金融+修复+碳汇"等生态保护修复模式，有效促进了碳达峰碳中和战略目标的区域化落地；散放麋鹿啃食和踩踏，综合施策有效抑制互花米草的扩张。区域生物的种群数量稳定增加，截至2023年5月底，江苏大丰麋鹿国家级自然保护区的麋鹿种群数量已增至7840头，占世界总数的近70%。东方白鹳、丹顶鹤、黑脸琵鹭、琵嘴鸭等珍稀濒危鸟类近年来呈现增加趋势。

（3）秉承历史人文之美，持续提升亲海空间品质

盐城市依托世界遗产地综合带动效应，充分发挥自然优势，深入挖掘地质历史价值。湾区内"野鹿荡"成为我国东部唯一暗夜星空保护地，盐城市邀请中国科学院、南京地质古生物研究所等科研机构来此勘探并成立科学研究所，发掘独特的潮间带

美丽中国

文明；积极探索麋鹿、湿地等自然科普研学活动，建设麋鹿自然营地，案例被录入《全球世界遗产教育创新案例集》；建设全长9.53千米的川东闸—竹港闸观海廊道，设有多个亲海驿站、观鸟台等景观节点，为市民游客提供了亲海空间。

四、美丽海湾建设成效与经验

美丽海湾是美丽中国在海洋生态环境领域的集中体现和重要载体，也是人与自然和谐共生在海洋领域的生动实践。美丽海湾优秀案例筛选在社会上起到了良好的示范效应，带动了沿海地市加强美丽海湾保护与建设的积极性和主动性[9]。截至2024年3月，生态环境部共发布两批次20个美丽海湾优秀案例，各海湾在陆海统筹污染治理、海湾生态保护修复以及监管体系建设等领域均有创新实践和独特做法，值得推广和借鉴。

（一）美丽海湾建设成效

一是近岸海域生态环境质量实现历史性好转。我国全海域优良（一、二类）水质面积比例从2012年的95.87%提高到2022年的97.4%，劣四类水质面积连续6年下降，从2012年的6.8万千米^{2}减少到2022年的2.5万千米^2；近岸海域优良（一、二类）水质面积比例从2012年的63.7%提升到2022年的81.9%；2022年，面积大于100千米^{2}的44个海湾中，10个海湾春季、夏季、秋季三期均为优良（一、二类）

水质，20个海湾三期均未出现劣四类水质。23个海湾年均优良水质面积比例同比有所增加，11个海湾基本持平，10个海湾有所下降。

二是美丽海湾创建体系逐步完善。生态环境部印发《美丽海湾建设基本要求》。浙江省、福建省、山东省、广东省等地印发了本省美丽海湾建设的工作方案。总体形成国家、省级两级美丽海湾建设体系，江苏省、福建省等省份还通过省级资金奖补等方式，鼓励各地市加大美丽海湾保护与建设力度，提速美丽海湾建设进程。

三是美丽海湾成为公众最佳的亲海平台。良好生态环境是最普惠的民生福祉，各地市始终用最大力度保护海岸线，项目开发坚持"亲海"不"侵海"，不断提升海湾生态空间品质，把最美的景致留给百姓。如厦门市东南部海域沿海建设带状公园、休闲广场、主题公园等亲海空间，建设环岛路、木栈道、山海步道等亲海廊道，为百姓提供了风景优美、体感优良的休闲嬉戏场所，让百姓能够亲密接触大海，感受海湾的美丽与舒适，切实提升群众的获得感和幸福感。

（二）推进美丽海湾建设的主要经验

1. 构建海湾保护法律体系

盐城市东台市条子泥岸段设立湿地法庭等保护滨海湿地和鸟类。盐城市颁布《盐城市黄海湿地保护条例》，将东台市条子泥湿地公园纳入重点保护区域，实行全面保护，严格控制建设项目使用黄海湿地，将湿地保护工作纳入生态文明建设考核评价内容，明确建立黄海湿地保护执法协作机制和公益诉讼制度。2019年，江苏省高级人民法院决定在东台市人民法院设立黄海湿地环境资源法庭，集中管辖盐城市（不含滨海县、响水县）以及启东市、如东县应当由基层人民法院审理的第一审环境资源刑事、民事、行政案件（不含土地行政管理案件）。黄海湿地环境资源法庭开展涉野生动物案件常态化巡回审判，在条子泥开展"4.20 珍爱地球 人与自然和谐共生""6.5 关爱自然 刻不容缓"等法治宣传活动，"以案释法"促进全民参与滨海湿地保护。盐城市还在条子泥设立环境资源司法实践基地，推动环境司法与生态修复有机衔接，汇聚环境资源保护合力[10]。

2. 强化美丽海湾建设成效评价与考核

浙江省印发《浙江省美丽海湾保护与建设行动方案》，推动以美丽廊道、美丽岸线、美丽海域为重点的美丽海湾保护与建设布局基本形成，分类推进滨海宜居型美丽海湾、蓝海保育型美丽海湾保护与建设，最终实现环境美、生态美、和谐美、治理美；提出以"蓝海"指数为基础，构建差异化评价指标体系；浙江省生态环境主管部门会同有关部门制定评价管理办法，组织开展评价。相关评价结果纳入"五水共治"和"美丽浙江"建设考核体系。

3. 建立美丽海湾奖补机制

为深入推进生态环境治理模式创新落地见效，强化政策激励，助推美丽海湾生态环境保护项目建设，推进海洋生态环境质量全面改善提升，江苏省出台《江苏省美丽海湾省级示范项目奖励办法》，通过财政激励措施，充分调动沿海市县的积极性和主动性，深入推进"美丽海湾"建设，助推全省海洋生态环境质量持续改善。

4. 实施海滩垃圾数字化监管

温州市洞头诸湾启动建设海漂垃圾数字化监管体系，并建立"海洋云仓"智能化回收塑料瓶等海漂垃圾。"海洋云仓"船舶污染物防治系统，采用"物联网＋区块链"技术有效链接船舶污染物"产生—接收—储存—转移—处置"全流程，实现闭环治理和多跨协同，提高海港生态治理的现代化水平；从源头做到了监测信息化、收集网络化、存储减量化、运输统筹化、处置集中化、监管统一化、运作市场化，相比传统政府大包大揽建设，减少了50%以上的治理费用。

5. 强化公众参与海湾保护

秦皇岛湾北戴河段注重沙滩亲海品质提升与公众参与，将沙滩纳入旅游旺季"烟头革命"工作机制，形成了共建共治共享美好海洋生态环境的有效机制。秦皇岛市北戴河区组织全区志愿者，统一配备"小红帽""红马甲"，深入沙滩浴场等地，开展环境保洁、文明劝导等志愿服务，宣传"垃圾烟头不落地，北戴河因你而美丽"等口号，动员广大居民游客积极参与。同时，秦皇岛市北戴河区充分运用"两微一端"等媒体平台，广泛发起号召，呼吁社会各界共同参与"烟头革命"。广大志愿者及时劝阻乱扔烟头垃圾等行为，督促商户严格落实"门前五包"，维护良好的生态环境[11]。

参考文献

［1］严刚，徐敏，王东，等．立足我国环境治理实际，借鉴欧美发达国家水生态环境管理经验，面向2035美丽中国目标，准确把握水生态环境质量改善进程，聚焦"三水统筹"等重点难点，全面推进水生态环境保护与治理修复［R］．重要环境决策参考，2022．

［2］中华人民共和国生态环境部．2021中国生态环境状况公报［R］．2022．

［3］徐敏，马乐宽，王东，等．如何推进美丽河湖保护与建设［N］．中国环境报，2021-05-06（3）．

［4］徐敏，路瑞，韦大明，等．《美丽河湖保护与建设参考指标（试行）》解读［N］．中国环境报，2022-11-22（3）．

［5］徐敏，路瑞，韦大明，等．面向美丽中国目标的美丽河湖保护与建设思路研究［J］．环境保护，2022，50（21）：28-32．

［6］中华人民共和国生态环境部．美丽河湖优秀案例征集活动［EB/OL］．https://www.mee.gov.cn/home/ztbd/2021/mlhhyxalzjhd/.

［7］中国生态文明网．美丽河湖优秀案例专栏［EB/OL］．http://www.cecrpa.org.cn/ztzl/2021mlhhyxal/.

［8］中华人民共和国生态环境部．美丽海湾优秀案例专栏［EB/OL］．https://www.mee.gov.cn/home/ztbd/2021/mlhwyxalzjhd/.

[9] 中华人民共和国生态环境部."十四五"海洋生态环境保护规划［EB/OL］.［2022-01-11］. https://www.mee.gov.cn/xxgk2018/xxgk/xxgk03/202202/t20220222_969631.html.

[10] 陈彬,俞炜炜,陈光程,等. 滨海湿地生态修复若干问题探讨［J］. 应用海洋学学报,2019,38(4):464-473.

[11] 国家海洋环境监测中心. 美丽海湾建设专栏［EB/OL］.http://www.nmemc.org.cn/ztzl/mlhwyxalzjhd/.

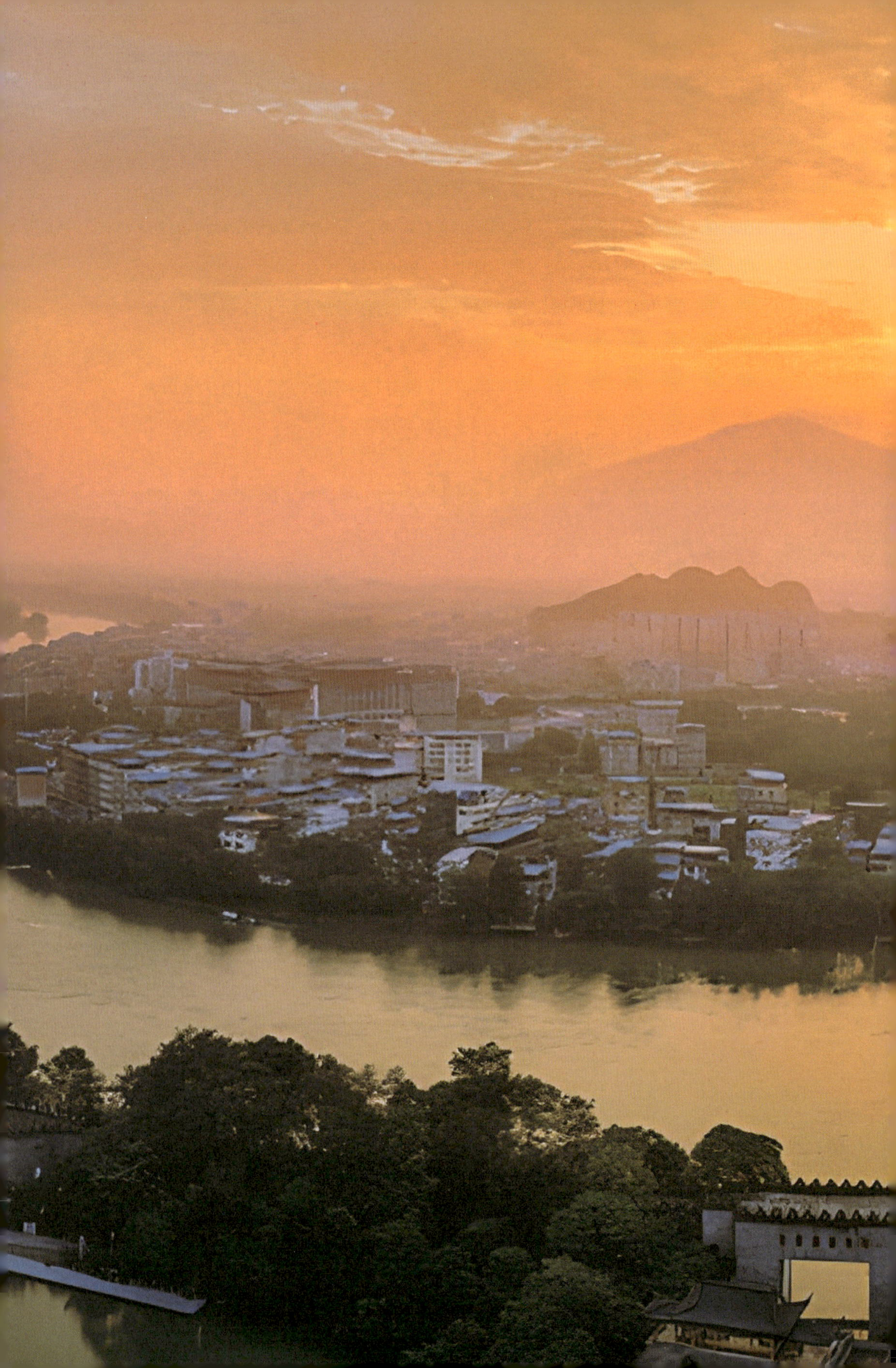

第十章
书写美丽壮丽篇章
绘就美丽更新画卷

美丽中国

党的十八大以来，以习近平同志为核心的党中央把生态文明建设摆在全局工作的突出位置，把生态文明建设作为关系中华民族永续发展的根本大计，开展了一系列开创性工作，生态文明建设从理论到实践都发生了历史性、转折性、全局性变化，美丽中国建设迈出重大步伐。本章通过系统梳理党的十八大以来美丽中国建设的主要成效和实践经验，针对新时代新征程中美丽中国建设在分区分类实施、统筹协调推进等方面的挑战，立足中国式现代化的总体格局和基本特征，提出全面推进美丽中国建设的相关建议。

一、美丽中国建设已起航

（一）主要成效

党的十八大以来，我国生态文明建设取得举世瞩目的成就，成为新时代党和国家事业取得历史性成就、发生历史性变革的显著标志。生态环境保护在思想认识、理论实践、环境治理、对外交流等方面都发生更加显著的变化，我国天更蓝、地更绿、水更清，万里河山更加多姿多彩。

习近平生态文明思想引领认识程度更加深刻。以习近平同志为核心的党中央把生态文明建设作为关系中华民族永续发展的根本大计，大力推动生态文明理论创新、实践创新和制度创新，创造性提出了一系列新理念、新思想、新战略，形成了习近平生态文明思想，为我国生态文明建设提供了思想遵循和行动指南。

党中央对生态环境保护工作战略部署更加成熟。在"五位一体"总体布局中，生态文明建设是重要组成部分；在新时代坚持和发展中国特色社会主义基本方略中，坚持人与自然和谐共生是一条基本方略；在新发展理念中，绿色是一大理念；以习近平同志为核心的党中央着眼党和国家发展全局，在三大攻坚战中，污染防治是其中一大攻坚战；党的十九届五中全会提出深入打好污染防治攻坚战；在到本世纪中叶建成富强民主文明和谐美丽的社会主义现代化强国目标中，美丽是一个重要目标；在中国式现代化中，人与自然和谐共生是其中一个特征，中国式现代化的九条本质要求中，促进人与自然和谐共生是其中一条。

绿色低碳发展取得积极进展。我国大力发展战略性新兴产业，深入推进供给侧结构性改革，坚决遏制高耗能、高排放、低水平项目盲目发展，截至2022年年底，我国累计淘汰落后和化解过剩产能钢铁约3亿吨、水泥约4亿吨。持续推进能源结构优化调整。截至2022年年底，煤炭在一次能源消费中的占比从2012年的68.5%下降至56.2%。我国成为全球能耗强度降低最快的国家之一，建成全球规模最大的碳市场。清洁能源消费比重由2012年的14.5%升至2023年的25.9%，我国水电、风电、光伏发电装机均超过3亿千瓦，连续多年居世界首位，建成全球规模最大的清洁发电体系。构建碳达峰碳中和"1+N"政策体系，多措并举实现碳达峰碳中和良好开局，基本扭转了二氧化碳排放快速增长的局面。

环境质量持续改善。我国深入实施蓝天、碧水、净土保卫战，深入打好重污染天气消除和柴油货车污染治理、城市黑臭水体、长江保护修复、黄河生态保护治理、重点海域综合治理和农业农村污染治理攻坚战。2022年，全国地级及以上城市细颗粒物平均浓度从2015年的46微克/米^{3}下降至29微克/米^3，重污染天数比率首次下降到1%以内，细颗粒物年均浓度历史性达到世界卫生组织第一阶段过渡值。全国地表水Ⅰ～Ⅲ类水质断面比例为87.9%，较2012年提高23.8%，劣Ⅴ类水质断面比例为0.7%。长江干流连续三年全线达到Ⅱ类水质，黄河干流首次全线达到Ⅱ类水质。全国近岸海域水质优良（一、二类）比例为81.9%，全国农用地安全利用率保持在90%以上，重点建设用地安全利用得到有效保障。累计完成农村环境综合整治村庄19.5万个。实现固体废物"零进口"目标。

生态系统质量和稳定性不断提升。我国完成全国生态保护红线划定并推动评估和勘界定标，构建形成以国家公园为主体的自然保护地体系，自然保护地总面积约占全国陆域面积的18%。连续五年开展"绿盾"自然保护地强化监督。2016年以来，我国陆续实施44个山水林田湖草沙一体化保护和修复工程。森林面积、森林蓄积量连续30年保持"双增长"。2000—2017年，全球新增绿化面积中约1/4来自中国，中国成为全球增绿的主力军。实施生物多样性保护重大工程，生物多样性保护政策及行动有效保护了90%的陆地生态系统类型和74%的国家重点保护野生动植物种群，300多种珍稀濒危野生动植物野外种群得到了较好恢复。

生态环境制度体系不断健全。我国制定和修订30多部生态环境领域法律和行政法规，覆盖各类环境要素的法律法规体系基本建立。中央层面审议通过的有关生态文明建设制度文件达60多项，逐步构建起源头预防、过程严管、后果严惩的生态文明建设和生态环境保护"四梁八柱"制度体系。我国开创性建立了中央生态环境保护督察制度，分六批完成了对全国31个省（区、市）和新疆生产建设兵团、2个部门和6家中央企业的两轮中央生态环境保护督察，有力推动解决突出生态环境问题，成为落实生态环境保护责任的硬招实招；建立了以排污许可制为核心的固定污染源环境监管制度体系，将全国344.66万个固定污染源纳入排污许可管理。

生态环境领域国际影响力显著增强。我国深度参与和引领全球环境治理，推动《巴黎协定》达成、签署、生效和实施；推动《联合国气候变化框架公约》第二十七次缔约方大会取得预期成果；成功举办《生物多样性公约》缔约方大会第十五次会议，推动达成"昆蒙框架"，成为全球生物多样性治理的新里程碑；倡导建立"一带一路"绿色发展国际联盟和"一带一路"生态环保大数据服务平台。北京市大气污染治理成效得到联合国环境署高度评价，认为北京市创造了全球特大城市大气污染治理的世界奇迹。河北省塞罕坝林场建设者、浙江省"千村示范、万村整治"工程等先后获得联合国"地球卫士奖"。我国已成为全球生态文明建设的重要参与者、贡献者、引领者。

（二）主要经验

1. 坚持目标引领，规划先行引领美丽中国建设

为贯彻落实党和国家关于美丽中国建设的决策部署，全国各地积极以美丽中国目标为引领，以各地党代会报告、美丽建设规划纲要以及指导意见等形式提出"各美其美、美美与共"的美丽中国建设目标、路径、方案，不断完善本地区的美丽建设顶层设计，推动美丽中国落地见效。

从各地省级党代会报告看，通过明确总体建设战略目标，依托区域载体，强化本底美丽建设。江西省和广东省明确提出要打造美丽中国省份样板；吉林省提出"以良好的生态环境增进人民福祉，为共建清洁美丽中国做出更大贡献"；宁夏回族自治区提出努力建设天蓝、地绿、水美的美丽宁夏；甘肃省提出建设山川秀美、生态优良的美丽甘肃。

从美丽建设规划纲要或意见看，强化建设工作的系统性、纲领性和全局性。截至2023年年底，浙江省、江苏省、山东省、四川省、福建省、江西省、山西省7个省已编制出台了本地区美丽省份建设规划。其中，浙江省率先发布了全国首个美丽省份规划纲要，山东省是全国第一个公开发布美丽建设规划纲要的省份，江西省是第一个在党的二十大召开后全文公开的美丽省份建设规划纲要的省份。

在落实省级要求方面，比如，浙江省2个副省级城市和9个地级市已全部完成美丽城市建设规划纲要的编制出台。杭州市将美丽杭州建设作为推进生态文明建设的重要载体，制定了

《新时代美丽杭州建设实施纲要（2020—2035年）》和《新时代美丽杭州建设三年行动计划（2020—2022年）》；南京市、无锡市、苏州市等城市在2020年印发了关于推进美丽城市建设的实施意见；烟台市出台《美丽烟台建设战略规划纲要（2021—2035年）》，提出打造新时代美丽中国建设"烟台样板"；青岛市积极推进美丽城市建设规划编制，力求在全省美丽城市建设中占得先机；赣州市落实省委全面建设美丽江西决策部署，系统谋划美丽赣州建设路径，制定了《美丽赣州建设行动实施方案（2022—2025年）》和《美丽赣州建设规划纲要（2022—2035年）》。

此外，结合五年生态环境保护工作，各地先行示范提出定性目标指引的美丽建设愿景。江苏省明确"美丽江苏展现新风貌，基本建成美丽中国示范省份"；浙江省提出"基本建成美丽中国先行示范区"；福建明确"'清新宜居、河湖流韵、山海透碧、业兴绿盈、共治同享'的生态福建、美丽福建初步建成"。

在任务谋划方面，江苏省提出要"实施美丽江苏建设试点示范'十千百'工程"；浙江省明确将持续推进"811"美丽浙江建设行动，并提出"将规划目标和主要任务纳入各地、各有关部门'美丽浙江'建设考核评价体系"。

2. 突出重点领域，以点带面推进美丽中国建设

选典型、树样板、立标杆是美丽中国建设的关键一环，目前美丽中国地方实践中可以以先进带动后进，通过一个个榜样案例建设美丽中国样板。如浙江省近年来开展了"美丽浙江十大样板地"活动，评选"美丽浙江十大特色体验地（县、市、区）""美丽浙江十佳特色体验地（乡镇、街道）""美丽浙江十佳特色体验地（村、景区）""美丽浙江十大绿色发展示范单位""美丽浙江十大经典案例""美丽浙江生态环境治理十佳优秀案例""美丽浙江生物多样性保护十佳特色案例""美丽浙江魅力示范点"。四川省在"推进绿色发展，建设美丽四川"过程中，积极发挥典型示范引领作用，在10市（州）征集评选出"生态扶贫、生态保护、生态旅游、污染治理、绿色产业、循环经济、节能减排、美丽城镇、美丽乡村、组织领导"等类型范例。厦门市开展了"美丽厦门市容示范项目"创建工作，开展了以"美丽厦门共同缔造"为载体的社会治理示范点建设，让人民群众享受到"共同缔造"带来的成果。

3. 注重载体建设，全面支撑推进美丽中国建设

美丽中国建设作为系统工程，各地在污染防治攻坚战成果的基础上，以建设美丽河湖、美丽蓝天、美丽海湾、美丽净土、美丽山川，建设美丽城市、美丽乡村、美丽园区、美丽街区为载体，逐步探索从污染防治攻坚战向美丽中国建设转变的生态环境保护治理思路，实现全领域整体和谐美丽。如浙江省实施《浙江省美丽海湾保护与建设行动方案》，明确分区分类梯次推进全省34个美丽海湾保护与建设，以美丽海湾保护与建设为主线，推动海洋污染防治向生态保护修复和提升亲海品质升级，实现环境美、生态美、和谐美、治理美。云南省全面推动全省美丽幸福河湖建设，印发《云南省美丽河湖建设行动方案（2019—2023年）》，以长江流域为重点开展全省底栖生物、浮游动植物等水生态监测，实施"一河一策"精准治理，对各项任务完成较好的州（市）进行奖补。成都市是国家环境健康管理试点第一个副省级城市，探索全国环境健康管理的"成都路径"。成都市印发《成都市生态环境与健康管理试点工作实施方案》，确定10个县（市、区）先行先试，把环境健康工作纳入了生态环境保护"十四五"规划。

4. 坚持人民理念，全民共建推进美丽中国建设

建设美丽中国是人民群众共同参与、共同建设、共同享有的事业，需要构建政府、企业、社会组织和公众共同参与的全民共治体系，提升全民生态环境意识和生态文明素养，在全社会形成美丽中国建设共治共享、崇尚生态文明的良好社会氛围。广东省紧扣"美丽中国，我是行动者"主题实践活动，将活动内容纳入《广东省打好污染防治攻坚战三年行动计划（2018—2020年）》等重要文件，明确要求通过深入校园、社区、农村、机关、企业开展环境宣教、科普益民主题实践活动，推动全社会形成文明健康绿色环保的生产生活方式。重庆市围绕"美丽中国，我是行动者"主题，开展丰富多彩的进机关、进学校、进企业、进社区等生态文明宣传活动。杭州市大力表彰在推动新时代美丽杭州建设中做出突出贡献的集体和个人，每年对生态文明（"美丽杭州"）建设目标责任制考核优秀单位进行通报表扬。

二、美丽中国扬帆新征程

为全面建成社会主义现代化强国，以中国式现代化全面推进中华民族伟大复兴，建设人与自然和谐共生的美丽中国需要在中国式现代化进程的基础上，立足中国式现代化的总体格局和基本特征，在美丽中国建设思想和理论体系、评估和管理机制、标准和技术体系、模式创新、思路和战略任务体系、科技支撑和重大项目库、学科体系建设 7 个方面着力推进和发展，为建设清洁美丽世界提供"中国方案"，贡献"中国智慧"。

（一）紧扣时代脉搏，深化美丽中国建设思想和理论体系研究

在内涵方面，人与自然和谐共生的现代化作为中国式现代化"五个特征"之一，赋予了美丽中国建设新的科学内涵。未来美丽中国建设要持续深入贯彻习近平生态文明思想，坚持"两山"理念、共建清洁美丽世界等生态文明建设理念，自觉做到"十个坚持"，紧紧围绕美丽中国建设这一个总目标，统筹推进健康中国、碳达峰碳中和、生物多样性保护、应对气候变化等重大目标，分析习近平生态文明思想对美丽中国建设内在要求与目标指向。围绕人与自然和谐共生，综合哲学、美学、伦理学等社会科学和生态、环境、地理等自然科学研究视角，阐释美丽中国建设内涵要求。鼓励开展创新性美丽中国思想研究，构建美丽中国从进程评估、战略谋划、重点任务、推进实施、目标考核等全生命周期的理论和方法，形成具备中国

特色的、独特的、落地的美丽中国建设思想、理论方法体系，全面辨析美丽中国与中华民族伟大复兴、中国式现代化、中国特色社会主义、人与自然和谐共生现代化、生态文明等的关系，全面总结新时代美丽中国建设的历史性成就、关键所在和经验启示，明确新时期美丽中国建设的完备理论体系。

（二）突出个性共性，建立健全美丽中国建设进程评估和管理机制

为确保实现美丽中国建设总目标，需要科学建立美丽中国建设指标评估监测、评估体系，这是重要的一环，也是未来需要重点突破的一个挑战。目前，有关学者关于美丽中国建设评价指标体系、评估方法、重点区域评估等方面开展了大量研究，但在具体内涵、地区差异、个性共性体现方面还有待加强，对新时代中国式现代化下美丽中国的内涵、指标体系以及指导地方的科学性和完整性还有待提升。未来要在深入解析美丽中国建设内涵的基础上，聚焦绿色低碳、环境优良、生态良好、环境健康、人居生活环境等重点领域，考虑我国不同区域的自然禀赋、发展阶段、治理水平等实际差异，建立美丽中国建设进程评估和指标体系迭代方法，突出国家、重大战略区、重点流域差异化空间评估尺度，注重个性和共性、动态与静态评估相互结合，构建多维联动、系统协调、统筹推进、各具特色的美丽中国建设监测和评估技术体系，持续开展美丽中国建设进程动态评估，精准识别不同时期美丽中国建设的短板与差

距,切实推动美丽中国建设。

(三)坚持问题导向,建立健全美丽中国标准和技术体系

坚持问题导向和目标导向,以推动美丽中国建设目标为需要,建立生态环境保护规划技术体系和标准体系,提升美丽中国建设规划的科学性、规范性和可落地性。生态环境规划作为国家规划体系中的专项规划之一,在国家规划体系中占据重要地位,而目前针对生态环境五年规划和中长期战略规划,还未出台相应的规划体系,导致规划在法律效力、技术标准、技术支撑体系较为薄弱,导致从事规划编制的门槛较低、随意性较大、专业水平参差不齐,出现了"全民皆能编规划"的现象,大大影响了生态环境管理决策力和政府公信力。未来需要充分借鉴国外规划技术标准体系建设经验,加快制定生态环境规划技术方法、标准规范、技术体系,重点发展生态安全预警识别技术、目标指标动态评估技术、环境空间规划技术、环境风险管理技术、环境政策评估技术、环境行为模拟与分析技术、环境系统模拟仿真技术、环境经济学分析技术等;促进信息技术深入交融,推动一批环境规划技术集成创新。

(四)注重分区施策,推动各美其美的美丽中国模式创新

坚持分区分类、各美其美的美丽中国建设实践模式。从区域维度看,美丽中国建设具有整体性和区域特征性,美丽中国是全国所有地区而非部分地区实现建设目标,美丽中国建设

要推动人类的经济社会活动与资源环境承载能力相适应。中国地形地貌、自然生态系统、资源环境禀赋、人口、产业等空间布局差异明显，区域间、不同行政单元间"美丽"的标志、特征各具特色，未来由于各地所处的中国式现代化的进程有所差异，需要以不同载体去推动，实现"各美其美、美美与共"的建设模式。要充分发挥不同类型、先行先试具有代表性地区的示范引领作用，从西部、东北、中部、东部等四大板块实际和地域特色出发，突出区域重大战略，鼓励各地开展美丽省份、美丽城市、美丽乡村等不同层级和美丽河湖、美丽海湾、美丽园区、美丽田园等不同领域美丽中国建设探索实践。在总结推广建设经验的基础上，结合京津冀协同发展、长江经济带发展、粤港澳大湾区建设、长三角一体化发展、黄河流域生态保护和高质量发展等国家重大战略，谋划推动一批美丽中国样板建设示范集群，建设美丽中国先行区，打造高质量一体化发展新引擎。

（五）强化目标导向，谋划新时代美丽中国目标、任务和路径系统化的战略体系

建设美丽中国是全面建成中国式现代化的重要目标之一，生态环境根本好转是美丽中国建设目标基本实现的关键标志，深入开展美丽中国建设目标、任务、路径等系统化战略体系研究，是引领新时期生态环境保护转型、促进绿色低碳发展，实现人与自然和谐共生现代化的必然要求。

在战略体系上，各地在开展美丽中国建设实践中要强化战略引领。各地在巩固拓展污染防治攻坚战成果的基础上，积极推动美丽中国建设实践中长期战略谋划，系统谋划本地区产业结构调整、生态环境保护、碳达峰碳中和各个领域、各个要素总体目标与行动路线图。在衔接落实国家和上位规划关于美丽中国建设生态环境保护战略部署、总体要求、目标任务基础上，客观分析本地区社会经济发展的历史阶段，准确把握生态环境治理的历史进程，深刻把握生态环境根本好转的核心要求，因地制宜编制出台本地开展美丽中国建设实践的规划纲要或实施指导意见，分阶段出台行动方案，形成"中长期战略指导，分阶段行动支撑"的实施路径。

在战略目标上，各地结合实际情况制定美丽建设实践的中长期目标，推动美丽建设纵深发展。围绕党的二十大提出美丽中国建设阶段性目标要求，衔接各地在中国式现代化进程中所处的阶段，分阶段确定美丽中国建设战略目标，形成美丽中国建设战略目标总体框架。具体而言，需要在美丽中国建设战略目标总体框架下，解析不同发展阶段情景下，推进美丽中国建设重点领域治理进程，分析美丽中国建设基础现状与未来建设要求的差距，明确美丽中国建设重点领域面临的问题、挑战以及改善潜力，结合美丽中国建设地方实践，分阶段确定美丽中国建设重点领域战略目标。在指标体系方面，从时间、区域、领域、要素 4 个维度构建反映区域差异的美丽中国建设特征性、标志性指标库。充分运用与国内国际先进水平对标、多情景指标量化和指标可达性等分析方法，预测2025年、2030年、2035年三个阶段指标值。以典型省份、城市为案例对象，开展战略目标和指标体系实证研究，梳理总结实证研究经验，对指标体系进行修改完善。

在战略路径和任务上，坚持突破重点难点，统筹协同推动美丽中国建设实践。我国要推动大气、水、土壤等多领域、多要素的生态环境质量得到根本性的好转，不是仅解决单一要素、单一领域的生态环境问题；要持续深入打好蓝天碧水净土保卫战，建设美丽蓝天、美丽河湖、美丽海湾，保障土壤安全。将环境污染治理、生态保护修复、应对气候变化、维护国家生态安全结合起来，统筹推进山水林田湖草沙一体化保护和系统治理，维护生物多样性；持续加强生态环境基础设施建设，健全覆盖城乡集污水、垃圾、固体废物、危险废物、医疗废物处理处置设施和监测监管能力于一体的环境基础设施体系，形成持续支撑绿色低碳发展和生态环境改善的基础设施体系；推动城市和乡村环境综合整治，促进绿色低碳发展，建设生态环境美丽城市、美丽乡村。统筹结构调整、污染治理、生态保护、应对气候变化，协同推进减污降碳扩绿增长，实现环境效益、气候效益、经济效益、社会效益多赢，实现美丽中国建设协同增效。

（六）强化支撑保障，加强美丽中国科技支撑和重大项目库研究

我国应强化科技供给能力，系统解决重大区域、超大城

市生态环境问题，支撑建立现代生态环境治理体系，完善生态环境科技发展体制机制，充分发挥科技创新在推动美丽中国建设中的支撑引领作用。一是系统全面推进面向美丽中国的生态环境保护战略研究。开展面向美丽中国建设的生态环境保护中长期战略研究、统筹协同系统战略研究、国家生态安全战略研究、重大战略区域和城市生态环境保护战略研究、生态环境治理体系和治理能力现代化建设研究、生态环境数字化和智能决策研究等系统化、全领域研究，全面支撑美丽中国战略任务落地实施。二是加强重点领域科技支撑能力。聚集碳达峰碳中和、减污降碳协同增效、大气污染治理、陆海污染治理、土壤污染治理、跨介质污染治理技术、固体废弃物治理技术、生态系统保护修复技术、生态环境健康风险防控技术、应对气候变化技术、生态环境治理体系和治理能力现代化建设、城乡生态环境治理技术、生态环境数字化和智能决策技术等重点领域，强化系统观念、协同观念，试点示范、综合集成，构建全流程、综合性、全方位、平台化、智能化的科技支撑体系。

（七）注重人才培养，谋划建立美丽中国建设规划学科体系

我国在构建面向美丽中国的生态环境和环境规划学科体系，以产业结构调整、污染治理、生态保护、应对气候变化为重点，面向美丽中国目标构建多学科交叉、多技术集成的现代生态环境学科体系；构建学科交叉产学研贯通的人才培养体

系，合理构建面向美丽中国的人才培养体系，在学科建设、本科、研究生课程设置、学生录取、就业培养等方面，加大力度，丰富课程实践，提高招生比例，培养交叉学科型人才；加快组建面向美丽中国的高水平创新团队，进一步整合当前生态、环境、健康、经济等人才，加快培养交叉学科高层次科技人才和创新团队，培养面向美丽中国的战略科学家和青年科学家；组建面向美丽中国重大科研创新平台，建议相关高校科研院所申请美丽中国国家重点实验室、创新平台，联合成立美丽中国研究院。构建攻克"卡脖子"关键技术的产学研用体系；在高精度遥感、人工智能芯片等零部件，质量模拟、数字仿真、大数据运算等软件平台，以及深度脱碳、负排放、新能源等颠覆性技术"卡脖子"领域开展攻关研究。

图书在版编目（CIP）数据

美丽中国 / 王金南等著 . -- 北京：中国科学技术出版社 , 2025.4. --（强国建设书系）. -- ISBN 978-7-5236-1122-7

Ⅰ . X321.2

中国国家版本馆 CIP 数据核字第 2024E85F89 号

策划编辑	宗泳杉　郑洪炜
责任编辑	郑洪炜　宗泳杉
封面设计	金彩恒通
正文设计	中文天地
责任校对	焦　宁
责任印制	徐　飞

出　　版	中国科学技术出版社
发　　行	中国科学技术出版社有限公司
地　　址	北京市海淀区中关村南大街 16 号
邮　　编	100081
发行电话	010-62173865
传　　真	010-62173081
网　　址	http://www.cspbooks.com.cn

开　　本	710mm×1000mm　1/16
字　　数	250 千字
印　　张	23.25
版　　次	2025 年 4 月第 1 版
印　　次	2025 年 4 月第 1 次印刷
印　　刷	河北鑫玉鸿程印刷有限公司
书　　号	ISBN 978-7-5236-1122-7 / X·163
定　　价	168.00 元

（凡购买本社图书，如有缺页、倒页、脱页者，本社销售中心负责调换）